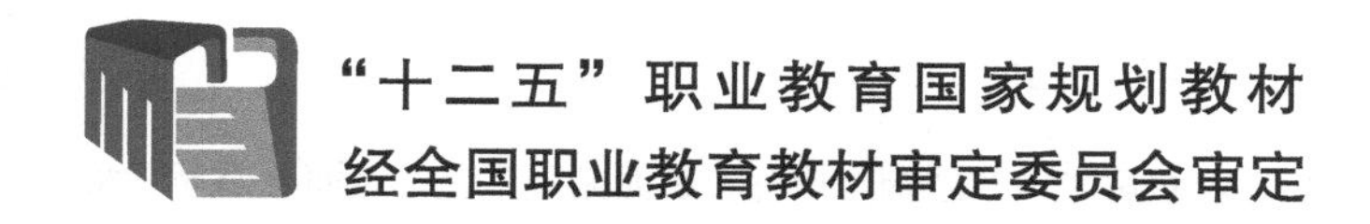

表面贴装技术

何丽梅　马莹莹　主　编
丁　莉　副主编
赵忠凯　张　悦　参　编
黄永定　主　审

電子工業出版社
Publishing House of Electronics Industry
北京 • BEIJING

内 容 简 介

本书包括表面贴装元器件、表面贴装材料、表面贴装设备结构与原理、表面贴装工艺、表面贴装质量检测等表面贴装技术的基础内容。

本书编写中注意了教材的实用参考价值和适用性等问题，特别强调了生产现场的技能性指导，详细论述了焊锡膏印刷、贴片、回流焊接、检测等 SMT 关键工艺制程与关键设备使用维护方面的内容。为便于理解与掌握，书中配置了大量的插图及照片。

本书可作为职业技术院校电子技术应用专业的教材，也可作为各类工科学校与 SMT 相关的其他专业的辅助教材及企业一线工人的培训材料。

图书在版编目（CIP）数据

表面贴装技术 / 何丽梅，马莹莹主编. 一北京：电子工业出版社，2016.4

ISBN 978-7-121-24763-7

Ⅰ. ①表… Ⅱ. ①何… ②马… Ⅲ. ①SMT 技术一职业教育一教材 Ⅳ. ①TN305

中国版本图书馆 CIP 数据核字（2014）第 268590 号

策划编辑：白　楠
责任编辑：郝黎明
印　　刷：涿州市般润文化传播有限公司
装　　订：涿州市般润文化传播有限公司
出版发行：电子工业出版社
　　　　　北京市海淀区万寿路 173 信箱　邮编　100036
开　　本：787×1 092　1/16　印张：14.5　字数：371.2 千字
版　　次：2016 年 4 月第 1 版
印　　次：2025 年 2 月第 14 次印刷
定　　价：33.00 元

凡所购买电子工业出版社图书有缺损问题，请向购买书店调换。若书店售缺，请与本社发行部联系，联系及邮购电话：（010）88254888，88258888。

质量投诉请发邮件至 zlts@phei.com.cn，盗版侵权举报请发邮件至 dbqq@phei.com.cn。

本书咨询联系方式：（010）88254592。

前言
PREFACE

表面贴装技术（SMT）是电子先进制造技术的重要组成部分，SMT 的迅速发展和普及，变革了传统电子电路组装的概念，为电子产品的微型化、轻量化创造了基础条件，对于推动当代信息产业的发展起到了独特的作用，成为制造现代电子产品的必不可少的技术之一。目前，SMT 已广泛应用于各行各业的电子产品组件和器件的组装中。而且，随着半导体元器件技术、材料技术、电子与信息技术等相关技术的飞速进步，SMT 的应用面还在不断扩大，其技术也在不断完善和深化发展之中。近年来，SMT 的这种发展现状和趋势，以及与信息产业和电子产品的飞速发展带来的对 SMT 的技术需求，导致我国电子制造业急需大量掌握 SMT 知识的专业技术人才。

表面贴装技术包含表面组装元器件、电路基板、组装材料、组装设计、组装工艺、组装设备、组装质量检验与测试、组装系统控制与管理等多项技术，是一门新兴的先进制造技术和综合型工程科学技术。要掌握这样一门综合型工程技术，必须经过系统的专业基础知识和专业技能的学习和培训。

为更好地满足中等职业教育电子技术专业技术人才培养的 SMT 系统性教学需要，我们编写了本书，编写中考察了应用 SMT 的电子产品企业，并对与 SMT 相关的电子行业的用工需求进行了调研。内容选取注意实用价值，强调了生产现场的设备使用与维护技术。详细论述了 SMT 工艺中的焊锡膏印刷、贴片、回流焊接、检测等关键工序的应用指导。

本书采用项目引领、任务驱动的体例格式编写，对于有条件理实一体化进行实训的内容可安排为实操教学，对于自动化程度或技术要求较高的内容，建议采用 PPT 或 VCR 配合的课堂教学方式。虽然目前中职学校的教学条件有了极大的改善与提高，但对于几百万元一套的自动化 SMT 设备毕竟不可能每个学校都具备。有很多内容与技能需要在进一步的工学交替过程中逐步熟悉与掌握。

本书可作为职业技术院校电子技术应用专业的核心教材；也可用作与 SMT 相关的其他工科专业的辅助教材。同时，还可供从事 SMT 产业的企业员工自学和参考。

本书由吉林信息工程学校何丽梅、吉林电子信息职业技术学院马莹莹任主编，吉林电子信息职业技术学院丁莉任副主编。参与编写的还有吉林电子信息职业技术学院张悦、吉林信息工程学校赵忠凯老师。其中，马莹莹编写项目 1～项目 3，丁莉编写项目 4～项目 5，张悦编写项目 6～项目 7，赵忠凯编写项目 8，何丽梅老师统稿。吉林信息工程学校黄永定老师担任本书主审。

本教材在编写过程中参考了大量有关 SMT 技术方面的资料和杂志，同时也得到了湖南科瑞特科技股份有限公司、清华大学基础工业训练中心等单位工程技术人员和老师的大力协助与指导，在此一并表示感谢。

为方便教师教学，本书还备有电子教学参考资料包，请有此需要的读者登录华信教育资源网（http://www.hxedu.com.cn）免费注册后进行下载。有问题时请在网站留言或与电子工业出版社联系（E-mail：hxedu@phei.com.cn）。

编　者

目 录
CONTENTS

项目 1

表面贴装技术特点及主要内容

表面贴装技术，国内也常叫做表面组装技术或表面安装技术。英文缩写为 SMT（Surface Mounting Technology）。它是一种直接将表面组装元器件贴装、焊接到印制电路板（PCB）表面规定位置的电路装联技术，是目前电子组装行业最流行的一种技术和工艺。

SMT 是突破了传统的 PCB 通孔基板插装元器件而发展起来的第四代组装方法；也是电子产品能有效地实现“短、小、轻、薄”，多功能，高可靠，优质量，低成本的主要手段之一。

SMT 以自身的特点和优势，使电子组装技术产生了根本的、革命性的变革，并在应用过程中不断地发展完善。SMT 是由多种技术组合的群体技术，通常包括 SMT 设计、SMT 设备、SMT 封装元器件（SMC/SMD）、SMT 基板（SMB）、SMT 工艺辅料和 SMT 管理。

任务 1　SMT 的发展及其特点

1.1.1　表面贴装技术的发展过程

1．表面贴装技术的产生背景

近十几年来，电子应用技术的迅速发展表现出如下三个显著的特征。

（1）智能化：使信号从模拟量转换为数字量，并用计算机进行处理。

（2）多媒体化：从文字信息交流向声音、图像信息交流的转化发展，使电子设备更加人性化、更加深入人们的生活与工作。

（3）网络化：用网络技术把独立系统连接起来，高速、高频的信息传输使整个单位、地区、国家以至全世界实现资源共享。

这种发展趋势和市场需求对电路组装技术的要求如下。

① 高密度化：单位体积电子产品处理信息量的提高。

② 高速化：单位时间内处理信息量的提高。

③ 标准化：用户对电子产品多元化的需求，使少量品种的大批量生产转化为多品种、小批量的生产体制，必然对元器件及装配手段提出更高的标准化要求。

这些要求迫使对在通孔基板 PCB 上插装电子元器件的工艺方式进行革命，电子产品的装配技术必然全方位地转向 SMT。

2．表面贴装技术的发展简史

表面组装技术是由组件电路的制造技术发展起来的。从 20 世纪 70 年代到现在，SMT 的发展历经了三个阶段：

第一阶段（1970—1975 年）：主要技术目标是把小型化的片状元件应用在混合电路（我国称为厚膜电路）的生产制造之中，从这个角度来说，SMT 对集成电路的制造工艺和技术发展做出了重大的贡献；同时，SMT 开始大量使用在民用的石英电子表和电子计算器等产品中。

第二阶段（1976—1985 年）：促使电子产品迅速小型化、多功能化，开始广泛用于摄像机、耳机式收音机和电子照相机等产品中；同时，用于表面组装的自动化设备大量研制开发出来，片状元件的组装工艺和支撑材料也已经成熟，为 SMT 的高速发展打下了基础。

第三阶段（1986 至今）：主要目标是降低成本，进一步改善电子产品的性能价格比。

随着 SMT 技术的成熟和工艺可靠性的提高，应用在军事和投资类（汽车、计算机、工业设备）领域的电子产品迅速发展，同时大量涌现的自动化表面装配设备及工艺手段，使片式元器件在 PCB 上的使用量高速增长，加速了电子产品总成本的下降。

表面组装技术的重要基础之一是表面组装元器件，其发展需求和发展程度也主要受表面组装元器件 SMC/SMD 发展水平的制约。为此，SMT 的发展史与 SMC/SMD 的发展史基本是同步的。

20 世纪 60 年代，欧洲飞利浦公司研制出可表面组装的纽扣状微型器件，供手表工业使用，这种器件已发展成现在表面组装用的小外形集成电路（SOIC）。它的引线分布在器件两侧，呈鸥翼形，引线的中心距为 1.27mm，引线数可多达 28 针以上。20 世纪 70 年代初期，日本开始使用方形扁平封装的集成电路（QFP）来制造计算器。QFP 的引线分布在器件的四边，呈鸥翼形，引线的中心距最小仅为 0.65mm 或更小，而引线数可达几百针。

美国所研制的塑封有引线芯片载体（PLCC）器件，引线分布在器件的四边，引线中心距一般为 1.27mm，引线呈“J”形。PLCC 占用组装面积小，引线不易变形。

20 世纪 70 年代，研制出无引线陶瓷芯片载体（LCCC）全密封器件，它以分布在器件四边的金属化焊盘代替引线。该阶段初期，SMT 的水平以组装引线中心距为 1.27mm 的 SMC/SMD 为标识，20 世纪 80 年代，逐渐进步为可组装 0.65mm 和 0.3mm 细引线间距 SMC/SMD 阶段。进入 20 世纪 90 年代后，0.3mm 细引线间距 SMC/SMD 的组装技术和组装设备趋向成熟。

20 世纪 90 年代初期，CSP 以其芯片面积与封装面积接近相等、可进行与常规封装 IC 相同的处理和试验、可进行老化筛选、制造成本低等特点脱颖而出。1994 年，日本各制造公司已有各种各样的 CSP 方案提出。从 1996 年开始，已有小批量产品出现。

为适应因 IC 集成度的增大而使得同一 SMD 的输入/输出数（即引线数）大增的需求，将引线有规则地分布在 SMD 整个贴装表面而成栅格阵列型的 SMD 也从 20 世纪 90 年代开始发展起来，并很快得以普及应用，其典型产品为球形栅格阵列（BGA）器件。

现阶段，SMT 与 SMC/SMD 的发展相适应，在发展和完善引线间距 0.3mm 及其以下的超细间距组装技术的同时，正在发展和完善 BGA、CSP 等新型器件的组装技术。

由此可见，表面组装元器件的不断缩小和变化促进了组装技术的不断发展，而组装技术在提高组装密度的同时又向元器件提出了新的技术要求和配套性要求。可以说二者是相互依存、相互促进而发展的。

MCM 是 20 世纪 90 年代以来发展较快的一种先进的混合集成电路，它是把几块 IC 芯片组装在一块电路板上，构成功能电路块，称为多芯片模块（Multi-chip Module，MCM）。由于 MCM 技术是将多个裸芯片不加封装，直接装于同一基板并封装于同一壳体内，它与一般 SMT 相比，面积减小了 3～6 倍，重量减轻了 3 倍以上。

MCM 技术是 SMT 的延伸，一组 MCM 的功能相当于一个分系统的功能。通常 MCM 基板的布线多于 4 层，且有 100 个以上的 I/O 引出端，并将 CSP、FC、ASIC 器件与之相连。它代表 20 世纪 90 年代电子组装技术的精华，是半导体集成电路技术、厚膜/薄膜混合微电子技术、印制板电路技术的结晶。MCM 技术主要用于超高速计算机、外层空间电子技术中。

为了适应更高密度、多层互连和立体组装的要求，目前 SMT 已处于国际上称为 MPT（Microelectronic Packaging Technology 微组装技术）的新阶段。

以 MCM、3D 为核心的 MPT 是在高密度、多层互连的 PCB 上，用微型焊接和封装工艺将微型元器件（主要是高集成度 IC）通过高密度组装、立体组装等方法进行组装，形成了高密度、高速度和高可靠性的主体结构微电子产品（组件、部件、子系统或系统）。这种技术是当今微电子技术的重要组成部分，特别是在尖端高科技领域更具有十分重要的意义。在航天、航空、雷达、导航、电子干扰系统、抗干扰系统等方面都具有非常重要的应用前景。

作为第四代电子装联技术的 SMT，已经在现代电子产品，特别是在尖端科技电子设备、军用电子设备的微小型化、轻量化、高性能、高可靠性发展中发挥了极其重要的作用。

3. 世界各国表面贴装技术的发展概况

美国是世界上 SMD 和 SMT 最早起源的国家，并一直重视在投资类电子产品和军事装备领域发挥 SMT 高组装密度和高可靠性能方面的优势，具有很高的技术水平。

日本在 20 世纪 70 年代从美国引进了 SMD 和 SMT 技术，并应用在消费类电子产品领域，还投入巨资大力加强基础材料、基础技术和推广应用方面的开发研究工作，从 20 世纪 80 年代中后期起加速了 SMT 在产业电子设备领域中的全面推广应用，仅用了四年时间就使 SMT 在计算机和通信设备中的应用数量增长了近 30%，使日本很快超过了美国，在 SMT 方面处于世界领先地位。

欧洲各国 SMT 的起步较晚，但他们重视发展并有较好的工业基础，发展速度也很快，其发展水平和整机中 SMC/SMD 的使用率仅次于日本和美国。驰名中外的德国西门子贴片机一直在业界享有盛名。

20 世纪 80 年代以来，新加坡、韩国、我国香港和台湾地区不惜投入巨资，纷纷引进了先进的技术，使 SMT 获得了较快的发展。

据飞利浦公司预测，到 2015 年，全球范围插装元器件（THT）的使用率将由目前的 40%下降到 10%，反之，SMC/SMD 将从 60%上升到 90%左右。

我国 SMT 的应用起步于 20 世纪 80 年代初期，最初从美、日等国成套引进了 SMT 生产线，用于彩电调谐器生产，随后应用于录像机、摄像机及袖珍式高档多波段收音机、随身听等生产中。进入 21 世纪以来，中国电子信息产品制造业每年都以 20%以上的速度高速增长，规模从 2004 年起已连续三年居世界第二位。

以通信设备为例，移动通信产品（手机等）是一种使用量大而又品种多的产品，它体积小、重量轻、功耗低，要求用先进的自动化加工技术，通过实现低成本、高速度、高质量来增强市场竞争力。SMT 技术生产的产品不仅体积小、重量轻、成本低，而且信号处理速度快、可靠性高，非常适合移动通信产品高速、高频的特点。这些优点使当前几乎 100% 的新一代移动通信产品都采用了 SMT 技术。

在中国电子信息产业快速发展的推动下，中国表面贴装技术和生产线也得到了迅猛的发展，表面贴装生产线的关键设备——自动贴片机在中国的保有量已位居世界前列。

到2006年底，中国约有2万条SMT生产线，拥有自动贴片机约5万台，其中90%是2001年以后购买的。从2001年至2006年的6年中，中国自动贴片机市场以年平均27.2%的速度增长。到2006年，共进口自动贴片机10351台，进口金额达到17亿美元，中国的自动贴片机市场已占全球市场份额的40%左右。2009年，我国进口自动贴片机5636台，价值达8.5亿美元。

中国SMT产业主要集中在东部沿海地区，其中广东、福建、浙江、上海、江苏、山东、天津、北京以及辽宁等省市SMT的总量占全国80%以上。按地区分，以珠三角及周边地区最强，长三角地区次之，环渤海地区第三。环渤海地区SMT总量虽与珠三角和长三角相比有较大的差距，但增长潜力巨大，发展势头更强。国家有关部门已规划位于天津的滨海新区继深圳、上海浦东之后将成为我国经济增长的第三极。不久的将来，我国SMT产业必然形成珠三角、长三角、环渤海地区三足鼎立之势。中国SMT/MES产业之所以出现如此大好的发展形势，主要是因为我国政府有关部门高度重视电子信息产品制造业的发展，制定了良好的发展政策、引进政策。世界电子信息产品制造业发达的国家和地区，如美、日、韩、欧洲和我国台湾地区把电子制造业往中国内地转移也是其重要原因。

一个产业的发展和一个企业的发展有类似的过程。一个成功的企业发展过程，一般要经历早期的开始探索、原始积累、起步上升，中期的快速发展、调整充实以及积蓄力量实现后期的跨越式发展。我国的SMT产业，已经经历了20世纪80年代开始的初期学习吸收和技术探索；20世纪90年代开始正常发展，产业逐步扩大规模，技术积累日益提高；1999年开始进入中期的快速发展，产业规模急剧扩张，从业人员大量增加，技术趋于成熟，产能迅速扩大；自2005年开始步入调整充实阶段。经过这个阶段的积蓄能量，将迎来后期的跨越式发展新阶段。到2015年前后，完全有可能实现把我国建成SMT强国的目标。

4．表面贴装技术的最新进展

SMT技术自20世纪60年代问世以来，经过50多年的发展，已进入完全成熟的阶段，不仅成为当代电路组装技术的主流，而且正继续向纵深发展。

表面组装技术总的发展趋势是：元器件越来越小，组装密度越来越高，组装难度也越来越大。当前，SMT正在以下5个方面取得新的技术进展。

1）元器件体积进一步小型化。在大批量生产的微型电子整机产品中，0201系列元件（外形尺寸为0.6mm×0.3 mm）、窄引脚间距达到0.3 mm的QFP或BGA、CSP和FC等新型封装的大规模集成电路已经大量采用，最近SMC的规格为01005，在体积微型化的同时向大容量方向发展。

2）SMB朝多层、高密度、高可靠性方向发展。随着电子组装向更高密度方向发展，SMB朝多层、高密度、高可靠性方向发展，许多SMB的层数已多达十几层甚至更多，多层的柔性SMB也有较快的发展。

3）柔性PCB的表面组装技术。目前电子产品正向更新、更快、多品种、小批量的方向发展，这就要求SMT的生产准备时间尽可能短，为达到这个目标就需要克服设计环节与生产环节联系相脱节的问题，而CIMS（计算机集成制造系统）的应用就可以完全解决这一问题。CIMS是以数据库为中心，借助计算机网络把设计环境中的数据传送到各个自动化加工设备中，并能控制和监督这些自动化加工设备，形成一个包括设计制造、测试、生产过程管理、材料供应和产品营销管理等全部活动的综合自动化系统。可以预见，CIMS在SMT生产线中的应用将会越来越广泛。

4）SMT 生产线向“绿色”环保方向发展。当今人们生活的地球已经遭到不同程度的人为损坏，以 SMT 设备为主的 SMT 生产线作为工业生产的一部分，毫无例外地会对我们的生存环境产生破坏。从电子元器件的包装材料、胶水、焊锡膏、助焊剂等 SMT 工艺材料，到 SMT 生产线的生产过程，无不对环境存在着这样或那样的污染，SMT 生产线越多、规模越大，这种污染也就越严重。因此，最新 SMT 生产线正朝绿色生产线（Green Line）方向发展。绿色生产线的概念是指从 SMT 生产的一开始就要考虑环保的要求，分析 SMT 生产中将会出现的污染源及污染程度，从而选择相应的 SMT 设备和工艺材料，制订相应的工艺规范，以适时、科学、合理的管理方式维护管理 SMT 生产线的运行，以满足生产的要求和环保的要求。绿色生产线同样是 SMT 生产线未来的发展方向。

5）新型生产设备的研制。在 SMT 电子产品的大批量生产过程中，焊锡膏印刷机、贴片机和回流焊设备是不可缺少的。近年来，各种生产设备正朝着高密度、高速度、高精度和多功能方向发展，高分辨率的激光定位、光学视觉识别系统、智能化质量控制等先进技术得到了推广应用。

（1）印刷设备。焊锡膏印刷是 SMT 生产中关键工序之一，其控制直接影响着组装板的质量，目前新出现的技术有如下 4 类。

① 封闭式印刷技术。在传统的焊膏印刷过程中，焊膏长时间暴露在开放环境下是引起印刷缺陷的重要原因，而 MPM“流变泵”印刷头可以有效解决上述问题。与焊膏在开放的环境中滚动不同，“流变泵”中的焊膏被装在密封的印刷头中，只有在开孔处的焊锡膏才能与网板接触，标准焊锡膏封装夹筒不断地通过压力来充填焊锡膏，并提供动压力，使焊锡膏进入开孔。这一“流变泵”技术从根本上消除了影响焊锡膏印刷的最大变量因素，从而得到了满意的效果。

② 焊锡膏喷印技术。焊锡膏喷印技术是最近几年 SMT 设备领域中最具革命性的新技术，由瑞典 MYDATA 公司开发成功。它一改传统的丝网印刷模式，并应用在最新推出的 MY500 焊锡膏喷印机上，机器以每秒 500 点的速度在电路板的焊盘上滑动，喷印焊锡膏。焊锡膏通过一个螺旋杆进入到一个密封的压力舱，然后由一个压杆压出。由于不需要网板，使它具备众多优点，极大地减少了生产转换和交货的时间。如同喷墨打印机一样，MY500 分为三部分：喷印机本身、喷印头和焊锡膏盒、离线编程软件。焊锡膏盒更换就如同喷墨打印机更换墨盒一样容易。MY500 不需钢板、清洗剂、擦拭纸、焊膏搅拌机……还以其速度闻名，它以每秒 500 点的速度喷涂焊锡膏。它配有便于使用的触摸屏界面，采用离线数据准备软件，可以直接从多种格式 CAD 文件中转化并生成喷印程序，编程效率大幅度提升。

③ 稳定的压力控制。印刷时刮刀施加在 PCB 上的压力对印刷质量有很大的影响，尤其是印刷细间距元件时。以往很多全自动印刷机采用调整刮刀下降的行程来调整印刷压力，这种方法的缺点是其压力大小依赖于模板板面水平度，这就可能造成同一块 PCB 不同位置的印刷质量有较大的差异。

如采用闭环控制，则可以很好地控制整个印刷过程中的刮刀压力。闭环控制是对某一输出量和对其有影响的参数进行实时监控，并且根据输出量的偏离对参数做出相应调整，使输出趋于目标量。在刮刀压力闭环控制中，通过刮刀上的传感装置实时测量其实际压力，反馈至控制刮刀 Z 向行程的机电设备上，从而保持刮刀压力的平稳。实时测量出的压力数据还可以用来进行统计过程控制（SPC）。

④ 3D AOI 检测技术。随着更高密度组装以及无铅工艺的发展，焊膏印刷工艺的难度会越来越大，工艺的控制精度要求也会越来越高，因而控制印刷后的焊膏体积变得越来越重要，尤其对于使用 6Sigma 质量管理体系的企业来说，传统的焊锡膏测量方法由于仅能测量焊锡膏的高度，已经明显地不适用了。

目前，一种先进的测量仪器 3D AOI 已应用于 SMT 生产。3D AOI 的使用多数是在大批量生产中做实时检查，以及将采集的数据进一步做 SPC 统计时使用。采用 3D 检测的 AOI，再配合在线的实时检查，就可以帮助工程师建立准确、可信的测量系统，进而为工艺的控制，以及工艺问题的发现、分析、改进和效果评估提供有力的支持。

（2）贴装设备。贴片机是 SMT 生产线中的核心设备，它往往占整条生产线投资总额的 50%以上，因此贴片机的发展更能引起人们的关注。

① 朝高效率双路输送结构方向发展。新型贴片机为了更高地提高生产效率，减少工作时间，正朝高效率双路输送结构方向发展。双路输送贴片机在保留传统单路贴片机性能的基础上，将 PCB 的输送、定位、检测、贴片等设计成双路结构。这种双路结构贴片机的工作方式可分为同步方式和异步方式。两种工作方式均能缩短贴片机的无效工作时间，提高机器的生产效率。

② 朝高速、高精密、多功能、智能化方向发展。贴片机的贴装速度、精度与贴装功能是相对矛盾的，新型贴片机一直在努力朝高速、高精密、多功能方向发展。由于表面贴装元器件（SMC/SMD）的不短发展，其封装形式也在不断变化。新的封装如 BGA、FC、CSP 等，对贴片机的要求越来越高。美国和法国的贴片机采用了“飞行检测”技术，贴片头吸片后边运行边检测，以提高贴片机的贴装速度。德国 SIEMENS 公司在其新的贴片机上引入了智能化控制，使贴片机保持较高的产能下失误率最低，在机器上有 FC Vision 模块和 Flux Dispenser 等，以适应 FC 的贴装需要。

③ 高速贴片机朝多悬臂、多贴装头方向发展。在传统拱架式贴片机中，仅含有一个悬臂和贴装头，已不能满足现代生产对速度的需求。为此，人们在单悬臂贴片机基础上发展出了双悬臂贴片机，如环球的 GSM2、Siemens 的 S25 等，两个贴片头交替贴装同一块 PCB，在机器占地面积变化不大的情况下，成倍地提高了生产效率。为了进一步提高生产效率，人们又在双悬臂机器的基础上推出了四悬臂机器。多悬臂机器已经逐步取代转塔机器在高速机市场中的支配地位，成为今后高速贴片机发展的主流趋势。

④ 朝柔性连接模块化方向发展。为了增强适应性和使用效率，新型贴片机朝柔性贴装系统和模块化结构发展。日本 Fuji 公司一改传统概念，将贴片机分为控制主机和功能模块机，可通过控制主机和功能模块机柔性组合来满足用户的不同需求。模块机有不同的功能，针对不同元器件的贴装要求，可以按不同的精度和速度进行贴装，以达到较高的使用效率；当用户有新的要求时，可以根据需要增加新的功能模块机。

模块化的另一个发展方向是功能模块组件，具体表现在：将贴片机的主机做成标准设备，并装备统一的标准的机座平台和通用的用户接口；将点胶、贴片的各种功能做成功能模块组件，用户可以根据需要在主机上装置所需的功能模块组件或更换新的组件，以实现用户需要的新的功能要求。

⑤ 朝具有自动化编程能力方向发展。针对非常特殊的元件，新型视觉软件工具应该具有自动“学习”的能力，用户不必把参数人工输入到系统中，从头创建器件描述，他们只需把器件拿到视觉摄像机前照张相就可以了，系统将自动地产生类似 CAD 的综合描述。这项

技术可以提高器件描述精度，并减少很多操作者的错误，加快元件库的创建速度，尤其是在频繁引入新型器件或使用形状独特器件的情况下，可以提升生产效率。

⑥ 朝具备识别非标准器件能力方向发展。机器视觉系统应该能够可靠地识别各类非标准器件的外形，不论它们的形状如何少见。现有的贴片对位软件，带有内置的几何图案寻找工具，这些工具能“学习”器件的几何属性，即使它形状怪异，系统也能够识别器件。

（3）回流焊设备。回流焊接设备朝高效、多功能、智能化发展，主要表现在以下 3 个方面。

① 具有独特的多喷嘴气流控制的再流焊炉。为了更好地控制回流焊炉内的温度场，以达到较好的焊接效果，ERSA 公司的新型回流焊炉在炉内安装了独特的多喷嘴气流控制装置，炉内均匀分布着若干个小喷嘴，热气流通过喷嘴喷出，在周围形成微小循环，以提供最佳的温度分布。该设备采用区域分离体系，每个区域内气流速度、气流方向、空气量和空气温度均由专用软件进行控制，以达到热风强制全面对流的效果。

② 带局部强制冷却的再流焊炉。新型回流焊炉在炉内回流焊区域的底部或冷却区上部增加了强制冷却装置，采用分段控制方式约束冷却的速度。回流焊区域的底部强制冷是为了保证双面 PCB 的回流焊效果，使双面 SMT 回流焊的 PCB 在回流焊区域内板的两面具有 30℃以上的温差，以优化工艺。

③ 可以监测元器件温度的回流焊炉。美国 BTU 公司的一种新型回流焊炉采用了自适应智能再流技术（AIRT），这种回流焊炉在回流焊过程中可以监测 PCB 上元器件的温度变化，它只测量用户在每个 PCB 上选定点的温度。炉内的智能温度摄像头可监视板上的元器件、焊锡膏的实际温度情况，识别温度变化，判断对产品质量的影响程度，为操作人员提供数据。

1.1.2 SMT 的组装技术特点

SMT 工艺技术的特点可以通过其与传统通孔插装技术（THT）的差别比较体现。从组装工艺技术的角度分析，SMT 和 THT 的根本区别是“贴”和“插”。二者的差别还体现在基板、元器件、组件形态、焊点形态和组装工艺方法各个方面。

THT 采用有引线元器件，在印制板上设计好电路连接导线和安装孔，通过把元器件引线插入 PCB 上预先钻好的通孔中，暂时固定后在基板的另一面采用波峰焊接等软钎焊技术进行焊接，形成可靠的焊点，建立长期的机械和电气连接，元器件主体和焊点分别分布在基板两侧。采用这种方法，由于元器件有引线，当电路密集到一定程度以后，就无法解决缩小体积的问题了。同时，引线间相互接近导致的故障、引线长度引起的干扰也难以排除。

所谓表面贴装技术，是指把片状结构的元器件或适合于表面组装的小型化元器件，按照电路的要求放置在印制板的表面上，用回流焊或波峰焊等焊接工艺装配起来，构成具有一定功能的电子部件的组装技术。SMT 和 THT 元器件安装焊接方式的区别如图 1-1 所示。

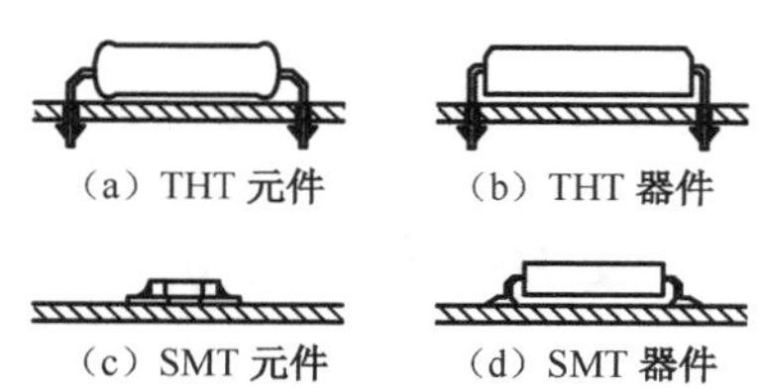

图 1-1　SMT 和 THT 元器件安装焊接方式的区别

在传统的 THT 印制电路板上，元器件安装在电路板的一面（元件面），引脚插到通孔里，在电路板的另一面（焊接面）进行焊接，元器件和焊点分别位于板的两面；而在 SMT 电路板上，焊点与元器件都处在板的同一面上。因此，在 SMT 印制电路板上，通孔只用来连接电路板两面的导线，孔的数量要少得多，孔的直径也小很多。这样，就能使电路板的装配密度得到极大的提高。

之所以出现“插”和“贴”这两种截然不同的电路模块组装技术，是由于采用了外形结构和引脚形式完全不同的两种类型的电子元器件。为此，可以说电路模块组装技术的发展主要受元器件类型所支配。PCB 级电路模块或陶瓷基板组件的功能主要来源于电子元器件和互连导体组成的电路，而组装方式的变革使得 PCB 级电路模块或陶瓷基板组件的功能和性能的大幅度提高、体积和重量的大幅度减小成为可能。

表面贴装技术和通孔插装元器件的方式相比，具有以下 6 个方面的优越性。

（1）实现微型化。SMT 的电子部件，其几何尺寸和占用空间的体积比通孔插装元器件小得多，一般可减小 60%～70%，甚至可减小 90%；重量减轻 60%～90%。如图 1-2 所示为采用 SMT 技术组装的具有 24 个元器件的电路板与一角硬币的大小比较图。

（a）　　（b）

图 1-2　采用 SMT 技术组装的电路板与一角硬币的大小比较图

（2）信号传输速度高。结构紧凑、组装密度高，在电路板上双面贴装时，焊点组装密度可以达到 5.5～20 个/cm^2，由于连线短、延迟小，故可实现高速度的信号传输。同时，更加耐振动、抗冲击。这对于电子设备超高速运行具有重大的意义。

（3）高频特性好。由于元器件无引线或短引线，自然减小了电路的分布参数，降低了射频干扰。

（4）有利于自动化生产，提高成品率和生产效率。由于片状元器件外形尺寸标准化、系列化及焊接条件的一致性，使 SMT 的自动化程度很高。因为焊接过程造成的元器件失效将大大减少，提高了可靠性。

（5）材料成本低。现在，除了少量片状化困难或封装精度特别高的品种，由于生产设备的效率提高以及封装材料的消耗减少，绝大多数 SMT 元器件的封装成本已经低于同样类型、同样功能的 THT 元器件，目前，SMT 元器件的销售价格比 THT 元器件更低。

（6）SMT 技术简化了电子整机产品的生产工序，降低了生产成本。在印制板上组装时，元器件的引线不用整形、打弯、剪短，因而使整个生产过程缩短，生产效率得到提高。同样功能电路的加工成本低于通孔插装方式，一般可使生产总成本降低 30%～50%。

任务 2　SMT 及 SMT 工艺技术的基本内容

1.2.1　SMT 的主要内容

SMT 是一项复杂的系统工程，如图 1-3 所示。他主要包含表面组装元器件、组装基板、组装材料、组装工艺、组装设计、检测技术、组装和检测设备、控制和管理等技术。其技术范畴涉及诸多学科，是一项综合性工程科学技术。

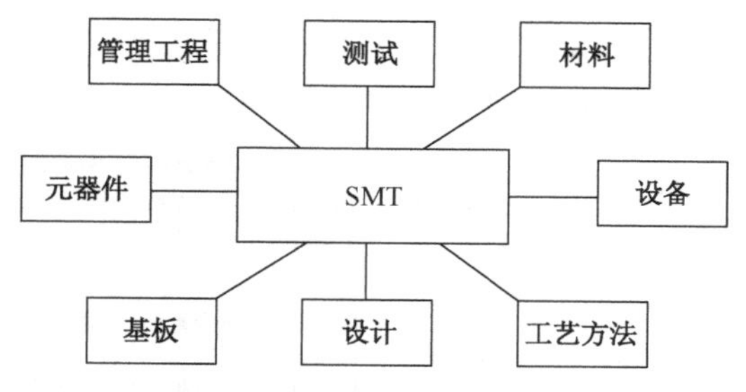

图 1-3 SMT 基本组成

（1）表面组装元器件。

① 设计。结构尺寸、端子形式、耐焊接热等。

② 制造。各种元器件的制造技术。

③ 包装。编带式、管式、托盘、散装等。

（2）电路基板。单（多）层 PCB、陶瓷、瓷釉金属板等。

（3）组装设计。电设计、热设计、元器件布局、基板图形布线设计等。

（4）组装工艺。

① 组装材料。黏结剂、焊料、焊剂、清洗剂。

② 组装技术。涂敷技术、贴装技术、焊接技术、清洗技术、检测技术。

③ 组装设备。涂敷设备、贴装机、焊接机、清洗机、测试设备等。

（5）组装系统控制和管理。组装生产线或系统组成、控制与管理等。

1.2.2 SMT 工艺的基本内容

SMT 工艺技术的主要内容可分为组装材料选择、组装工艺设计、组装技术和组装设备应用四大部分，如图 1-4 所示。

SMT 工艺技术涉及化工与材料技术（如各种焊锡膏、焊剂、清洗剂）、涂敷技术（如焊锡膏印刷）、精密机械加工技术（如丝网制作）、自动控制技术（如设备及生产线控制）、焊接技术和测试、检验技术、组装设备应用技术等诸多技术。它具有 SMT 的综合性工程技术特征，是 SMT 的核心技术。

1.2.3 SMT 工艺技术规范

随着 SMT 的快速发展和普及，其工艺技术日趋成熟，并开始规范化。美、日等国均针对 SMT 工艺技术制定了相应标准。我国也制定有：《表面组装工艺通用技术要求》、《印制板组装件装联技术要求》、《电子元器件表面安装要求》等中国电子行业标准，其中《表面组装工艺通用技术要求》中对 SMT 生产线和组装工艺流程分类、对元器件和基板及工艺材料的基本要求、对各生产工序的基本要求、对储存和生产环境及静电防护的基本要求等内容进行了规范。

SMT 工艺设计和管理中可以以上述标准为指导来规范一些技术要求。由于 SMT 发展速度很快，其工艺技术将不断更新，所以，在实际应用中要注意上述标准引用的适用性问题。

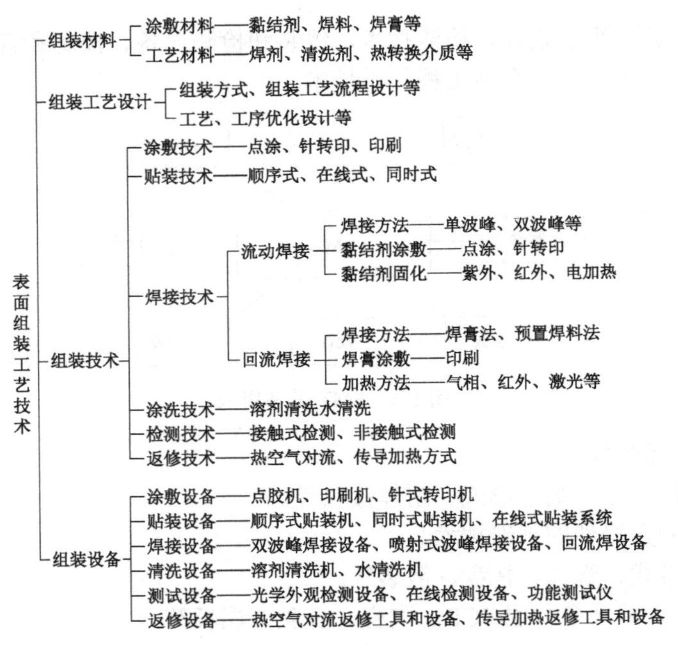

图 1-4　SMT 工艺技术主要内容

1.2.4　SMT 生产系统的组线方式

由表面涂敷设备、贴装机、焊接机、清洗机、测试设备等表面组装设备组成的 SMT 生产系统习惯上称为 SMT 生产线。

目前，表面组装元器件的品种规格尚不齐全，因此在表面组装组件（SMA）中有时仍需要采用部分通孔插装元器件。所以，一般所说的表面组装组件中往往是插装件和贴装件兼有的，全部采用 SMC/SMD 的只是一部分。插装件和贴装件兼有的组装称为混合组装，全部采用 SMC/SMD 的组装称为全表面组装。

根据组装对象、组装工艺和组装方式不同，SMT 的生产线有多种组线方式。

如图 1-5 所示为采用回流焊技术 SMT 生产线的最基本组成，一般用于 PCB 单面组装 SMC/SMD 的表面组装场合，也称为单线形式。如果在 PCB 双面组装 SMC/SMD，则需要双面组线形式的生产线。当插装件和贴装件兼有时，还需在如图 1-5 所示的生产线基础上附加插装件组装线和相应设备。当采用的是非免清洗组装工艺时，还需附加焊后清洗设备。目前，一些大型企业设置了配有送料小车、以计算机进行控制和管理的 SMT 产品集成组装系统，它是 SMT 产品自动组装生产的高级组织形式。

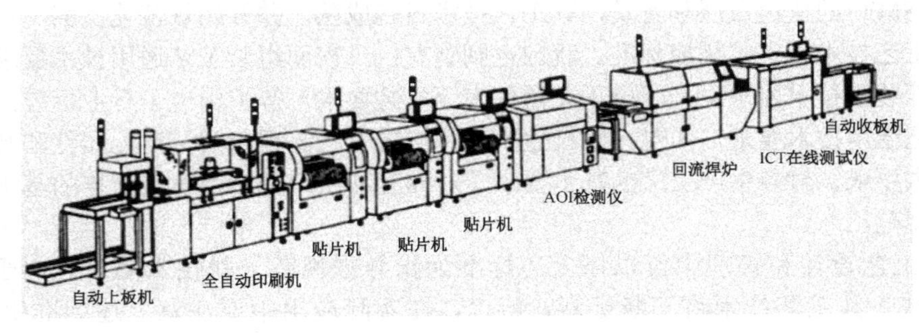

图 1-5　SMT 生产线基本组成示例

下面是 SMT 生产线的一般工艺过程，其中的焊锡膏涂敷方式、焊接方式以及点胶工序的有无，都是根据组线方式的不同而有所不同。

（1）印刷。其作用是将焊锡膏或贴片胶漏印到 PCB 的焊盘上，为元器件的焊接做准备。所用设备为焊锡膏印刷机，位于 SMT 生产线的最前端。

（2）点胶。它是将胶水滴到 PCB 的固定位置上，其主要作用是在采用波峰焊接时，将元器件固定到 PCB 板上。所用设备为点胶机，位于 SMT 生产线的最前端或检测设备的后面。

（3）贴装。其作用是将表面组装元器件准确安装到 PCB 的固定位置上。所用设备为贴片机，位于 SMT 生产线中丝印机的后面。

（4）固化（当使用贴片胶时）。其作用是将贴片胶熔化，从而使表面组装元器件与 PCB 牢固地黏结在一起。所用设备为固化炉，位于 SMT 生产线中贴片机的后面。

（5）回流焊接。其作用是将焊锡膏熔化，使表面组装元器件与 PCB 牢固黏结在一起。所用设备为回流焊炉，位于 SMT 生产线中贴片机的后面。

（6）清洗。其作用是将组装好的 PCB 上面对人体或产品有害的焊接残留物，如助焊剂等除去。所用设备为清洗机，位置可以不固定，可以在线，也可不在线。当使用免清洗焊接技术时，不设此过程。

（7）检测。其作用是对组装好的 SMA（表面组装组件）进行焊接质量和装配质量的检测。所用设备有放大镜、显微镜、在线测试仪（ICT）、飞针测试仪、自动光学检测（AOI）仪、X-Ray 检测仪、功能测试仪等。根据检测的需要，位置可以配置在生产线合适的地方。

（8）返修。其作用是对检测出故障的 SMA 进行返修。所用工具为电烙铁、返修工作站等。配置在生产线中任意位置。

思考与练习题

1．表面组装技术和通孔插装元器件的方式相比，具有哪些优越性？

2．简述表面组装技术的主要内容。

3．简述 SMT 生产线的一般工艺过程。

4．简述表面组装技术的发展动态。

5．写出 SMT 生产系统的基本组成。

项目 2

表面贴装元器件的识别与检测

任务 1　表面贴装元器件的特点和种类

2.1.1　表面贴装元器件的特点

表面贴装元器件又称为片式元器件，是适应当代电子产品微小型化和大规模生产的需要而发展起来的微型元器件，广泛应用于电子产品中。

表面贴装元器件与传统的元器件相比具有如下特点。

（1）在表面贴装器件的电极上，有些焊端完全没有引线，有些只有非常短小的引线；相邻电极之间的距离比传统的 THT 集成电路的标准引线间距（2.54 mm）小很多，目前引线中心间距最小的已经达到 0.3mm。在集成度相同的情况下，表面贴装元器件的体积只有 THT 元器件的十几分之一甚至更小；或者说，与同样体积的传统电路芯片比较，表面贴装器件的集成度提高了很多倍。

（2）表面贴装元器件直接贴装在 PCB 的表面，将电极焊接在与元器件同一面的焊盘上。这样，PCB 上的通孔只作为安装孔或多层板的电路互相连接，通孔的周围没有焊盘，其直径仅由制作印制电路板时金属化孔的工艺水平决定，使 PCB 的布线密度和贴装密度大大提高。

（3）表面贴装元器件引线间的分布电容大大降低，使寄生电容、寄生电感明显减少。

（4）有较好的高频特性，抗电磁干扰和射频干扰的能力得到了很大的提高。

（5）抗振性能好、易于实现自动化、适合表面贴装、成本低。

当然，表面贴装元器件也存在着不足之处，例如，元器件与 PCB 表面非常贴近，与基板间隙小，给清洗造成困难；元器件体积小，电阻、电容一般不设标记，一旦弄乱就不容易搞清楚；特别是元器件与 PCB 之间热膨胀系数的差异性，往往造成焊接过程中元器件与 PCB 的损坏，也是 SMT 产品要解决的问题。

2.1.2　表面贴装元器件的种类

表面贴装元器件基本上都是片状结构。但片状是个广义的概念，从结构形状说，表面贴装元器件包括薄片矩形、圆柱形、扁平异形等；表面贴装元器件同传统元器件一样，也可以从功能上分为无源元件、有源器件和机电元件三大类。习惯上把表面贴装无源元件，如片式电阻、电容、电感等称为 SMC；而将有源器件，如小外形晶体管 SOT 及各种不同封装形式的表面贴装集成电路等称为 SMD。他们在功能上都与相应的通孔插装元器件（THC）相同。

表面贴装元器件的详细分类见表 2-1。

表面贴装元器件按照使用环境分类，可分为非气密性封装器件和气密性封装器件。非气密性封装器件对工作温度的要求一般为 0℃～70℃。气密性封装器件的工作温度范围可达到 −55℃～+125℃。气密性器件价格昂贵，一般使用在高可靠性产品中。

表面贴装元器件最重要的特点是小型化和标准化。对表面贴装元器件的外形尺寸、结构与电极形状等国际上已经有了统一的标准，这对于 SMT 技术的发展具有重要的意义。

表 2-1　表面贴装元器件的详细分类

类　别	封装形式	种　类
无源表面贴装元件 SMC	矩形片式	厚膜和薄膜电阻器、热敏电阻、压敏电阻、单层或多层陶瓷电容器、钽电解电容器、片式电感器、磁珠、石英晶体等
	圆柱形	碳膜电阻器、金属膜电阻器、陶瓷电容器、热敏电容器等
	异形	电位器、微调电位器、铝电解电容器、微调电容器、线绕电感器、晶体振荡器、变压器等
	复合片式	电阻网络、电容网络、滤波器等
有源表面贴装器件 SMD	圆柱形	二极管
	陶瓷贴件（扁平）	无引脚陶瓷芯片载体 LCCC、陶瓷芯片载体 CBGA
	塑料贴件（扁平）	SOT、SOP、SOJ、PLCC、QFP、BGA、CSP 等
机电元件	异形	继电器、开关、连接器、延迟器、薄型微电机等

任务 2　表面贴装无源元件 SMC 的识别

2.2.1　SMC 的外形尺寸

表面贴装元件（Surface Mounted Components，SMC）包括表面贴装电阻器、电容器、电感器、滤波器和陶瓷振荡器等。若从外形来分，主要有矩形片式元件、圆柱形片式元件、复合片式元件、异形片式元件；若从封装形式来分，有陶瓷封装、塑料封装、金属封装等。

1. 外形尺寸

如图 2-1 所示，SMC 的典型形状是一个矩形六面体（长方体），也有一部分 SMC 采用圆柱体的形状，这对于利用传统元件的制造设备、减少固定资产投入很有利。但也有一些元件由于矩形化比较困难，只能做成其他形状，称为异形 SMC。

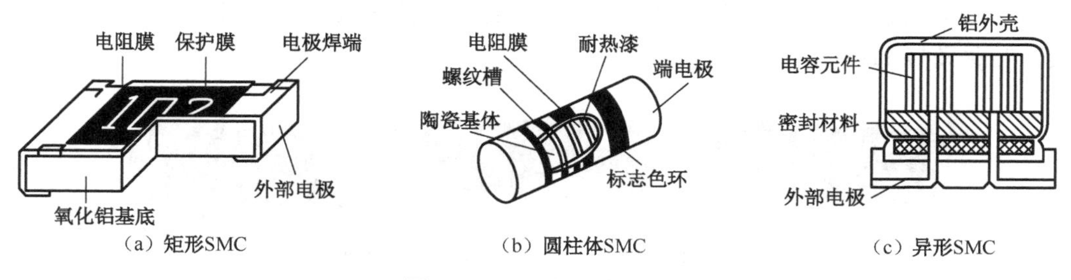

图 2-1　SMC 的基本外形

从电子元件的功能特性来说，SMC 的参数数值系列与传统元件的差别不大，标准的标称数值系列有 E6、E12、E24，精密元件还有 E48、E96、E192 等几个系列。

长方体 SMC 是根据其外形尺寸的大小划分成几个系列型号的，现有两种表示方法，欧美产品大多采用英制系列，日本产品大多采用公制系列，我国这两种系列都可以使用。无论哪种系列，系列型号的前两位数字表示元件的长度，后两位数字表示元件的宽度。例如，公制系列 3216（英制 1206）的矩形贴片元件，长 L=3.2 mm（0.12 in），宽 W=1.6 mm（0.06 in）。

SMC 自问世以来，系列型号逐步增多，体积越来越小，系列型号的发展变化也反映了 SMC 元件的小型化进程：5750（2220）→4532（1812）→3225（1210）→3216（1206）→2520（1008）→2012（0805）→1608（0603）→1005（0402）→0603（0201）。如图 2-2 所示为片状 SMC 的外形尺寸示意图，典型 SMC 系列的外形尺寸见表 2-2。

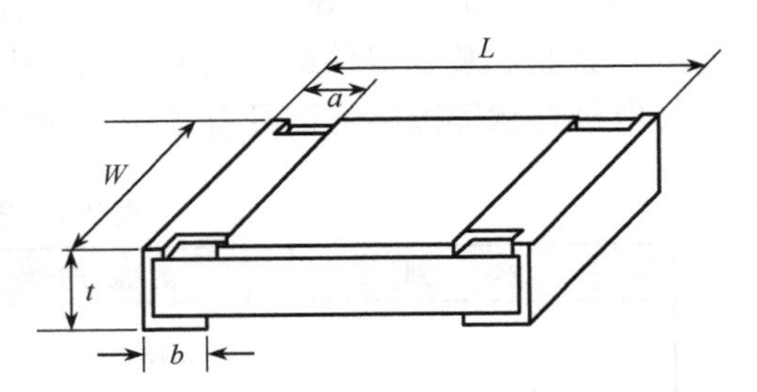

图 2-2　SMC 的外形尺寸示意图

表 2-2　典型 SMC 系列的外形尺寸

（单位：mm/in）

公制 / 英制型号	L	W	a	b	t
3216/1206	3.2/0.12	1.6/0.06	0.5/0.02	0.5/0.02	0.6/0.024
2012/0805	2.0/0.08	1.25/0.05	0.4/0.016	0.4/0.016	0.6/0.016
1608/0603	1.6/0.06	0.8/0.03	0.3/0.012	0.3/0.012	0.45/0.018
1005/0402	1.0/0.04	0.5/0.02	0.2/0.008	0.25/0.01	0.35/0.014
0603/0201	0.6/0.02	0.3/0.01	0.2/0.005	0.2/0.006	0.25/0.01

2. 标称数值的表示

SMC 的元件种类用型号加后缀的方法表示，例如，3216C 是 3216 系列的电容器，2012R 表示 2012 系列的电阻器。

1005、0603 系列 SMC 元件的表面积太小，难以用手工装配焊接，所以元件表面不印刷它的标称数值，而是将参数印在其编带包装的卷带盘上；3216、2012、1608 系列片状 SMC 的标称数值一般用印在元件表面上的三位数字表示（E24 系列）：前两位数字是有效数字，第三位是倍率乘数（有效数字后所加“0”的个数）。例如，电阻器上印有 114，表示阻值 110kΩ；表面印有 5R6，表示阻值为 5.6Ω；表面印有 R39，表示阻值为 0.39Ω；000 表示 0Ω 跨接电阻。电容器上的 103，表示容量为 10000pF，即为 0.01μF，但大多数小容量电容器的表面不印参数。

圆柱形电阻器用三位、四位色环或五位色环标识阻值的大小，如图 2-3 所示。色环颜色所代表的意义与 THT 元件完全相同。

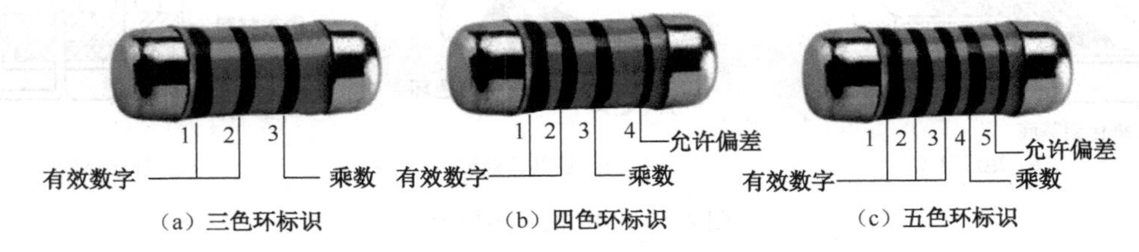

（a）三色环标识　（b）四色环标识　（c）五色环标识

图 2-3　圆柱形电阻器的色环标识

三色环法、四色环法一般用于普通电阻器标识，五色环法一般用于精密电阻器标识。三色环电阻器色环标识的意义如下：从左至右第一、二位色环表示其有效数字，第三位色环表示乘数，即有效值后面零的个数；四色环法中的前三条色环与三色环法的意义相同，第四条色环表示允许误差。如果电阻器第一位色环是绿色，其有效值为 5；第二位色环是棕色，其有效值是 1；第三位色环是橙色，表示其乘数为 10^3；第四位色环为金色，表示其允许偏差为±5%，则该电阻器的阻值为 51000Ω（51kΩ），允许偏差为±10%。

五位色环电阻器色环从左至右的第一、二、三位色环表示有效值，第四位色环表示乘数，第五位色环表示允许偏差。如果电阻器的第一位色环是红色，其有效值为 2；第二位色环为紫色，其有效值为 7；第三位色环是黑色，其有效值为 0；第四位色环为棕色，其乘数为 10^1；第五位色环为棕色，其允许偏差为±1%。则该电阻的阻值为 2700Ω（2.70kΩ），允许偏差为±1%。

精度±1%的精密电阻器还有另一种表示方法，EIA-96 系列精密电阻代码表见表 2-3。这个系列的电阻值参数，用两位数字代码加一位字母代码表示。与 E6、E12、E24 等系列不同的是，E96 系列的精密电阻器不能从它的标识上直接读取阻值。前两位数字代码通过查表 2-3 得知数值，再乘以字母代码表示的倍率。例如，元件上标示为 39X，从表中可查得 39 对应值为 249，X 对应值为10^{-1}，这个电阻的阻值为 $249\times10^{-1}\Omega=24.9\Omega\pm1\%$；又如，元件上标识为 01B，从表中可查得 01 对应值为 100，B 对应值为 10^1，这个电阻的阻值为 $100\times10^1\Omega=1\ k\Omega\pm1\%$。

表 2-3 EIA-96 系列精密电阻代码表

代码	阻值	代码	阻值	代码	阻值	代码	阻值	代码	阻值	代码	阻值	代码	倍率
01	100	17	147	33	215	49	316	65	464	81	681	A	10^0
02	102	18	150	34	221	50	324	66	475	82	698	B	10^1
03	105	19	154	35	226	51	332	67	487	83	715	C	10^2
04	107	20	158	36	232	52	340	68	499	84	732	D	10^3
05	110	21	162	37	237	53	348	69	511	85	750	E	10^4
06	113	22	165	38	243	54	357	70	523	86	768	F	10^5
07	115	23	169	39	249	55	365	71	536	87	787	G	10^6
08	118	24	174	40	255	56	374	72	549	88	806	H	10^7
00	122	25	178	41	261	57	383	73	562	89	825	X	10^{-1}
10	124	26	182	42	267	58	392	74	576	90	845	Y	10^{-2}
11	127	27	187	43	274	59	402	75	590	91	866	Z	10^{-3}
12	130	28	191	44	280	60	412	76	604	92	887		
13	133	29	196	45	287	61	422	77	619	93	909		
14	137	30	200	46	294	62	432	78	634	94	931		
15	140	31	205	47	301	63	442	79	649	95	953		
16	143	32	210	48	309	64	453	80	665	96	976		

3. SMC 的主要技术参数

虽然 SMC 的体积很小，但它的数值范围和精度并不差，以 SMC 电阻器为例，3216 系列的阻值范围是 0.39Ω～10MΩ，额定功率可达到 1/4W，允许偏差有±1%、±2%，±5%和±10%等四个系列，额定工作温度上限是 70℃。常用典型 SMC 电阻器的主要技术参数见表 2-4。

目前，有些精密电阻器的允许偏差只有±0.1%（B）和±0.5%（D），甚至达到±0.05%、±0.01%。

表 2-4　常用典型 SMC 电阻器的主要技术参数

系 列 型 号	3216	2012	1608	1005
阻值范围	0.39Ω～10MΩ	2.2Ω～10 MΩ	1Ω～10 MΩ	10Ω～10 MΩ
允许偏差/%	±1，±2，±5	±1，±2，±5	±2，±5	±2，±5
额定功率/W	1/4，1/8	1/10	1/16	1/16
最大工作电压/V	200	150	50	50
工作温度范围/额定温度/°C	−55～+125/70	−55～+125/70	−55～+125/70	−55～+125/70

2.2.2　表面贴装电阻器

1. 普通 SMC 电阻器

表面贴装电阻器可分为矩形片式电阻器（CHIP 封装）和圆柱形片式电阻器（MELF 封装）。矩形片式电阻器的电阻值范围是 0.39Ω～10MΩ，其外形尺寸长为 0.6mm～3.2mm，宽为 0.3mm～2.7mm，厚为 0.3mm～0.7mm。圆柱形片式电阻器电阻值的范围是 4.7Ω～1000kΩ，外形尺寸长为 3.5mm～5.9mm，直径为 1.4mm～2.2mm。

表面贴装电阻器一般为黑色，外形稍大的片式电阻器在外表标出阻值大小；外形太小的表面末标注电阻值，而是标记在包装袋上，片状电阻器的实物外形和结构如图 2-4 所示。

表面贴装电阻器按制造工艺可分为厚膜型（RN 型）和薄膜型（RK 型）两大类。片状表面贴装电阻器一般是用厚膜工艺制作的。在一个高纯度氧化铝（$A1_2O_3$，96%）基底平面上网印二氧化钌（RuO_2）电阻浆来制作电阻膜；改变电阻浆料成分或配比，就能得到不同的电阻值，也可以用激光在电阻膜上刻槽微调电阻值；然后再印刷玻璃浆覆盖电阻膜并烧结成釉保护层，最后把基片两端做成焊端。

（a）实物外形

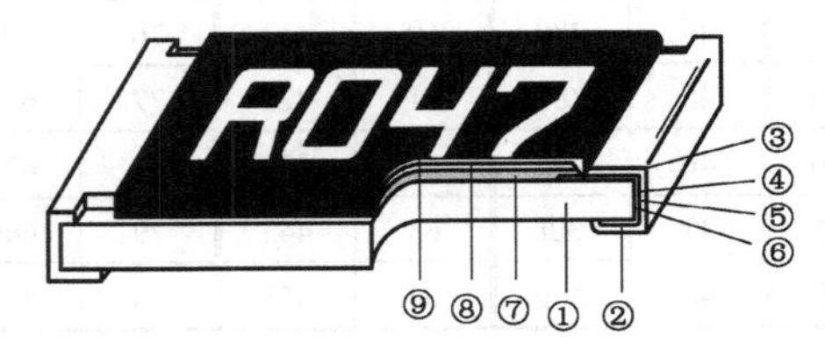

①—陶瓷基片；　④—边缘电极（镍铬）；　⑦—电阻层（RuO_2）；
②—底部电极（银）；　⑤—阻挡层（镍）；　⑧—玻璃包封；
③—顶部电极（银钯）；　⑥—外部电极（锡）；　⑨—印刷标识（电阻值）

（b）；结构

图 2-4　矩形片状电阻器

圆柱形表面贴装电阻器（MELF）可以用薄膜工艺来制作；在高铝陶瓷基柱表面溅射镍铬合金膜或碳膜，在膜上刻槽调整电阻值，两端压上金属焊端，再涂敷耐热漆形成保护层并印上色环标识。圆柱形表面贴装电阻器（MELF 电阻器）主要有碳膜 ERD 型、金属膜 ERO 型及跨接用的 0Ω 电阻器三种。如图 2-5 所示为 MELF 电阻器的外形及尺寸示意图，以 ERD-21TL 为例，L = 2.0（+0.1，−0.05）mm，D =1.25（±0.05）mm，T =0.3（+0.1）mm，H=1.4mm。

通常电阻封装尺寸与功率的关系为：0201—1/20W，0402—1/16W，0603—1/10W，0805—1/8W，1206—1/4W。

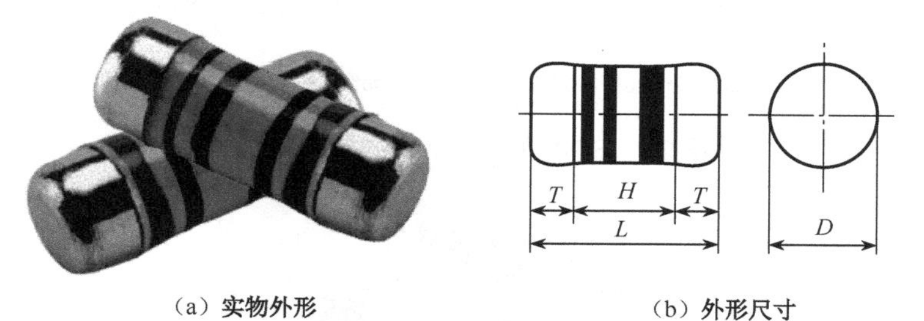

（a）实物外形　　（b）外形尺寸

图 2-5　MELF 电阻器的外形尺寸

2．SMC 电阻排（电阻网络）

表面贴装电阻排是电阻网络的表面贴装形式。目前，最常用的表面贴装电阻网络的外形如图 2-6 所示。

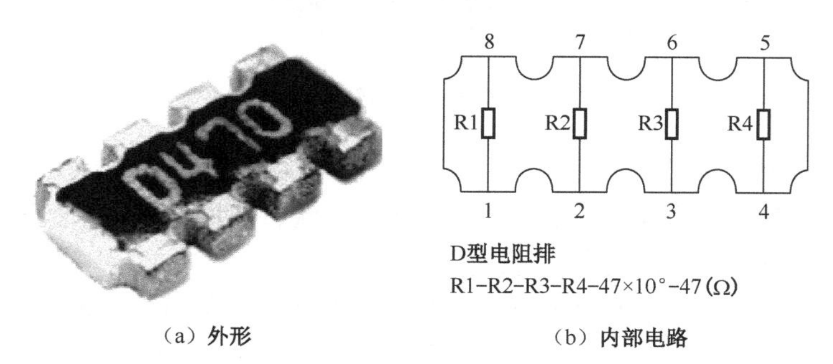

（a）外形　　（b）内部电路

图 2-6　SMC 电阻排（电阻网络）

电阻网络按结构可分为 SOP 型、芯片功率型、芯片载体型和芯片阵列型 4 种。

根据用途的不同，电阻网络有多种电路形式，芯片阵列型电阻网络的常见电路形式有 3 种，如图 2-7 所示。SOP 型电阻网络的常见电路形式有 4 种，如图 2-8 所示。各种电阻网络的外形图如图 2-9 所示。

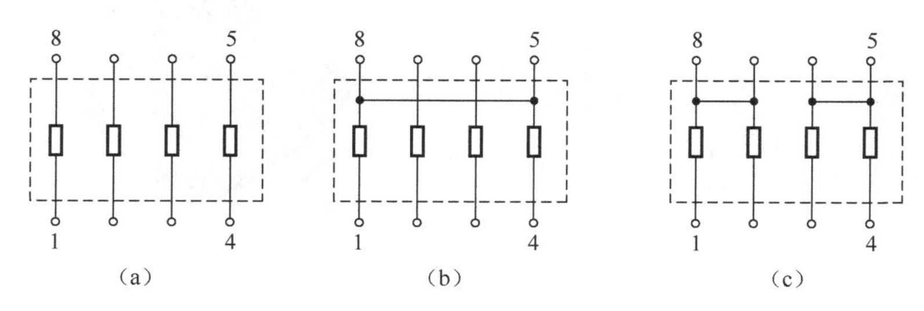

图 2-7　芯片阵列型电阻网络的常见电路形式

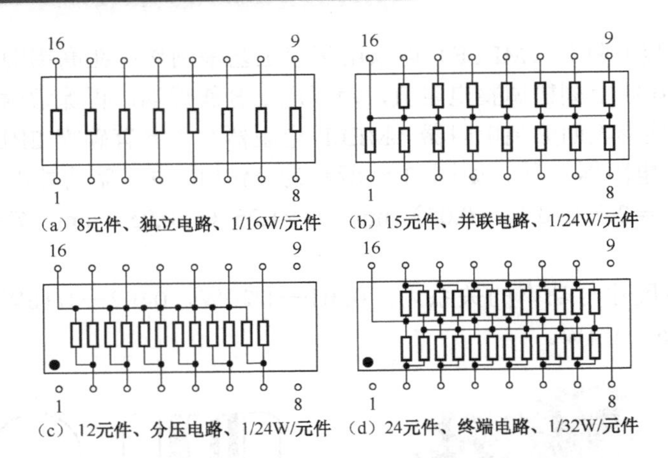

图 2-8　SOP 型电阻网络的常见电路形式

图 2-9　各种电阻网络的外形图

3．SMC 电位器

表面贴装电位器，又称为片式电位器。它包括片状、圆柱状、扁平矩形结构各种类型。有些书中也将其归类为片式机电类元件。

表面贴装电位器标称阻值的范围在 100Ω～1MΩ 之间，阻值允许偏差为±25%，额定功耗系列为 0.05W、0.1W、0.125W、0.2W、0.25W、0.5W。阻值变化规律为线形。

（1）敞开式结构。敞开式电位器的结构如图 2-10 所示。它又分为直接驱动簧片结构和绝缘轴驱动簧片结构。这种电位器无外壳保护，灰尘和潮气易进入产品，对性能有一定影响，但价格低廉，因此，常用于消费类电子产品中。敞开式的平状电位器仅适用于焊锡膏回流焊工艺，不适用于贴片波峰焊工艺。

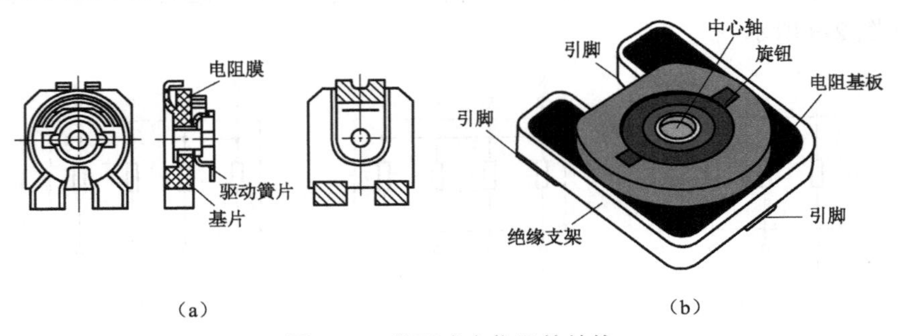

图 2-10　敞开式电位器的结构

（2）防尘式结构。防尘式电位器的结构如图 2-11 所示，有外壳或护罩，灰尘和潮气不易进入产品，性能好，多用于投资类电子整机和高档消费类电子产品中。

（3）微调式结构。微调式电位器的结构如图 2-12 所示，属精细调节型，性能好，但价格昂贵，多用于投资类电子整机中。

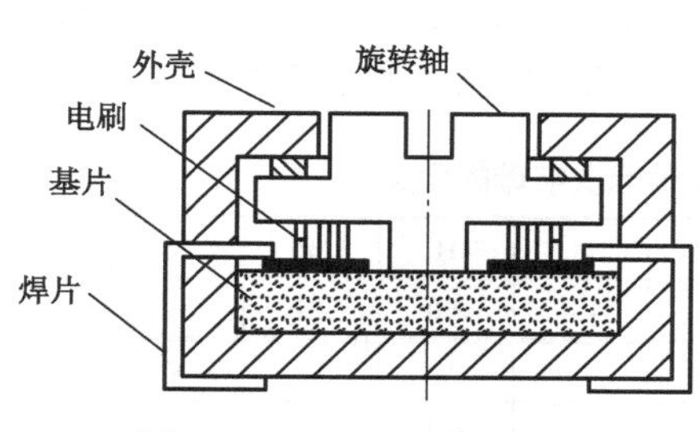

图 2-11　防尘式电位器的结构

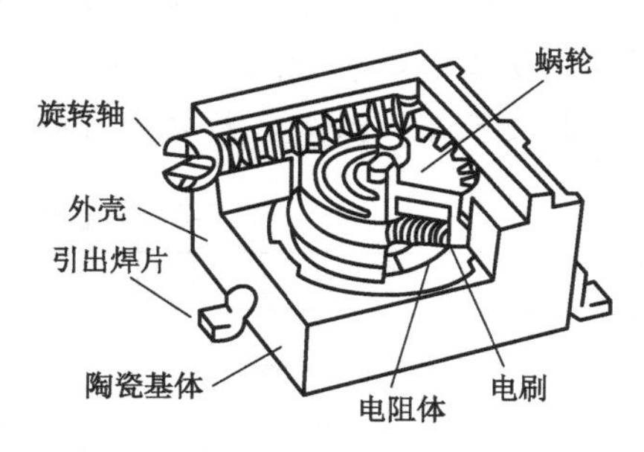

图 2-12　微调式电位器的结构

（4）全密封式结构。全密封式结构的电位器有圆柱形和扁平矩形两种形式，具有调节方便、可靠、寿命长的特点。圆柱形电位器的结构如图 2-13 所示，它又分为顶调型和侧调型两种。

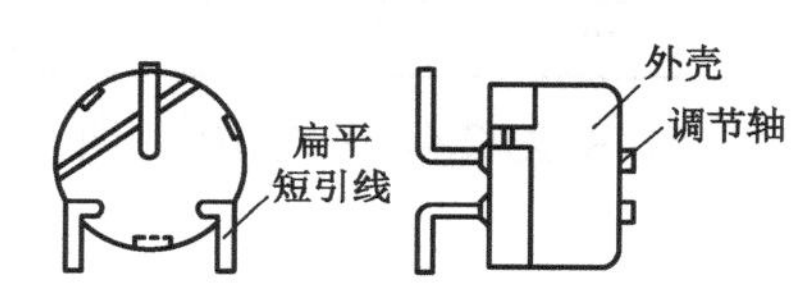

（a）圆柱形顶调电位器的结构

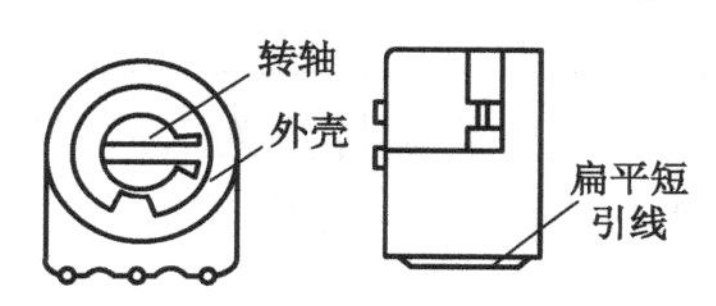

（b）圆柱形侧调电位器的结构

图 2-13　圆柱状电位器的结构

片状全密封电位器按外形尺寸可分为 3 型（即 3×3mm，以下类推）、4 型和 6 型。如图 2-14 所示为 5 种片状密封防尘式电位器的外形图。

图 2-14　密封防尘式电位器的外形

2.2.3　表面贴装电容器

1．表面贴装电容器的种类

表面贴装电容器有无极性电容器和有极性电容器（电解电容），其中无极性电容器的种类又可分为片式陶瓷电容器、片式有机薄膜电容器、片式云母电容器等。有极性电容器（电解电容），有钽和铝电解电容器两种。

目前使用较多的是陶瓷系列（瓷介）电容器和钽电解电容器，其中瓷介电容器约占 80%，有机薄膜和云母电容器使用较少。

2. 表面贴装电容器的容量标识

表面贴装电容器由于体积较小，在它的表面无法标出电容器的参数，因此有的电容器采用缩简符号表示其容量，而有的片式电容器不标注容量，而将其容量印在包装编带上。用缩简符号表示容量的方法是在片式电容器的表面标出两个字符，第一个字符是英文字母，代表有效数字，英文字母表示的有效数字见表 2-5；第二个是数字，表示有效数值后 0 的个数，电容量的单位是皮法（pF）。片状电容器容量标识数字的含义见表 2-6。

表 2-5 片状电容器容量标识字母的含义

字符	A	B	C	D	E	F	G	H	I	K	L	M
数值	1	1.1	1.2	1.3	1.5	1.6	1.8	2.0	2.2	2.4	2.7	3.0
字符	N	P	Q	R	S	T	U	V	W	X	Y	Z
数值	3.3	3.6	3.9	4.3	4.7	5.1	5.6	6.2	6.8	7.5	9.0	9.1

表 2-6 片式电容器容量标识数字的含义

数字	0	1	2	3	4	5	6	7	8	9
倍数	10^0	10^1	10^2	10^3	10^4	10^5	10^6	10^7	10^8	10^9

例如，表面贴装电容器标注为 K3，从表中可知：K 为 2.4，3 为 10^3，所以这个片式电容器的标称值为 $2.4\times10^3=2400$pF。

3. 常用表面贴装电容器

（1）SMC 多层陶瓷电容器。片式多层陶瓷电容器又称独石电容器，是用量最大、发展最快的片式元件品种，主要用于电子整机中的振荡、耦合、滤波、旁路电路中。它以陶瓷材料作介质，将预制好的陶瓷浆料通过流延方式制成厚度小于 10μm 的陶瓷介质薄膜，然后在介质薄膜上印刷内电极，并将印有内电极的陶瓷介质膜片交替叠合热压，形成多个电容器并联，在高温下一次烧结成为一个不可分割的整体芯片，然后在芯片的端部涂敷外电极浆料，使之与内电极形成良好的电气连接，再经高温烧附，形成片式陶瓷电容器的两极。

多层陶瓷电容器简称 MLCC。MLCC 通常是无引脚矩形结构，通体一色，为褐色、灰色、紫色等，两端是金属可焊端。MLCC 外形和结构如图 2-15 所示。

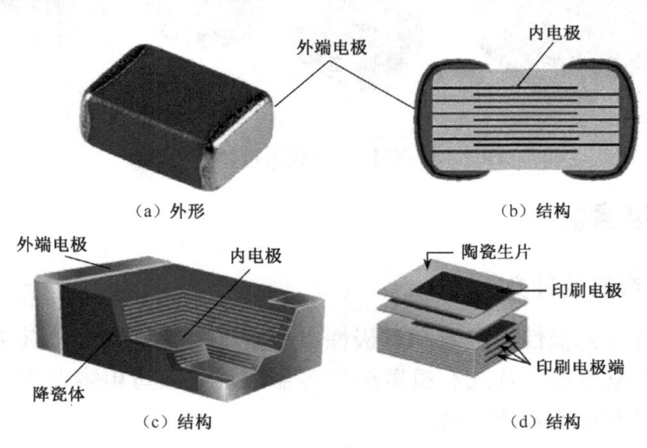

图 2-15 MLCC 结构

用来制造片式多层陶瓷电容的陶瓷叫电容器瓷，陶瓷介质的代号是按其陶瓷粉料的温度特性来命名的。常用的几种陶瓷粉料的含义如下。

Y5V：温度特性 Y 代表−25℃，5 代表+85℃，温度系数 V 代表−80%～+30%；

Z5U：温度特性 Z 代表+10℃，5 代表+85℃，温度系数 U 代表−56%～+22%；

X7R：温度特性 X 代表−55℃，7 代表+125℃，温度系数 R 代表±15%。

片式多层陶瓷电容器所用瓷介质不同，则有不同的容量范围及温度稳定性，其容量与尺寸、介质的关系见表 2-7。

表 2-7　不同介质材料 MLCC 的容量范围

型　号	COG	X7R	Z5V
0805C	10μF～560 pF	120 pF～0.012μF	
1206C	680μF～1500 pF	0.016μF～0.033μF	0.033μF～0.10μF
1812C	1 800μF～5 600 pF	0.039μF～0.12μF	0.12μF～0.47μF

表面贴装多层陶瓷电容器的可靠性很高，已经大量应用于汽车工业、军事和航空航天等领域。

（2）SMC 电解电容器。常见的 SMC 电解电容器有铝电解电容器和钽电解电容器两种。

① 铝电解电容器。铝电解电容器是由正箔、负箔和电解纸卷成芯子，用引线引出正负极，浸电解液后通过导针引出，再用铝壳和胶密封起来。片式铝电解电容器体积虽然较小，但因为通过电化学腐蚀后，电极箔的表面积被扩大了，且它的介质氧化膜非常薄，所以，片式铝电解电容器可以具有相对较大的电容量。

铝电解电容器主要规格尺寸分为（公制标准）：ϕ4×5.5mm、ϕ5×5.5m、ϕ6.3×5.5mm、ϕ6.3×7.7mm、ϕ8×6.5mm、ϕ8×10.2mm、ϕ10×10.2mm 等。

铝电解电容器额定电压一般为 4V～100V；常规使用的容量范围为 0.1μF～1500μF，随着相关技术及材料的发展，最大额定电压至 100V 和最大容量至 1500μF 以上的产品也已广泛使用。

由于铝电解电容器的容量和额定工作电压的范围比较大，因此做成贴片形式比较困难，一般是异形结构，如图 2-16（a）所示为铝电解电容器的外形，如图 2-16（b）为它的结构，如图 2-16（c）所示为它的标识和极性表示方式。

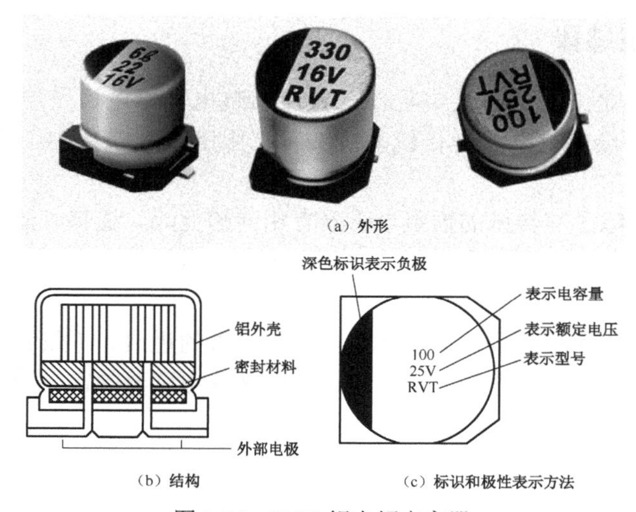

图 2-16　SMC 铝电解电容器

② 钽电解电容器。SMC 钽电解电容器以金属钽作为电容介质，可靠性很高，单位体积容量大，具有更低的等效串联电阻 ESR，适用于自动表面贴装机，广泛用于尖端军事、电脑、手机等领域。

SMC 钽电解电容器的外形都是片状矩形，按封装形式的不同，分为裸片型、模塑封装型和端帽型 3 种。如图 2-17 所示为片式钽电解电容器的外形和模塑封装型的内部结构，有斜坡的一端（靠近深色标识线）是正极。SMC 钽电解电容器的封装分为 A 型（3216）、B 型（3528）、C 型（6032）、D 型（7343）、E 型（7845）等几个系列。

端帽型钽电容器的尺寸范围：宽度 1.27～3.81 mm，长度 2.54～7.239 mm，高度 1.27～2.794 mm。容量范围是 0.1μF～100 μF，直流工作电压范围为 4 V～25 V。

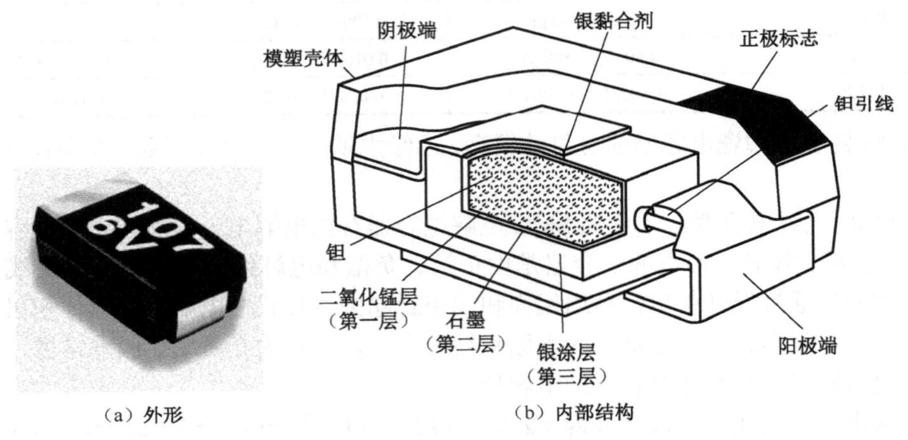

图 2-17　SMC 钽电解电容器的外形和内部结构

3．SMC 云母电容器

云母电容器采用天然云母作为电介质，做成矩形片状。由于它具有耐热性好、损耗低、Q 值和精度高、易做成小电容等特点，特别适合在高频电路中使用，近年来已在无线通信、硬盘系统中大量使用。

2.2.4　表面贴装电感器

表面贴装电感器是继表面贴装电阻器、表面贴装电容器之后发展起来的一种新型无源元件。由于电感元件结构复杂且受传统的绕线工艺限制，片式化的工艺难度较大，发展相对缓慢。

表面贴装电感器除了与传统的插装电感器有相同的扼流、退耦、滤波、调谐、延迟、补偿等功能外，还特别在 LC 调谐器、LC 滤波器、LC 延迟线等多功能器件中体现了独到的优越性。

尽管电感器片式化比较困难，但目前仍取得了很大的进展。不仅种类繁多，而且相当多的产品已经系列化、标准化，并已批量生产。表面贴装电感器的常见类型见表 2-8。

表 2-8　SMC 电感器类型

类　型	形　状	种　类
固定电感器	矩形	绕线型、多层型、固态型
	圆柱形	绕线型、卷绕印刷型、多层卷绕型
可调电感器	矩形	绕线型（可调线圈、中频变压器）
LC 复合元件	矩形	LC 滤波器、LC 调谐器、中频变压器、LC 延迟线
	圆柱形	LC 滤波器、陷波器
特殊产品	LC、LRC、LR 网络	

表面贴装电感器目前用量较大的主要有绕线型、多层型和卷绕型。

1．绕线型片式电感器

绕线型 SMC 电感器实际上是把传统的卧式绕线电感器稍加改进而成。制造时将导线（线圈）缠绕在磁芯上。低电感时用陶瓷作磁芯，大电感时用铁氧体作磁芯，绕组可以垂直也可水平。一般垂直绕组的尺寸最小，水平绕组的电性能要稍好一些，绕线后再加上端电极。端电极也称外部端子，它取代了传统的插装式电感器的引线，以便表面贴装。

对绕线型 SMC 电感器来说，由于所用磁芯不同，故结构上也有多种形式。

（1）工字形结构。这种电感器是在工字形磁芯上绕线制成的，如图 2-18（a）所示为开磁路，如图 2-18（b）所示为闭磁路。

（2）槽形结构。槽形结构是在磁性体的沟槽上绕上线圈制成的。

（3）棒形结构。这种结构的电感器与传统的卧式棒形电感器基本相同，它是在棒形磁芯上绕线而成的。只是它用适合表面贴装用的端电极代替了插装用的引线。

（4）腔体结构。这种结构是把绕好的线圈放在磁性腔体内，加上磁性盖板和端电极而成。

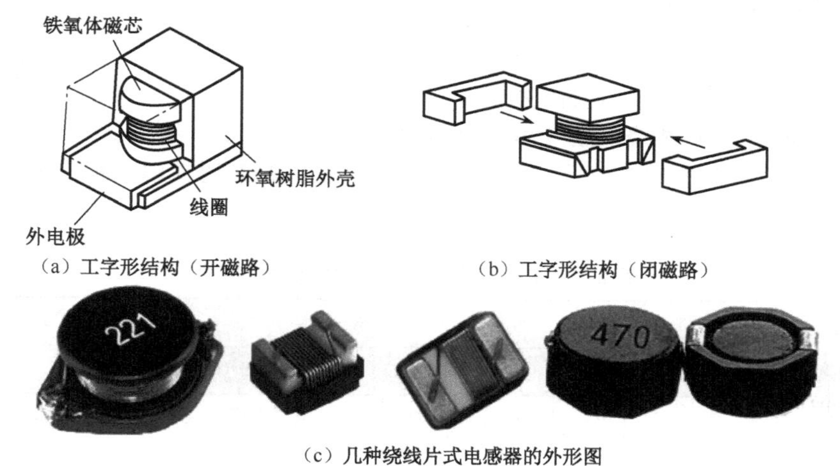

（a）工字形结构（开磁路）　（b）工字形结构（闭磁路）

（c）几种绕线片式电感器的外形图

图 2-18　绕线型片式电感器的结构和外形图

2．多层型片式电感器

多层型片式电感器（MLCI）的结构和多层型陶瓷电容器相似，制造时由铁氧体浆料和导电浆料交替印刷叠层后，经高温烧结形成具有闭合磁路的整体。导电浆料经烧结后形成的螺旋式导电带，相当于传统电感器的线圈，被导电带包围的铁氧体相当于磁芯，导电带外围的铁氧体使磁路闭合。片式电感器外观与贴片电容相似，区别方法是它的外观只有黑色一种颜色，其外形与结构如图 2-19 所示。

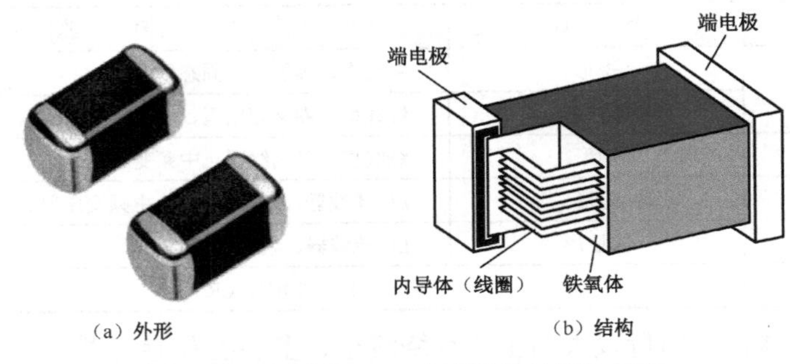

图 2-19　多层型 SMC 电感器的外形与结构

MLCI 的制造关键是相当于普通电感线圈的螺旋式导电带。目前导电带常用的加工方法有交替（分部）印刷法和叠片通孔过渡法。此外，低温烧结铁氧体材料选择适当的黏合剂种类与含量，对 MLCI 的性能也是非常重要的。

MLCI 具有如下特点。

（1）线圈密封在铁氧体中并作为整体结构，可靠性高。

（2）磁路闭合，磁通量泄漏很少，不干扰周围的元器件，也不易受邻近元器件的干扰，适宜高密度安装。

（3）无引线，可做到薄型、小型化，但电感量和 Q 值较低。

MLCI 的尺寸有 0402、0603、0805、1008、1206、1210、1812 等系列，电感量为 10μH～1mH；精度：J=±5%，K=±10%，M=±20%。

MLCI 按材料分为 D、A、E、C 四种，其尺寸与有关性能见表 2-9。

3. 卷绕型 SMC 电感器

卷绕型 SMC 电感器是在柔性铁氧体薄片（生料）上，印刷导体浆料，然后卷绕成圆柱形，烧结后形成一个整体，做上端电极即可。

卷绕型 SMC 电感器和绕线型 SMC 电感器相比，尺寸较小，某些卷绕型 SMC 电感器可用铜或铁做电极材料，故成本较低。但因为是圆柱体的，贴装时接触面积较小，所以表面贴装性不甚理想，目前应用范围不大。

表 2-9　多层型 SMC 电感器的尺寸与特性

尺寸（mm）（长×宽）	厚度（mm）	材料											
		D（f-Q 峰值，100MHz）			A（10 MHz）			E（5MHz）			C（1MHz）		
		电感范围（μH）	Q（Ref）	I_{DC}（mA）	电感范围（μF）	Q（Ref）	I_{DC}（mA）	电感范围（μH）	Q（Ref）	I_{DC}（mA）	电感范围（μH）	Q（Ref）	I_{DC}（mA）
3.2×1.6	0.6	0.05～0.33	30	100	0.15～1.2	30	100	1.2～2.7	50	25	1.0～8.2	50	10
	1.1	0.39～1.2	30	100	1.5～4.7	40	50	3.3～10	50	25	10～33	50	10
3.2×2.5	1.1	1.5～3.3	40	100	5.6～10	50	50	12～22	60	15	39～68	50	10
	2.5	3.9～12	40	50	12～47	50	50	27～100	60	10	82～330	50	10
4.5×3.2	1.1	1.5～3.3	40	100	5.6～10	50	50	12～22	60	15	39～68	50	10
	2.2	3.9～12	40	50	12～47	50	50	27～100	60	10	82～330	50	10

2.2.5 表面贴装 LC 元件

1．片式滤波器

（1）片式抗电磁干扰滤波器（片式 EMI 滤波器）。抗电磁干扰滤波器可滤除信号中的电磁干扰（EMI）。它主要用于抑制同步信号中的高次谐波噪声，防止数字电路信号失真。

EMI 滤波器主要由矩形铁氧体磁珠和片式电容器组合而成，经与内、外金属端子的连接，做成 T 形耦合，外表用环氧树脂封装。

EMI 滤波器的厚度只有 1.8mm，适合高密度贴装。

（2）片式 LC 滤波器。LC 滤波器有闭磁路型和金属壳型两种，前者采用翼形引线，后者采用 J 形引线。线圈的端部接在线架凸肩上部预置的端子上。将片式电容器装在凸肩的端子间，经焊接完成线圈与电容器的连接后，用罩壳封装成 LC 滤波器。

滤波器线圈用的铜线是耐热的聚氨酯铜线，为了达到小型、轻量和较高的耐热性，同轴线圈架用掺入适量铁氧体粉末的聚苯醚硫树脂（PPS）做成。预插入同轴线圈架的端子以电连接的方式与线圈端子和电容端子结合在一起。为保护 LC 滤波器的线圈和电容器，采用上、下罩壳进行封装。为了防止在焊接中受热影响而降低滤波器性能，一般在罩壳表面涂敷白色的耐热性聚酰氨树脂，以减轻高温中的光热辐射。片式 LC 滤波器按内含线圈 L 与电容器 C 的多少，分为 5 种型号。

（3）片式声表面波滤波器。表面波滤波器是利用表面弹性波进行滤波的带通滤波器。其压电体材料有 LiNb03、LiTa03 等单晶、氧化锌薄膜和陶瓷材料。

由于表面波滤波器具有集中带通滤波性能，其电路无须调整，组成元件数量少，并可采用光刻技术同时进行多元件（电极）的制作，故适合批量生产。片式表面波滤波器的外形比通孔贴装的要小得多，并可在 10MHz～5GHz 范围内使用。

声表面波滤波器通常是在压电体表面分别设置输入、输出的梳形电极。当对梳形电极施加脉冲电压时，在压电效应作用下，由相邻电极间的逆相位失真而产生表面波振动。声表面波滤波器外形与封装如图 2-20 所示。

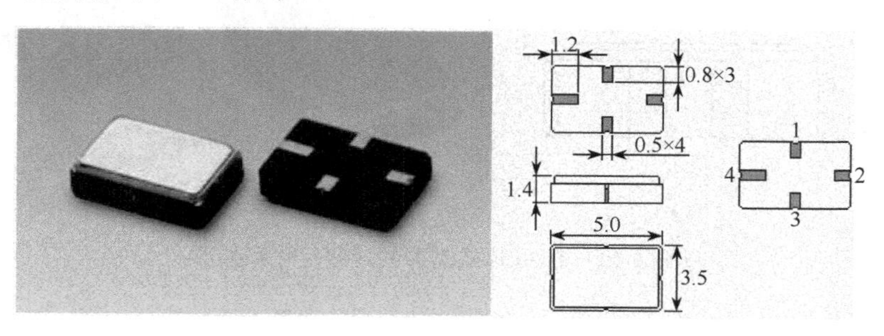

（a）外形　　（b）封装尺寸

图 2-20　声表面波滤波器外形与封装尺寸

根据使用频率的要求，梳形电极的线宽仅为几十微米至几微米，且电极厚度只有 1μm，因此加工工艺非常精细。滤波器基片上的梳形电极一般用铝做成，用黏结剂固定于陶瓷基板上。梳形电极和陶瓷基板上厚膜电极的连接常使用金或铝丝，在用陶瓷基板和陶瓷盖封装时，需要渗氮并实行气闭密封。

2．片式晶振

片式晶振是表面贴装式的石英晶体，它是一种无突出引脚的的晶体振荡器，能提供高精度振荡。贴片晶振分为无源晶振和有源晶振两种类型，无源晶振和有源晶振（谐振）的英文名称不同，无源晶振为 Crystal（晶体），而有源晶振则叫做 Oscillator（振荡器）。

无源晶振内只有一片按一定轴向切割的石英晶体薄片，供接入运放（或微处理器的 XTAL 端）以形成振荡。有源晶振内带有运放，接入电源后，可直接输出一定频率的等幅正弦波，一般至少有 4 个引脚，体积稍大。

片式晶振的体积与型号主要有 5070、6035、5032、4025、3225、2520、1510 等七种；其中 6035、4025 两种不常用。如图 2-21 所示为 2520 片式晶振的封装尺寸和外形。

3. 片式陶瓷振荡器

片式陶瓷振荡器又称片式陶瓷振子，常用于振荡电路中。振子作为电信号和机械振动的转换元件，其谐振频率由材料、形状及所采用的振动形式所决定。振子要做成表面贴装形式，必须保持其基本的振动方式。可以采用不妨碍元件振动方式的新型封装结构，并做到振子无须调整，具有高稳定性和高可靠性，以适合贴片机自动化贴装。

片式陶瓷振荡器按目前使用情况常分为“两端子式”和“三端子式”两种，如图 2-22 所示。一般二端子式无内置电容，而三端子式有内置电容。

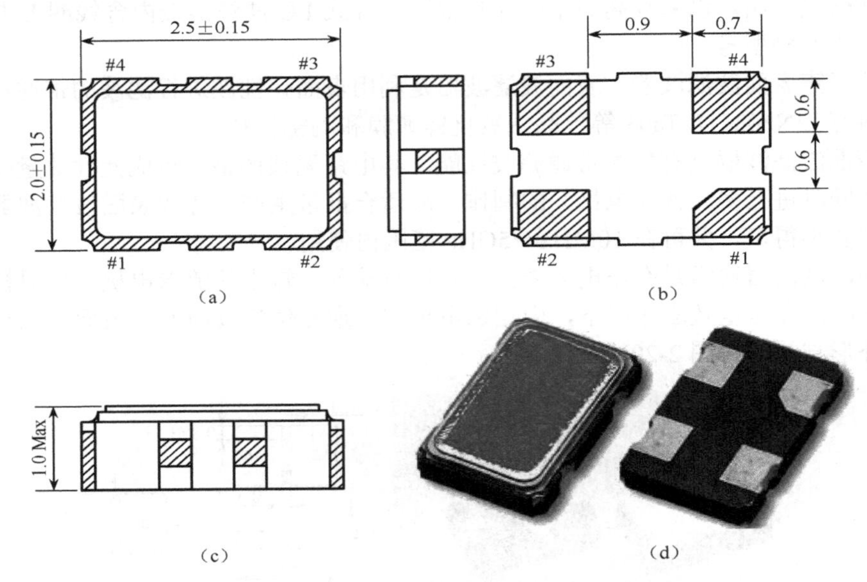

图 2-21　2520 片式晶振的封装尺寸和外形

图 2-22　片式陶瓷振荡器

2.2.6 SMC 的焊端结构

无引线片状元件 SMC 的电极焊端一般由三层金属构成，如图 2-23 所示。焊端的内部电极通常是采用厚膜技术制作的钯银（Pd-Ag）合金电极，中间电极是镀在内部电极上的镍（Ni）阻挡层，外部电极是锡铅（Sn-Pb）合金。中间电极的作用是避免在高温焊接时焊料中的铅和银发生置换反应，从而导致厚膜电极“脱帽”，造成虚焊或脱焊。镍的耐热性和稳定性好，对钯银内部电极起到了阻挡层的作用；但镍的可焊接性较差，因此，在焊端表面镀上一层锡铅合金作为外部电极，可以提高焊端的可焊接性。随着无铅焊接技术的推广，焊端表面的镀层合金也将改变成无铅焊料。

电子元器件引线焊端镀层的无铅化经过多年的发展，已经成为较成熟的技术，已开发的元器件引线焊端镀层合金有 Sn-Cu、Sn-Bi、Ni/Pd/Au、Ni/Pd、N i-Au、Ag-Pt、Pd-Au 等，其中前 5 种合金为目前使用的主流镀层合金。

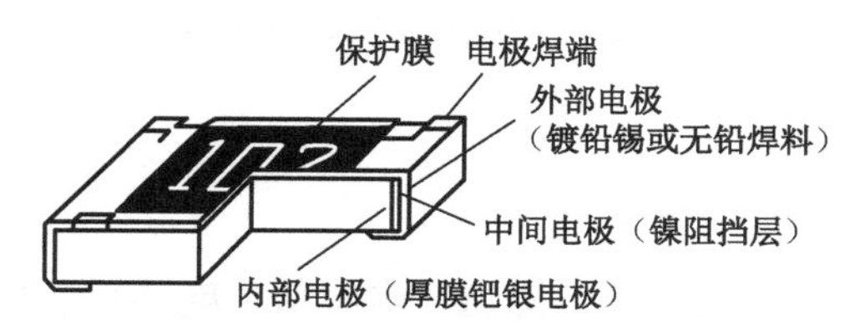

图 2-23　片状元件 SMC 的电极焊端

2.2.7 SMC 元件的规格型号标识方法

SMC 元件规格型号目前还没有统一的标识方法。我国市场上销售的 SMC 元件，部分是国外进口，其余是用引进生产线生产的，不同的厂商对型号的命名不同，以片式电阻器产品代号为例：日本松下是 ERJ，日本村田是 RX，而国内的华达电子是 RC。

例如，华达电子 0805 系列 10kΩ±5%片状电阻器在料盘上的标识含义如下所示：

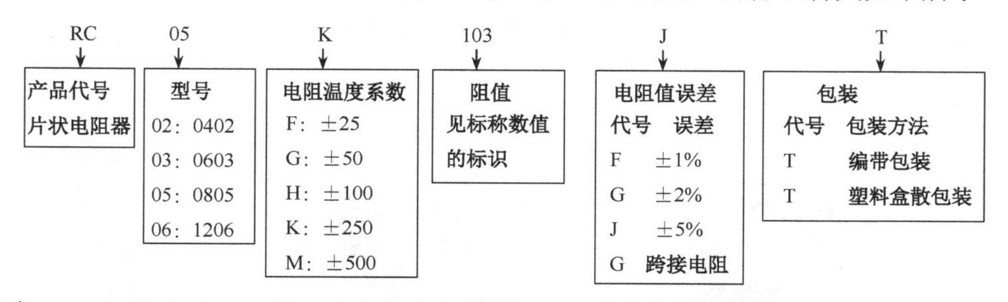

又如，1000pF±5%、耐压 50V 瓷片电容器有如下两种不同标识。

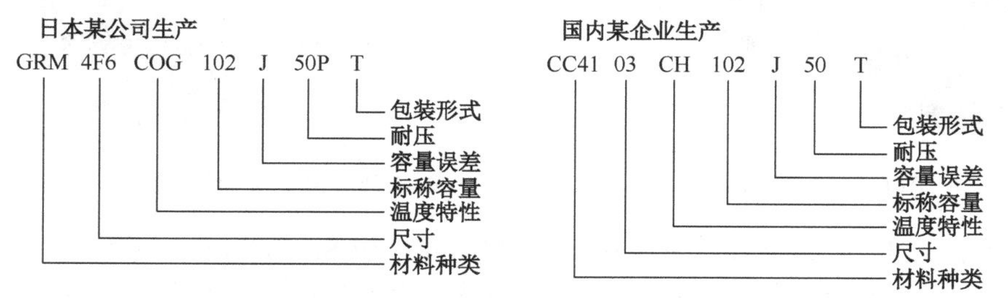

上例中，有些代号的意义是相同的，如容量误差“J”表示±5%，“G”表示±2%，“F”表示±1%等，包装形式“T”表示编带包装，“B”表示散装。

电子整机产品制造企业在编制设计文件和生产工艺文件、指导采购订货及元器件进厂检验、通过权威部门对产品的安全性认证时，都需要用到元器件的这些规格型号。

任务3　片式LCR元件的识别检测实训

任务描述

现场提供数字式万用表一块、镊子一把、RLC贴片元件测试夹一个、智能镊子式量表一个、混装的片式LCR元件若干、焊接有片式LCR元件的PCB一块。请在学习好片式元器件特点基础上完成以下操作：

① 利用RLC贴片元件测试夹配合数字式万用表正确进行SMC元件的电阻值、电容值、电感量的测量。

② 利用智能镊子式量表，将混装在一起的RLC贴片元件正确分拣出来，并记录他们的测量值。

实际操作

1．数字式万用表测量片式元件的电阻值、电容值、电感量

片式电阻、电容、电感的检查测量，其原理与方法与THT元件基本相同，只是由于元件体积太小，万用表的表笔需要加装RLC贴片元件测试夹，如图2-24所示，以方便夹持测试元件。

使用时只需将测试夹连接在原来的表笔上即可。

2．镊子式LCR表测量、检测SMC/SMD元件

使用专用的量表，可以直接对SMC/SMD元件进行测量、检测。这类量表除可测量电阻值、电容值、电感量外，还可以测试二极管的通断与极性以及直流电压。测试方法如图2-25所示。

图2-24　RLC贴片元件测试夹

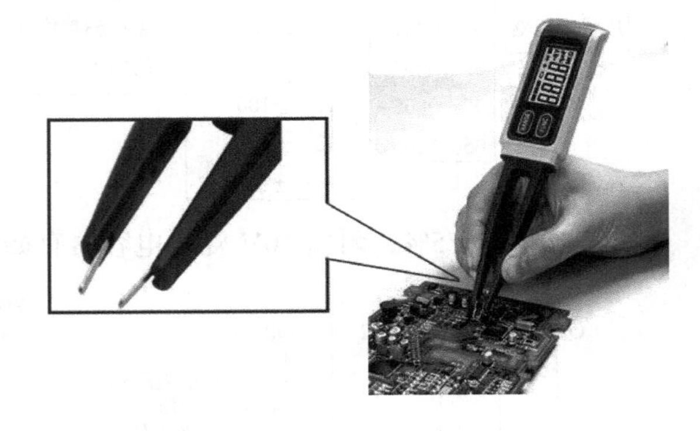

图2-25　镊子式LCR表的使用

（1）便携式LCR测试表。便携式LCR测试表（如Smart Tweezers智能镊子式量表如图2-26所示）为复杂电子系统的故障检测和贴片元器件的检验及分类提供了一个完美的解决方法。高精度的自动识别功能为频繁地测量电阻、电容、电感和电压提供了方便。它具有如下特点。

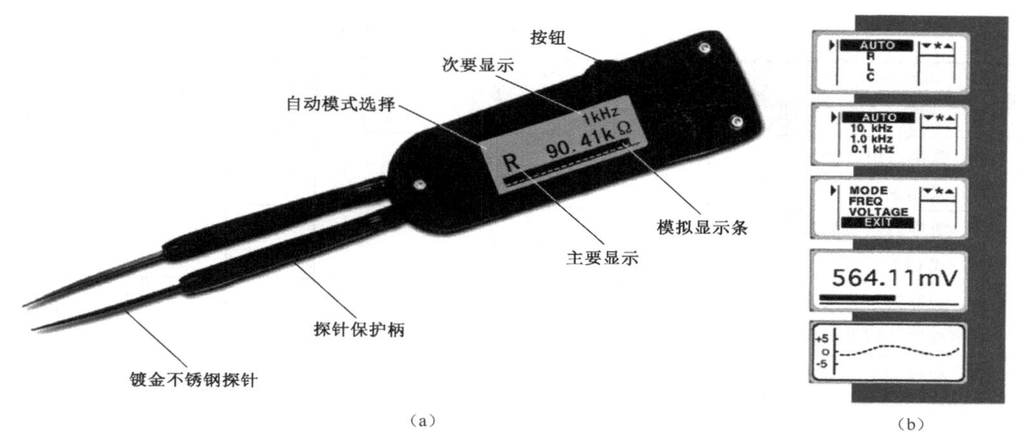

（a）　（b）

图 2-26　智能镊子式 LCR 测试表

① 方便地测量贴片元器件。因为贴片元器件通常都比较微小而且没有引线，所以在电子行业中检测和分类这类贴片元器件比常规元器件要困难得多。Smart Tweezers 智能镊子式量表的独特设计对识别和分类贴片元件提供了方便。它可以使用单手操作，智能镊子式的 LCR 探针能够很容易地夹住并有效接触小到 0201 的贴片元器件。这种探针同时也能测量由于引线过短而不能使用常规测量仪表测量的元器件。

② 自动的测量功能。智能镊子式量表可以自动辨别元器件的类型（电阻、电容、电感），并可根据被测元器件的数值自动调整测试量程以获得准确的读数。在液晶显示器上，会清晰地显示出被测元器件的种类、主要读数、次要读数以及测量条件。

主要显示位于显示器的中央，用于显示当前主要读数。次要显示位于显示器的上端，用于显示当前次要读数。例如，当测量电容时，主要显示为被测电容值，次要显示为 ESR（等效串联电阻）。条形图表位于显示器的下端，用于模拟显示当前主要读数。

③ 双重测量模式。 在需要测量特定电路参数（电感 L、电容 C、电阻 R 或者电压值）时，可以采用手动设置模式以提高精度。

综合测量头能让使用者单手操作，而将注意力集中在被测试的元器件和手头从事的工作。这使得元器件的分类、测量和故障的查找变得更加有效和便捷。Smart Tweezers 具有双重电压测量模式。在自动模式下，可以测量直流电压，在踪迹模式下，可以显示类似于示波器图形的交流电压变化图形。

在量表测得电阻值低于设定值时可选择使用连续的蜂鸣声音进行提示，这样可以进一步提高检测效率。

④ 最大测量范围。

电阻值：0.1～9.9 MΩ；

电容值：0.5 pF～4999 μF；

电感值：0.5 μH～999 mH；

直流电压：0～±8 V；

测试频率：100Hz、1kHz、10kHz。

（2）按以上介绍的方法，将混装的片式 LCR 元件分拣出来。

（3）对焊接有片式 LCR 元件的 PCB 进行检测，记录被测试片式元件的参数值。

（4）作业完成时，要注意做好相关 5S 等清洁工作。

（5）填写考核评价表见表 2-10。

表 2-10　片式元器件检测考核评价表

序号	项　目	配分	评价要点	自评	互评	教师评价	平均分
1	数字万用表测量片式 LCR 元件	10 分	测试夹与万用表连接正确（10 分）				
2	数字万用表测量片式 LCR 元件	30 分	测试结果正确（30 分）				
3	智能镊子式量表测量片式 LCR 元件	20 分	会正确使用智能镊子式量表（20 分）				
4	智能镊子式量表测量片式 LCR 元件	40 分	测试结果正确（40 分）				
材料、工具、仪表			每损坏或者丢失一件扣 10 分，材料、工具、仪表没有放整齐扣 10 分				
环保节能意识			视情况扣 10～20 分				
安全文明操作			违反安全文明操作视其情况进行扣分				
额定时间			每超过 5 min 扣 5 分				
开始时间		结束时间		实际时间		综合成绩	
综合评议意见（教师）							
评议教师				日期			
自评学生				互评学生			

任务 4　表面贴装器件 SMD 的识别

2.4.1　SMD 分立器件

SMD 分立器件包括各种分立半导体器件，有二极管、三极管、场效应管，也有由 2、3 只三极管、二极管组成的简单复合电路。

1．SMD 分立器件的外形

典型 SMD 分立器件的外形如图 2-27 所示，电极引脚数为 2～6 个。

二极管类器件一般采用 2 端或 3 端 SMD 封装，小功率三极管类器件一般采用 3 端或 4 端 SMD 封装，4～6 端 SMD 器件内大多封装了 2 只三极管或场效应管。

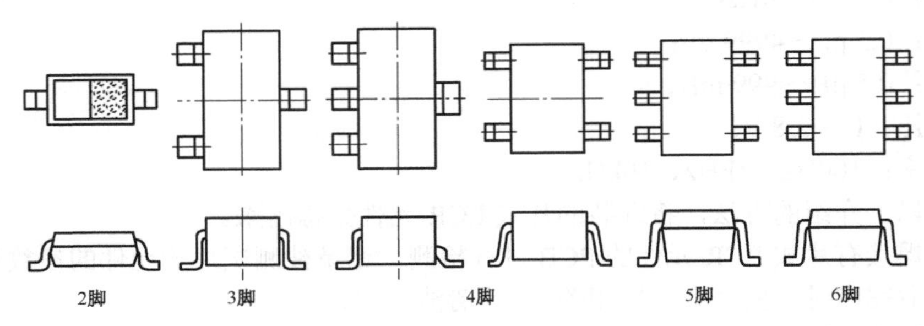

图 2-27　典型 SMD 分立器件的外形

2．二极管

SMD 二极管有无引线柱形玻璃封装和片状塑料封装两种。无引线柱形玻璃封装二极管是将管芯封装在细玻璃管内，两端以金属帽为电极。常见的有稳压、开关和通用二极管，功耗一般为 0.5～1 W。外形尺寸有ϕ1.5mm×3.5mm 和ϕ2.7mm×5.2mm 两种，外形结构如图 2-28 所示，靠近色环端是元件的负极。

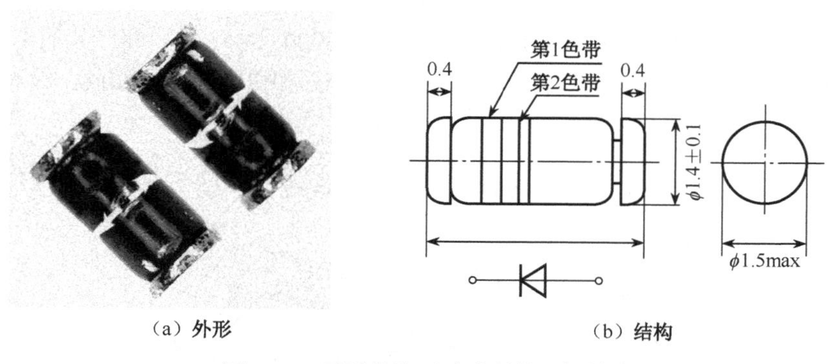

（a）外形　　（b）结构

图 2-28　无引线柱形玻璃封装二极管

塑料封装二极管一般做成矩形片状，无引脚或翼形、J 形等引脚形式，额定电流 150 mA～1 A，耐压 50～400 V，如图 2-29（a）所示。

还有一种 SOT-23 封装的片状二极管，如图 2-29（b）所示。多用于封装复合二极管，也用于高速开关二极管和高压二极管。这类片状二极管由于引脚数多于二个，而且型号没有印在元件表面上，为区别是二极管还是三极管，使用时必须检查元件包装编带上的标签确认。

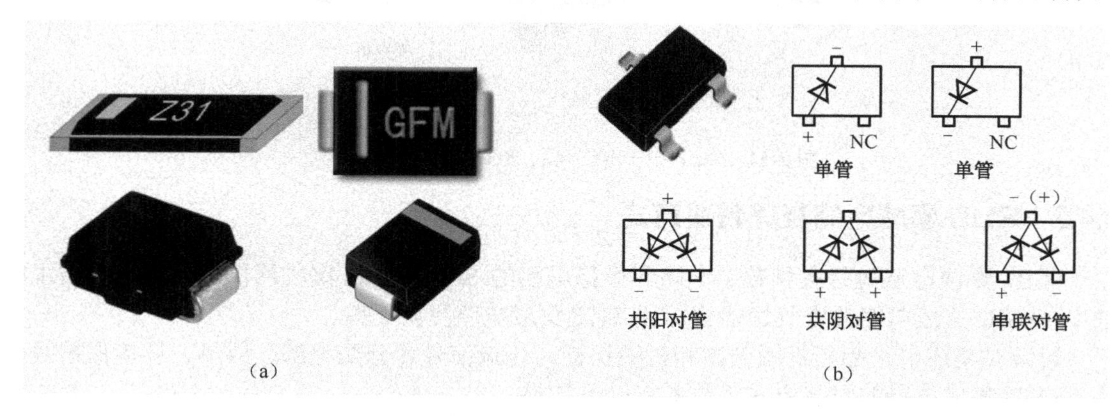

（a）　　（b）

图 2-29　矩形片状二极管

3．小外形塑封晶体管（SOT）

晶体管（三极管）采用带有翼形短引线的塑料封装，可分为 SOT-23、SOT-89、SOT-143、SOT-252 等几种尺寸结构，产品有小功率管、大功率管、场效应管和高频管几个系列；其中 SOT-23 是通用的表面贴装晶体管，SOT-23 有 3 条翼形引脚，分列于元件长边两侧，其中发射极和基极在同一侧，集电极在另一侧。SOT-23 功耗为 150mW～300mW，一般应用于小功率晶体管、场效应管和带电阻网络的复合晶体管，其外形和内部结构如图 2-30 所示。

SOT-89 适用于较高功率的场合，它的 e、b、c 三个电极是从管子的同一侧引出，管子底面有金属散热片与集电极相连，晶体管芯片黏结在较大的铜片上，以利于散热。其外形如图 2-31（a）所示。

SOT-143 封装有 4 条翼形短引脚，对称分布在长边的两侧，引脚中宽度偏大一点的是集电极，这类封装常见双栅场效应管及高频晶体管。其外形如图 2-31（b）所示。

SOT-252 封装与 SOT-89 相似，三个电极引脚从管子的同一侧引出，中间一条较短，呈短平形，为集电极，另一面为散热片。SOT-252 封装的功耗可达 2～50W，应用于大功率晶体管。SOT-252 封装的外形如图 2-31（c）所示。

SMD 分立器件封装类型及产品，到目前为止已有 3000 多种，各厂商产品的电极引出方式略有差别，在选用时必须查阅手册资料。但产品的极性排列和引脚距基本相同，具有互换性。

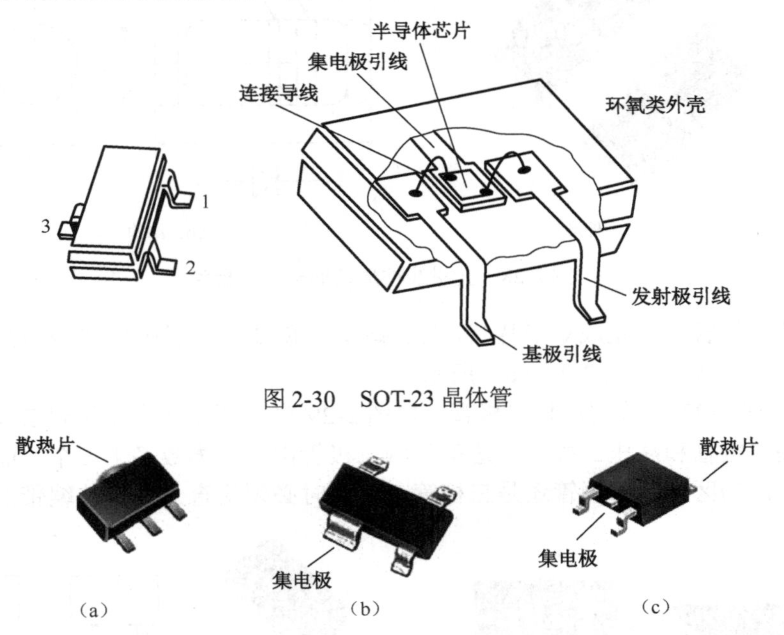

图 2-30　SOT-23 晶体管

图 2-31　SOT-89、SOT-143、SOT-252 封装晶体管

2.4.2　SMD 集成电路及其封装方式

SMD 集成电路包括各种数字电路和模拟电路的 SSI～ULSI 集成器件。由于工艺技术的进步，SMD 集成电路的电气性能指标比 THT 集成电路更好一些。

封装对集成电路起着机械支撑和机械保护、传输信号和分配电源、散热、环境保护等作用。SMD 集成电路的封装方式，主要有以下几类。

1. SO 封装

引线比较少的小规模集成电路大多采用这种小型封装，其内部结构如图 2-32 所示。SO 封装又分为几种，芯片宽度小于 0.15 in，电极引脚数目比较少的（一般在 8～40 脚之间），叫做 SOP 封装，宽度在 0.25in 以上，电极引脚数目在 44 以上的，叫做 SOL 封装，这种芯片常见于随机存储器（RAM）。芯片宽度在 0.6 in 以上，电极引脚数目在 44 以上的，叫做 SOW 封装，这种芯片常见于可编程存储器（E^2PROM）。有些 SOP 封装采用小型化或薄型化封装，分别叫做 SSOP 封装和 TSOP 封装。大多数 SO 封装的引脚采用翼形电极（称为 SOL），也有一些存储器采用 J 形电极（称为 SOJ），有利于在插座上扩展存储容量，如图 2-33（a）和图 2-33（b）所示为具有翼形引脚的 SOP 封装，如图 2-33（c）所示为具有 J 形引脚的 SOP 封装，每个 SOP 表面均有标记点，用来判定引脚序列。SO 封装的引脚间距有 1.27 mm、1.0 mm、

0.8 mm、0.65 mm 和 0.5 mm 几种。

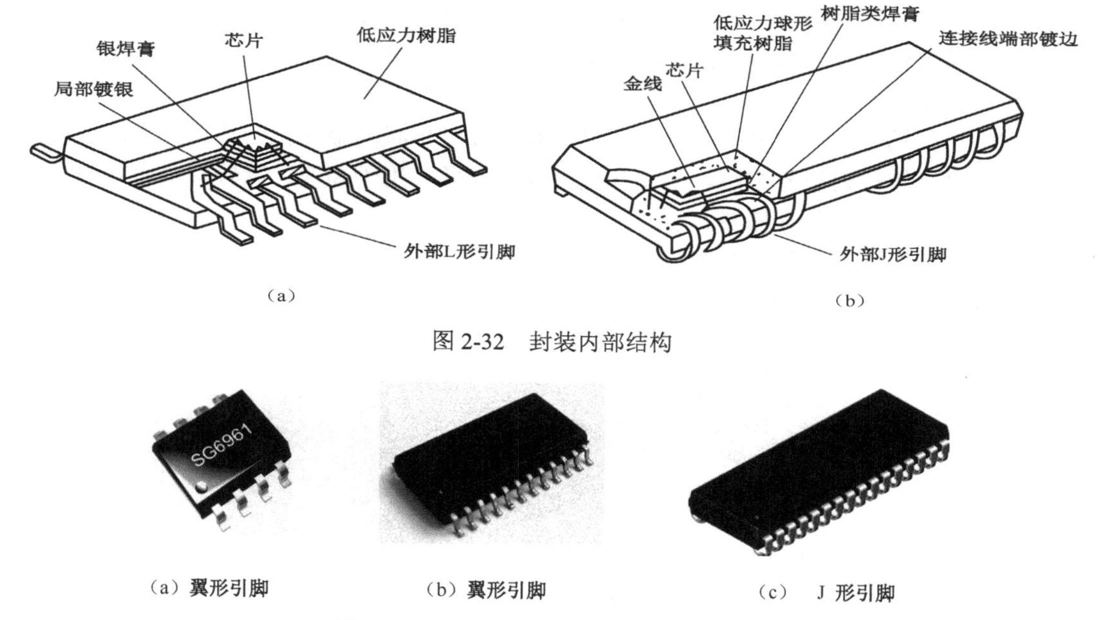

（a）　　　　（b）

图 2-32　封装内部结构

（a）翼形引脚　　（b）翼形引脚　　（c）　J 形引脚

图 2-33　SOP 的翼形引脚和 J 形引脚封装

2．QFP 封装

矩形四边都有电极引脚的 SMD 集成电路叫做 QFP 封装，QFP 封装也采用翼形的电极引脚。基材有陶瓷、金属和塑料三种。其中塑料封装占绝大部分，当没有特别表示出材料时，多数情况为塑料 QFP。QFP 根据封装本体厚度分为 QFP（2.0mm～3.6mm 厚）、LQFP（1.4mm 厚）和 TQFP，薄型 TQFP 封装的厚度已经降到 1.0 mm 或 0.5 mm。

QFP 封装的芯片一般都是大规模集成电路，在商品化的 QFP 芯片中，电极引脚数目最少的有 28 脚，最多可能达到 300 脚以上，引脚间距最小的是 0.4mm，最大的是 1.27 mm，QFP 的电极间距的极限是 0.3 mm。在装配焊接电路板时，对 QFP 芯片的贴装精度要求非常严格，电气连接可靠性要求贴装公差是 0.08 mm。

QFP 的缺点是当引脚中心距小于 0.65mm 时，间距狭窄的 QFP 电极引脚纤细而脆弱，容易扭曲或折断，这就必须保证引脚之间的平行度和平面度。为了防止引脚变形，现已出现了几种改进的 QFP 品种。如封装的四个角带有树脂缓冲垫的 BQFP，它是在封装本体的四个角设置突起（缓冲垫）以防止在运送过程中引脚发生弯曲变形。美国半导体厂家主要在微处理器和 ASIC 等电路中采用此封装。

如图 2-34（a）所示为 QFP 封装集成电路的照片，如图 2-34（b）所示为这种封装的一般形式，如图 2-34（c）所示为四角有突出的 BQFP 封装。

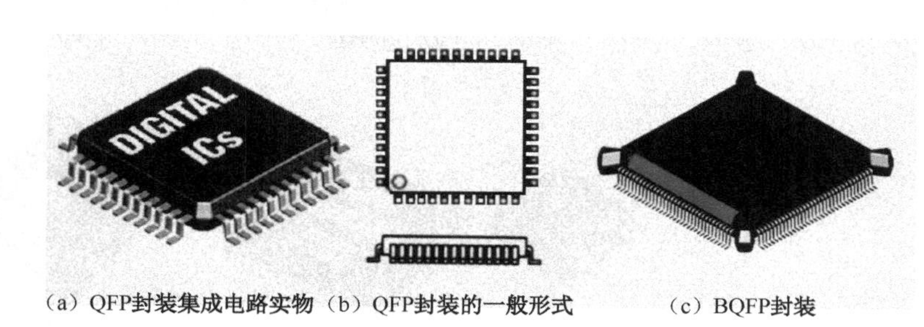

（a）QFP封装集成电路实物（b）QFP封装的一般形式　（c）BQFP封装

图 2-34　常见的 QFP 封装的集成电路

3. LCCC 封装

LCCC 是陶瓷芯片载体封装的 SMD 集成电路中没有引脚的一种封装；芯片被封装在陶瓷载体上，在陶瓷基板的四个侧面都设有电极焊盘而无引脚；电极焊盘排列在封装底面上的四边，数目为 18～156 个，间距有 1.0mm 和 1.27mm 两种，其结构、外形如图 2-35 所示。

LCCC 引出端子的特点是在陶瓷外壳侧面有类似城堡状的金属化凹槽和外壳底面镀金电极相连，提供了较短的信号通路，电感和电容损耗较低，用于高速、高频集成电路封装，如微处理器单元、门阵列和存储器。

LCCC 集成电路的芯片是全密封的，可靠性高但价格高，主要用于军用产品中，并且必须考虑器件与电路板之间的热膨胀系数是否一致的问题。

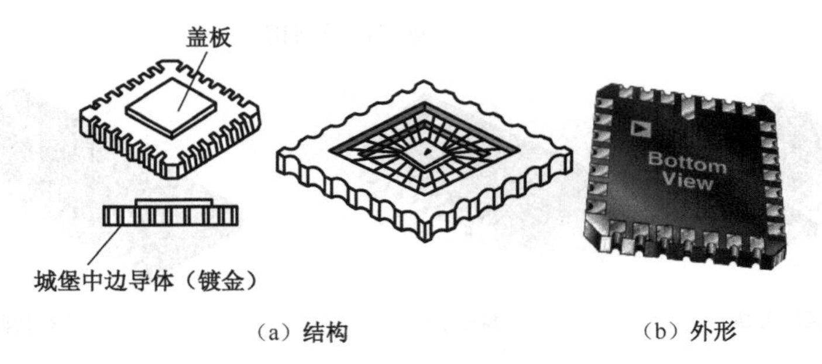

（a）结构　（b）外形

图 2-35　LCCC 封装的集成电路

4. PLCC 封装

PLCC 是集成电路的有引脚塑封芯片载体封装，它的引脚向内勾回，称为钩形（J 形）电极，电极引脚数目为 16～84 个，间距为 1.27 mm，封装结构如图 2-36（a）所示，图 2-36（b）所示为它的外形。PLCC 封装的集成电路大多是可编程的存储器。芯片可以安装在专用的插座上，容易取下来对其中的数据进行改写，如图 2-36（c）所示；为了减少插座的成本，PLCC 芯片也可以直接焊接在电路板上，但焊接后的外观检查较为困难，也不适宜用手工焊接。

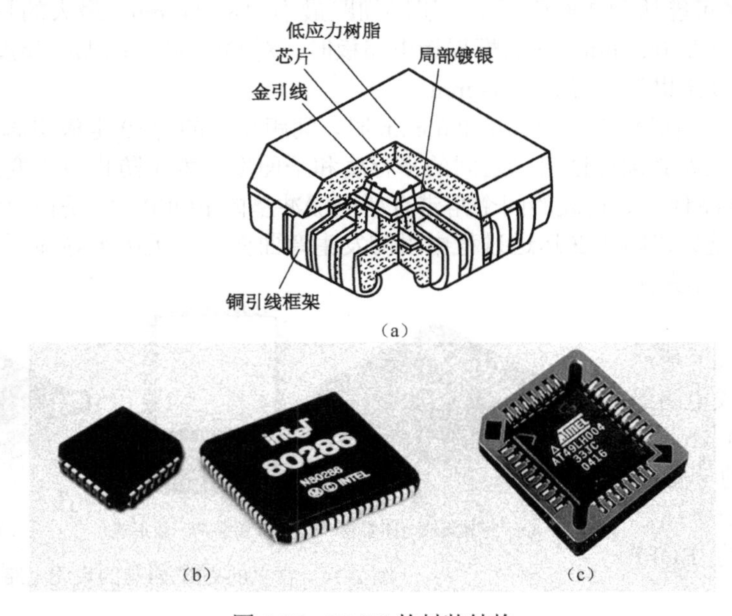

（a）

（b）　（c）

图 2-36　PLCC 的封装结构

PLCC 的外形有方形和矩形两种，矩形引线数分别为 18、22、28、32 条。方形引线数分别为 16、20、24、28、44、52、68、84 条。

5. PGA 封装

PGA（Pin Grid Array Package）封装即插针网格阵列封装，它是随着大规模集成电路，特别是 CPU 的集成度迅速增加而出现的。随着半导体工业飞速发展，需要的引脚数不断增加，如果停留在周边排列引线的老模式上，即使把引线间距再缩小，也不能解决引脚增多的困扰，于是提出了面阵排列的新概念。

PGA 封装是将 CPU 的电极引脚改变成针形引脚，全平面地分布在集成电路的本体下面，成为针脚的格栅阵列。其形式是在芯片的内外有多个方阵形的插针，每个方阵形插针沿芯片的四周间隔一定距离排列。根据引脚数目的多少，以芯片为中心在四周围成 2～5 圈针脚。这样，既可以在 CPU 引脚增加的同时疏散引脚间距，又能够通过专用的、带锁紧装置的插座，安装到计算机主板上，便于升级更换。PGA 封装外形如图 2-37 所示。

6. BGA 封装

20 世纪 90 年代，随着技术的进步，芯片集成度不断提高，I/O 引脚数急剧增加，功耗也随之增大，对集成电路封装的要求也更加严格。为了满足发展的需要，BGA 封装开始被应用于生产。BGA 是英文 Ball Grid Array Package 的缩写，即球栅阵列封装。它是在管壳底面焊有许多球状凸点，通过这些焊料凸点实现封装体与基板之间互连的一种先进封装技术。

图 2-37　PGA 封装

（1）BGA 封装的优点。BGA 方式封装的大规模集成电路如图 2-38 所示。其特点是将原来 PLCC/QFP 封装的 J 形或翼形电极引脚，改变成球形引脚；把从器件本体四周“单线性”顺序引出的电极，变成本体底面之下“全平面”式的格栅阵排列。这样，既可以疏散引脚间距，又能够增加引脚数目。焊球阵列在器件底面可以呈完全分布或部分分布，如图 2-38（b）和图 2-38（c）所示。

（a）BGA封装集成电路正面

（b）焊球的完全分布

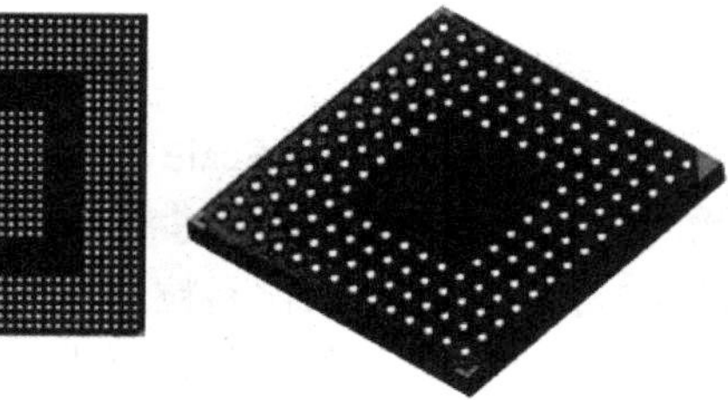

（c）焊球的外围加中心分布　（d）焊球的部分分布

图 2-38　BGA 封装集成电路

① BGA 封装的最大优点是 I/O 电极引脚间距大，典型间距为 1.0mm、1.27 mm 和 1.5 mm（英制为 40 mil、50 mil 和 60 mil），贴装公差为 0.3 mm，用普通多功能贴片机和回流焊设备就能基本满足 BGA 的贴装要求。

② BGA 的尺寸比相同功能的 QFP 要小得多，有利于 PCB 贴装密度的提高。采用 BGA

使产品的平均线路长度缩短，改善了组件的电气性能和热性能；另外，焊料球的高度表面张力导致回流焊时器件的自校准效应，这使贴装操作简单易行，降低了精度要求，贴装失误率大幅度下降，显著提高了贴装的可靠性。显然，BGA 封装方式是大规模集成电路提高 I/O 端子数量、提高装配密度、改善电气性能的最佳选择。目前，使用较多的 BGA 的 I/O 端子数是 72～736 个，预计将达到 2000 个。

③ BGA 方式能够显著地缩小芯片的封装表面积：假设某个大规模集成电路有 400 个 I/O 电极引脚，同样取引脚的间距为 1.27 mm，则正方形 QFP 芯片每边 100 条引脚，边长至少达到 127 mm，芯片的表面积要 $160cm^2$ 以上；而正方形 BGA 芯片的电极引脚按 20×20 的行列均匀排布在芯片的下面，边长只需 25.4 mm，芯片的表面积还不到 $7\ cm^2$。可见，相同功能的大规模集成电路，BGA 封装的尺寸比 QFP 的要小得多，有利于在 PCB 电路板上提高装配的密度。

④ 从装配焊接的角度看，BGA 芯片的贴装公差为 0.3 mm，比 QFP 芯片的贴装精度要求 0.08 mm 低得多。这就使 BGA 芯片的贴装可靠性显著提高，工艺失误率大幅度下降。采用 BGA 芯片，使产品的平均线路长度缩短，改善了电路的频率响应和其他电气性能；另外，用回流焊设备焊接时，锡珠的高度表面张力导致芯片的自校准效应（也叫“自对中”或“自定位”效应），提高了装配焊接的质量。

（2）BGA 封装的类型。BGA 的封装类型多种多样，其外形结构为方形或矩形。根据其焊料球的排布方式可分为周边型、交错型和全阵列型 BGA；根据其基板的不同，主要分为 PBGA、CBGA、TBGA 以及封装尺寸与芯片尺寸比较接近的微型 BGA（Micro-BGA、μBGA 或 CSP）等。

① PBGA（Plastic BGA）封装。PBGA 封装采用 BT 树脂/玻璃层压板作为基板，以塑料（环氧模塑混合物）作为密封材料，焊球为共晶焊料 63Sn/37Pb 或准共晶焊料 62Sn/36Pb/2Ag（目前已有部分使用无铅焊料），焊球和封装体的连接不需要另外使用焊料。

② CBGA（Ceramic BGA）封装。采用陶瓷基板，芯片与基板间的电气连接通常采用倒装芯片（Flip Chip，简称 FC）的安装方式。Intel 系列 CPU 中，Pentium I、Pentium II、Pentium Pro 处理器均采用过这种封装形式。

③ TBGA（Tape BGA）封装。基板为带状软质的 1-2 层 PCB 电路板。

7．CSP 封装

CSP 的全称为 Chip Scale Package，为芯片尺寸级封装的意思，是 BGA 进一步微型化的产物。它可以做到裸芯片尺寸有多大，封装尺寸就有多大，即封装后的 IC 尺寸边长不大于芯片的 1.2 倍，IC 面积只比晶粒（Die）大不超过 1.4 倍。CSP 封装可以让芯片面积与封装面积之比超过 1∶1.14，已经非常接近于 1∶1 的理想情况。

同等空间下相对于 BGA 封装，CSP 封装可以将存储容量提高三倍。它的绝对尺寸仅有 $32mm^2$，相当于 TSOP 封装面积的 1/6。在相同的芯片面积下，CSP 所能达到的引脚数明显的要比 TSOP、BGA 引脚数多得多。TSOP 最多为 304 根引脚，BGA 能达到 600 根引脚的极限，而 CSP 理论上可以达到 1000 根。由于如此高度集成的特性，芯片到引脚的距离大大地缩短了，线路的阻抗显著减小，信号的衰减和干扰大幅降低。CSP 封装也非常薄，金属基板到散热体的最有效散热路径仅有 0.2mm，提升了芯片的散热能力。

CSP 有两种基本类型：一种是封装在固定的标准压点轨迹内的，另一种则是封装外壳尺寸随芯尺寸变化的。常见的 CSP 分类方式是根据封装外壳本身的结构来分的，它分为柔性 CSP、刚性 CSP、引线框架 CSP 和圆片级封装（WLP）。

目前的 CSP 还主要用于少 I/O 端数集成电路的封装，如计算机内存条和便携电子产品。未来则将大量应用在信息家电（IA）、数字电视（DTV）、电子书（E-Book）、无线网络 WLAN/Gigabit Ethemet、ADSL/等新兴产品中。

如图 2-39（a）所示为一种 CSP 封装的外观，如图 2-39（b）所示为采用 CSP 封装的计算机内存芯片。

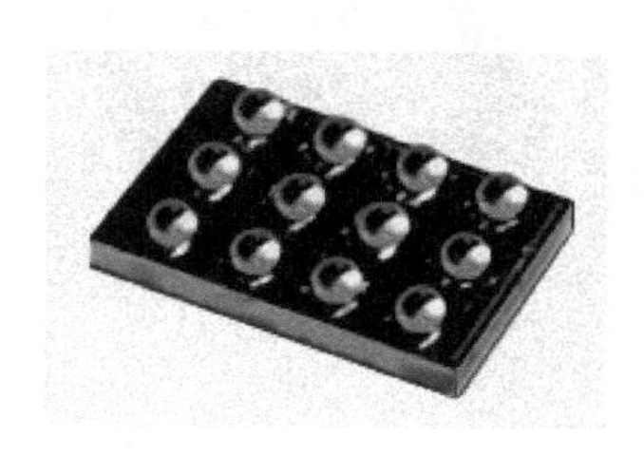

（a）CSP封装示例

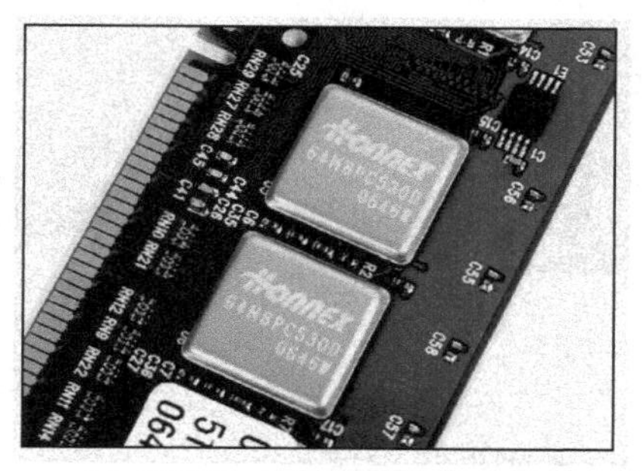

（b）采用CSP封装的计算机内存芯片

图 2-39　CSP 封装

8. PQFN 封装

方形扁平无引脚塑料封装（PQFN），是近几年推出的一种全新的封装类型。PQFN 封装和 CSP 封装有些类似，但其元件底部不是焊球，而是金属引脚框架，如图 2-40 所示。PQFN 是一种无引脚封装，呈正方形或矩形，封装底部中央位置有一个大面积裸露焊盘，提高了散热性能。围绕大焊盘的封装外围四周有实现电气连接的导电焊盘。由于 PQFN 封装不像 SOP、QFP 等具有翼形引脚，其内部引脚与焊盘之间的导电路径短，自感系数及封装体内的布线电阻很低，所以它能提供良好的电性能。

由于 PQFN 具有良好的电性能和热性能，体积小、重量轻，因此已经成为许多新应用的理想选择。PQFN 非常适合应用在手机、数码相机、PDA、DV、智能卡及其他便携式电子设备等高密度产品中。

（a）　　　　　　（b）

图 2-40　方形扁平无引脚塑料封装（PQFN）

9. CLCC 封装

CLCC（Ceramic Leaded Chip Carrier）封装是带引脚的陶瓷芯片载体封装，引脚从封装的四个侧面引出，向下呈 J 字形，此封装也称为 QFJ、QFJ-G，如图 2-41 所示。带有窗口的用于封装紫外线擦除型 EPROM 以及带有 EPROM 的微机电路等。CLCC 的外壳根据需要，可设计成正方形、长方形或双列形。

CLCC 以其体积小、重量轻、布线面积小、长寿命、分布电感和线间电容小、I/O 数目大、高可靠、低成本等优势，在军事装备及各种现代化通信系统设备、电子仪器中地位越来越显著。

（a）（b）（c）

图 2-41 CLCC 封装

10．SMD 引脚形状综述

综上所述，表面贴装器件 SMD 的 I/O 电极有两种形式：无引脚和有引脚。

（1）无引脚形式有 LCCC、PQFN 等，这类器件贴装后，芯片底面上的电极焊端与印制电路板上的焊盘直接连接，可靠性较高。

（2）有引脚器件贴装后的可靠性与引脚的形状有关，所以，引脚的形状比较重要。占主导地位的引脚形状有翼形、钩形（J 形）和球形三种。翼形引脚用于 SOT/SOP/QFP 封装，钩形（J 形）引脚用于 SOJ/PLCC 封装，球形引脚用于 BGA/CSP/Flip Chip 封装。

① 翼形引脚的主要特点是：符合引脚薄而窄以及小间距的发展趋势，特点是焊接容易，可采用包括热阻焊在内的各种焊接工艺来进行焊接，工艺检测方便，但占用面积较大，在运输和装卸过程中容易损坏引脚。

② 钩形引脚的主要特点是：引线呈 J 形，空间利用率比翼形引脚高，它可以用除热阻焊外的大部分回流焊进行焊接，比翼形引脚坚固。由于引脚具有一定的弹性，可缓解安装和焊接的应力，防止焊点断裂。

2.4.3 集成电路封装形式的比较与发展

1．封装比的概念

衡量集成电路制造技术的先进性，除了集成度（门数、最大 I/O 数量）、电路技术、特征尺寸、电气性能（时钟频率、工作电压、功耗）外，还有集成电路的封装。

由本节前面内容可以看出，封装对于集成电路起着重要的作用，新一代大规模集成电路的出现，常常伴随着新的封装形式的应用。

评价集成电路封装技术的优劣，重要指标是封装比。其计算公式如下：

封装比=芯片面积/封装面积

这个比值越接近 1 越好。在如图 2-42 所示的集成电路封

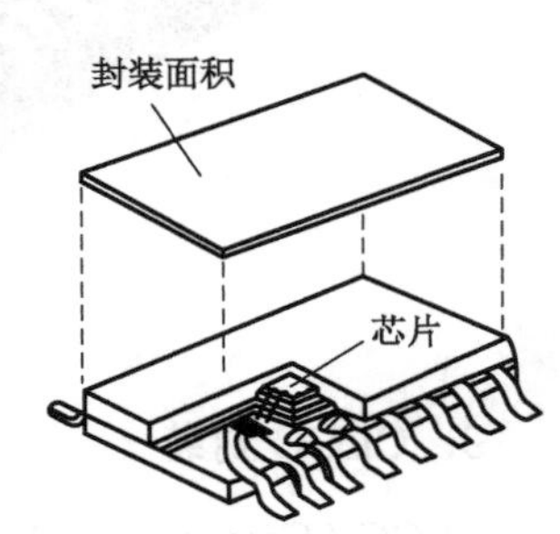

图 2-42 集成电路封装示意图

装示意图里，芯片面积一般很小，而封装面积则受到引脚间距的限制，难以进一步缩小。

2. 封装形式的发展过程与比较

集成电路的封装技术已经历经了好几代变迁，从 DIP、QFP、PGA、BGA 到 CSP 再到 MCM，芯片的封装比越来越接近 1，引脚数目增多，引脚间距减小，芯片重量减轻，功耗降低，技术指标、工作频率、耐温性能、可靠性和适用性都取得了巨大的进步。

如图 2-43 所示为常用半导体器件封装形式及特点的总结。

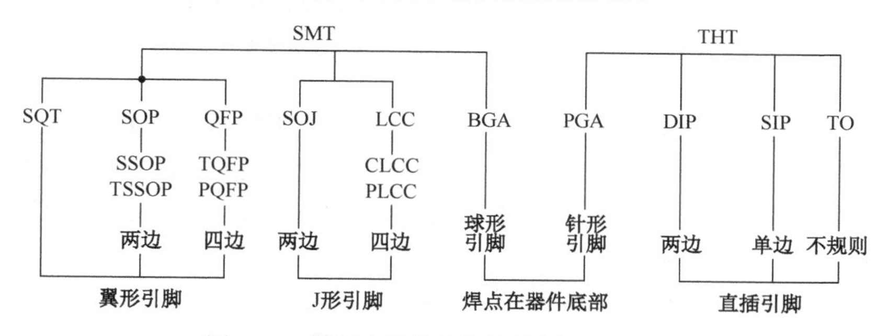

图 2-43　常用半导体器件的封装形式及特点

（1）双列直插封装（DIP）和单列直插封装（SIP）是 20 世纪 70 年代开始流行的集成电路封装方式。SIP 封装的集成电路大多是音频功率放大器，直立插装在电路板上，容易固定到散热片上。

DIP 封装的芯片种类极多，这种结构具有适合在印制电路板上通孔插装、容易进行印制电路板的设计布线、DIP 芯片可以使用插座，易于贴装与焊接等特点。

以 Intel 公司的早期产品 8086、80286 CPU 为例，采用塑料包封双列直插封装（PDIP），有 40 条 I / O 引脚，其芯片封装比约为 1:86，离 1 相差甚远。显然，这种封装的尺寸比芯片大得多，封装效率很低，占用了很多有效的安装面积。

（2）20 世纪 80 年代，随着大规模集成电路制造技术的进步，出现了芯片载体封装。在 SMT 技术发展的前期，小尺寸封装 SO、陶瓷无引线芯片载体 LCCC、塑料有引线芯片载体 PLCC、塑料四边引线扁平封装 PQFP 几种典型形式的芯片载体封装被大量采用。

Intel 公司的 80386 CPU 就采用 PQFP 封装：有 208 根 I/O 引脚，引脚间距 0.5 mm，芯片尺寸 10mm×10 mm，封装尺寸 28 mm×28 mm，则芯片封装比为 1:7.8。可见，QFP 比 DIP 的封装尺寸大大减小。

（3）20 世纪 90 年代，由于设备的改进和 VLSI、ULSI 集成电路制造的要求，在硅单晶芯片上采用深亚微米技术使集成度迅速提高，I/O 引脚数目急剧增加，芯片的功耗也随之增大。球栅阵列封装 BGA 应运而生。

BGA 一出现，便成为计算机的数据管理器、设备管理器、显示处理器等 VLSI 芯片的最佳封装方式，这些芯片都是高集成度、高性能、多功能及多 I/O 引脚的器件。

近年来，Intel 公司对集成度很高、功耗很大的计算机 CPU 芯片，均采用陶瓷针栅阵列封装 CPGA（通过插座安装到主板上）和陶瓷球栅阵列封装 CBGA（直接焊接到主板上），并在外壳上安装微型风扇进行散热，保证电路稳定工作。

（4）BGA 封装比 QFP 先进，比 PGA 封装廉价、可靠，但它的芯片封装比还不够小。Tessera 公司在 BGA 封装的基础上进行改进，研制出了称为 μBGA 封装的技术。μBGA 芯片的焊球间距有 0.8 mm、0.65 mm、0.5 mm、0.4 mm 和 0.3 mm 多种。μBGA 集成电路芯片封装比比 BGA 前进了一大步。

（5）CSP 技术是最近几年才发展起来的新型集成电路封装技术，是由日本三菱公司在 1994 年提出来的。应用 CSP 技术封装的产品封装密度高，性能好，体积小，重量轻，与表面安装技术兼容，因此它的发展速度相当快，现已成为集成电路重要的封装技术之一，目前已开发出多种类型 CSP，品种多达 100 多种。

CSP 封装使封装面积缩小到 BGA 的 1/4～1/10，信号传输延迟时间缩到极短，解决了集成电路裸芯片不能进行交流参数测试和老化筛选的问题，满足了大规模集成电路引脚不断增加的需要。

（6）随着 IC 制造技术的发展，传统的封装形式已经不能够满足集成电路对于高性能、高集成度、高可靠性的要求。裸芯片由于其本身具有的特点而被广泛应用于 MCM 等新型的封装形式中。裸芯片技术主要有两种形式：一种是 COB（Chip On Board，芯片直接搭载在 PCB 上）技术，另一种是倒装芯片技术（Flip Chip，FC）。

用 COB 技术封装的裸芯片是把芯片主体和 I/O 端子放在晶体上方，焊接时先将此裸芯片用导电/导热胶黏结在 PCB 上，凝固后再用绑定机（Bonder）把金属丝（Al 和 Au）在超声或热压的作用下，分别连接在芯片的 I/O 端子焊区和 PCB 相对应的焊盘上，经测试合格后，再封上树脂胶。与其他封装技术相比，COB 技术价格低廉（仅为同芯片的 1/3 左右）、节约空间、工艺成熟。

倒装芯片（FC）与 COB 的区别在于焊点是呈面阵列式排在芯片上，焊点朝下置于 PCB 上，并且焊区做成凸点结构，凸点外层即为 Sn/Pb 焊料。由于 I/O 引出端分布于整个芯片表面，故在封装密度和处理速度上 Flip Chip 已达到顶峰，特别是它可以采用 SMT 技术的手段来加工，因此是芯片封装技术及高密度安装的最终方向。

（7）MCM 封装。在还不能实现把多种芯片集成到单一芯片上、达到更高的集成度之前，可以将高集成度、高性能、高可靠的 CSP 芯片和专用集成电路芯片组合在高密度的多层互连基板上，封装成为具有各种完整功能的电子组件、子系统或系统。可以把这种封装方式简单地理解为集成电路的二次集成，所制造的器件叫做多芯片组件（MCM），它将对现代计算机、自动化、通信等领域产生重大的影响。

任务 5　SMT 元器件的包装方式与使用要求

2.5.1　SMT 元器件的包装

片状元器件可以用四种包装形式提供给用户：散装、盘状（纸/塑料）编带、管状料条和塑料托盘包装，后三种包装形式如图 2-44 所示。SMC 的阻容元件及小尺寸集成电路（SOIC）一般用盘状编带包装，便于采用自动化装配设备。大尺寸、引脚数目多的集成电路（QFP、PLCC、BGA）一般用防静电的塑料托盘包装，引脚数目少的集成电路也可以采用塑料管包装。

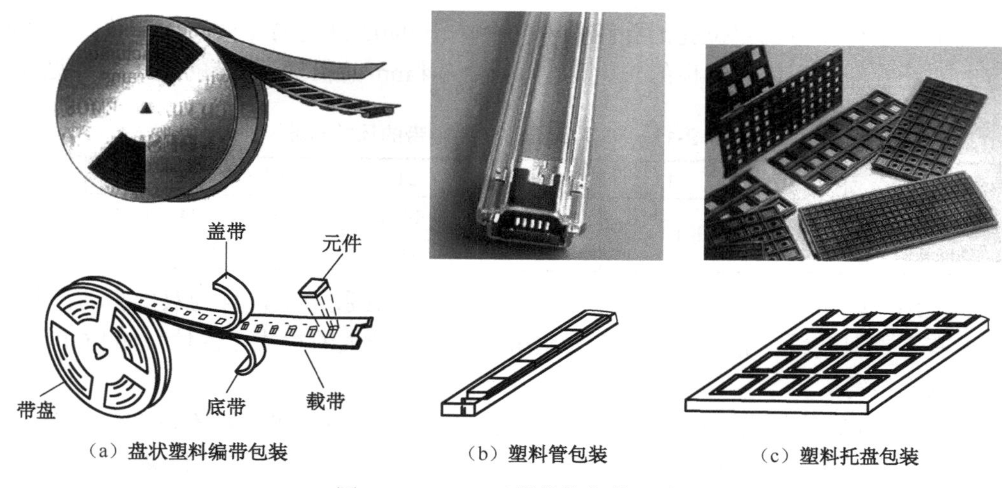

图 2-44　SMT 元器件的包装形式

1. 散装

无引线且无极性的 SMC 元件可以散装，如一般矩形、圆柱形电容器和电阻器。散装的元件成本低，但不利于自动化设备拾取和贴装。

2. 盘状编带包装

编带包装适用于除大尺寸 QFP、PLCC、LCCC 芯片以外的其他元器件，其具体形式分为纸编带、塑料编带和黏结式编带三种。

（1）纸质编带。纸质编带由底带、载带、盖带及绕纸盘组成，载带上圆形小孔为定位孔，以供供料器上齿轮驱动，引导编带前进并定位；矩形孔为承料腔，元件放上后卷绕在料盘上。

用纸质编带进行元器件包装的时候，要求元件厚度与纸带厚度差不多，纸质编带不可太厚，否则供料器无法驱动，因此，纸编带主要用于包装 0805 规格（含）以下的片状电阻、片状电容（有少数例外）。纸带一般宽 8 mm，包装元器件以后盘绕在塑料架上。

（2）塑料编带。塑料编带与纸质编带的结构尺寸大致相同，所不同的是料盒呈凸形，结构与尺寸如图 2-45 所示。塑料编带包装的元器件种类很多，有各种无引线元件、复合元件、异形元件、SOT 晶体管、引线少的 SOP/QFP 集成电路等。贴片时，供料器上的上剥膜装置除去薄膜盖带后再取料。

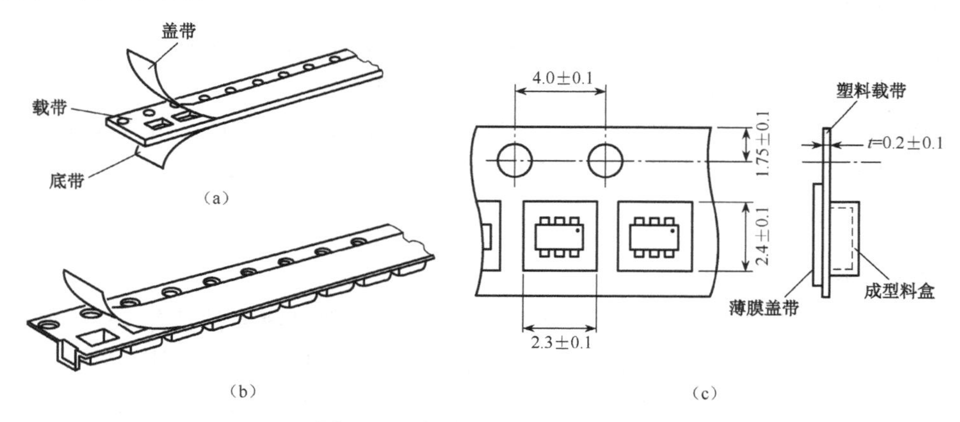

图 2-45　塑料编带的结构与尺寸

纸编带和塑料编带的定位孔的孔距为4 mm（小于0402系列的元件的编带孔距为2 mm）。在编带上的元器件间距依元器件的长度而定，一般为4 mm的倍数。编带的尺寸标准见表2-11。

表2-11　SMT元器件包装编带的尺寸标准

编带宽度/mm	8	12	16	24	32	44	56
元器件间距/mm（4的倍数）	2，4	4，8	4，8，12	12，16，20，24	16，20，24，28，32	24，28，32，36，40，44	40，44，48，52，56

（3）黏结式编带。黏结式编带的底面为胶带，IC贴在胶带上，且为双排驱动。贴片时，供料器上有下剥料装置。黏结式编带主要用来包装尺寸较大的片式元器件，如SOP、片式电阻网络、延迟线等。

编带式包装的绕纸盘（料盘）由聚苯乙烯（Poly Styrene，PS）材料制成，由1～3个部件组成，其颜色为蓝色、黑色、白色或透明，通常是可以回收使用的。料盘及其上面的标识如图2-46所示。

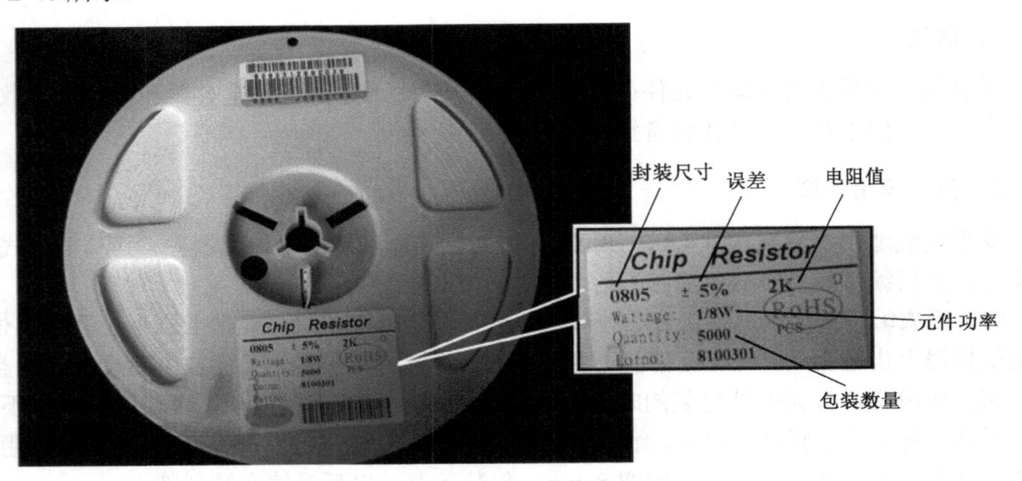

图2-46　料盘及其上面的标识

元件方向：元件在装料带中的方向为元件长轴要垂直于带长方向。含有第一端子的包装边要朝向圆形定位孔，对于不能确定唯一方向的元件，第一端子要在第一象限。

3．管式包装

管式包装主要用于SOP、SOJ、PLCC集成电路、PLCC插座和异形元件等，从整机产品的生产类型看，管式包装适合于品种多、批量小的产品。

包装管（也称料条）由透明或半透明的聚乙烯（PVC）材料构成，挤压成满足要求的标准外形，如图2-47所示。管式包装的每管零件数从数十颗到近百颗不等，管中组件方向具有一致性，不可装反。

4．托盘包装

托盘由碳粉或纤维材料制成，要求暴露在高温下的元件托盘通常具有150℃或更高的耐温。托盘铸塑成矩形标准外形，包含统一相间的凹穴矩阵。凹穴托住元件，提供运输和处理期间对元件的保护。间隔为在电路板装配过程中用于贴装的标准工业自动化设备提供准确的元件位置。元件安排在托盘内，标准的方向是将第一引脚放在托盘斜切角落。

托盘包装主要用于 QFP、窄间距 SOP、PLCC、BCA 集成电路等器件。

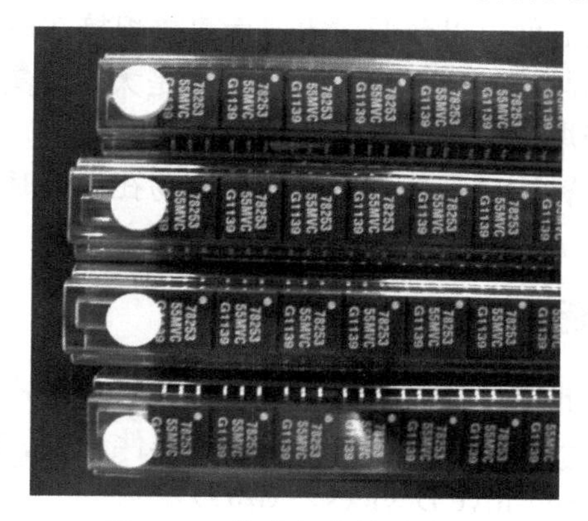

图 2-47　管式包装的贴片 IC

2.5.2　对 SMT 元器件的基本要求与选择

1．对表面贴装元器件的基本要求

1）装配适应性。要适应各种装配设备操作和工艺流程。

（1）SMT 元器件在焊接前要用贴片机贴放到电路板上，所以，元器件的上表面应该适于贴片机真空吸嘴的拾取。

（2）表面贴装元器件的下表面（不包括焊端）应保留使用黏结剂的空间。

（3）尺寸、形状应该标准化，并具有良好的尺寸精度和互换性。

（4）包装形式适应贴片机的自动贴装，并能够保护器件在搬运过程中免受外力，保持引脚的平整。

（5）具有一定的机械强度，能承受贴装应力和电路基板的弯曲应力。

2）焊接适应性。要适应各种焊接设备及相关工艺流程。

（1）元器件的焊端或引脚的共面性好，满足贴装、焊接要求。

（2）元器件的材料、封装耐高温性能好，适应如下焊接条件。

① 回流焊（235±5）℃，焊接时间（5±0.2）s。

② 波峰焊（250±5）℃，焊接时间（4±0.5）s。

3）可以承受焊接后采用有机溶剂进行清洗，封装材料及表面标识不得被溶解。

2．SMT 元器件的选择

选择表面贴装元器件，应该根据系统和电路的要求，综合考虑市场供应商所能提供的规格、性能和价格等因素。

（1）选择元器件时要注意贴片机的贴装精度水平。

（2）钽和铝电解电容器主要用于电容量大的场合。铝电解电容器的容量大、耐压高且价格比较便宜，但引脚在底座下面，焊接的可靠性不如矩形封装的钽电解电容器。

（3）集成电路的引脚形式与焊接设备及工作条件有关，是必须考虑的问题。虽然 SMT 的典型焊接方法是回流焊，但翼形引脚数量不多的芯片也可以放在电路板的焊接面上，用波峰焊设备进行焊接，有经验的技术工人用热风台甚至普通电烙铁也可以熟练地焊接。J 形引脚不易变形，对于单片计算机或可编程存储器等需要多次拆卸以便擦写其内部程序的集成电路，采用 PLCC 封装的芯片与专用插座配合，使拆卸或更换变得容易。但假如产品已经大批量生产，减少 PLCC 的插座显然可以降低成本；而直接焊接在电路板上的 PLCC 芯片维修不够方便，并且不能采用波峰焊设备进行焊接。球形引脚是大规模集成电路的发展方向，但 BGA 集成电路肯定不能采用波峰焊或手工焊接。

（4）机电元件大多由塑料构成骨架，塑料骨架容易在焊接时受热变形，最好选用有引脚露在外面的机电元件。

2.5.3 湿度敏感器件的保管与使用

由于塑封元器件易于大批量生产，且成本较低，所以电子产品中所用塑封 IC 器件占有很大数量。但塑封器件具有一定的吸湿性，因此塑封器件 SOP、PLCC、QFP、PBGA 等都属于湿度敏感器件（Moisture Sensitive Devices，MSD）。

回流焊和波峰焊都是瞬时对整个 SMD 加热，当焊接过程中的高温施加到已吸湿的塑封器件的壳体上时，所产生的热应力会使封装外壳与引脚连接处发生裂纹。裂纹会引起壳体渗漏，使芯片受潮并慢慢地失效，还会使引脚松动而造成早期失效。

1. MSD 的湿度敏感等级

IPC/JEDECJ-STD-020 标准对器件的湿度敏感等级进行了分类，见表 2-12。该表中的现场使用寿命是针对锡铅焊接的，由于无铅焊接与锡铅焊接相比，焊接温度升高，根据经验，焊接温度每提高 10℃，器件的湿度敏感等级就提高 1 级。因此，如果锡铅焊接时器件为 3 级，那么采用无铅焊接时就为 4 级。

表 2-12　MSD 湿度敏感等级

分　级	拆封后环境	拆封后现场使用寿命
1 级	≤30℃，85%RH	无限
2 级	≤30℃，60%RH	1 年
2a 级	≤30℃，60%RH	4 周
3 级	≤30℃，60%RH	168h
4 级	≤30℃，60%RH	72h
5 级	≤30℃，60%RH	48h
5a 级	≤30℃，60%RH	24h
6 级	≤30℃，60%RH	按潮湿敏感标签规定

2. 湿度敏感器件的存储

（1）湿度敏感器件存放的环境条件。

① 环境温度：库存温度<40℃。

② 生产场地温度<30℃。

③ 环境相对湿度 RH<60%。

④ 环境气氛：库存及使用环境中不得有影响焊接性能的硫、磷、酸等有毒气体。

⑤ 防静电措施：要满足表面贴装元器件对防静电的要求。

⑥ 元器件的存放周期：从元器件厂家的生产日期算起，库存时间不超过 2 年；整机厂用户购买后的库存时间一般不超过 1 年；自然环境比较潮湿的整机厂，购入表面贴装元器件

以后应在 3 个月内使用，并在存放地及元器件包装中采取适当的防潮措施。

（2）不贴装时不开封。塑封 SMD 出厂时，都被封装在带湿度指示卡（HIC）和干燥剂的防潮湿包装袋（MBB）内，并注明其防潮有效期为 1 年。不贴装时，不要因为清点数量或其他一些原因将 SMD 包装袋打开，零星存放在一般管子或口袋内，以免造成 SMD 塑封壳大量吸湿。

3．湿度敏感器件的开封使用

（1）开封时先观察包装袋内附带的湿度指示卡。湿度指示卡有许多品种，最常见的是三圈式和六圈式，六圈式可显示的湿度为 10%、20%、30%、40%、50%和 60%，如图 2-48 所示。未吸湿时，所有的圈均为蓝色，吸湿了就会变成粉红色，其所指示的相对湿度是介于粉红色圈与蓝色圈之间的淡紫色圈所对应的百分比。例如，20%的圈变成粉红色，40%的圈仍显示蓝色，则蓝色与粉红色之间显示淡紫红色圈旁的 30%即为相对湿度值。

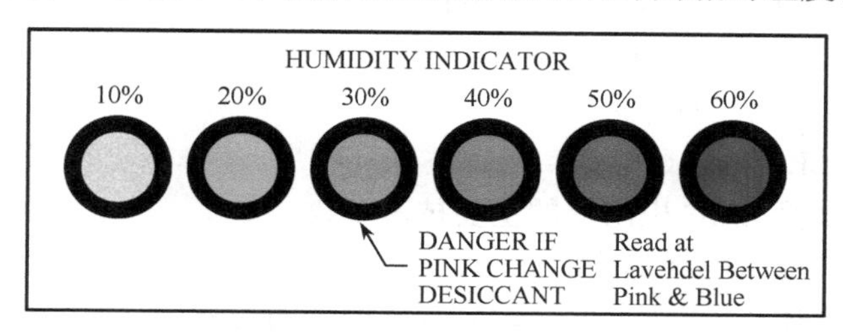

图 2-48　湿度指示卡

当所有圈都显示蓝色时，说明所有 SMD 都是干燥的，可放心使用；当 10%和 20%的圈变成粉红色，也是安全的；当 30%的圈变成粉红色时，即表示 SMD 有吸湿的危险，并表示干燥剂已变质；当所有的圈都变成粉红色时，即表示所有的 SMD 已严重吸湿，装焊前一定要对该包装袋中所有的 SMD 进行吸湿烘干处理。

（2）包装袋开封后的操作。SMD 的包装袋开封后，应遵循下列要求从速取用。生产场地的环境为：室温低于 30℃、相对湿度小于 60%，各级别器件的使用期限参见表 2-12 中的现场使用寿命。若不能用完，应存放在 RH 为 20%的干燥箱内。

（3）剩余 SMD 的保存方法。开封后的元器件如果不能在规定的时间内使用完毕，应采用以下方法加以保存。

① 将开封后暂时不用的 SMD 连同供料器一同存放在专用低温低湿存储箱内。

② 只要原有防潮包装袋未破损，且内装的干燥剂良好，湿度指示卡上所有圈均为蓝色，仍可以将未用完的 SMD 重新装入该袋中，然后密封好存放。

4．已吸湿 SMD 的烘干

所有塑封 SMD 若有开封时发现湿度指示卡的湿度为 30%以上或开封后的 SMD 未在规定的时间内装焊完毕，以及超期存储的 SMD 等情形时，在贴装前一定要进行驱湿烘干。烘干方法分为低温烘干法和高温烘干法两种。

（1）低温烘干法。烘箱温度：（40±2）℃；相对湿度：<5%；烘干时间：192h。

（2）高温烘干法。烘箱温度：（125±5）℃；烘干时间：5～48h。

（3）烘干时要注意以下两点。

① 凡采用塑料管包装的 SMD（SOP，SOJ，PLCC 和 QFP 等），其包装管不耐高温，不能直接放进烘箱烘烤，应另行放在金属管或金属盘内才能烘烤。

② QFP 的包装塑料盘有不耐高温和耐高温两种。耐高温的（有 T_{max}=135℃、150℃、180℃等）可直接放入烘箱中进行烘烤，不耐高温的不可直接放入烘箱烘烤，以防发生意外，应另放在金属盘内进行烘烤。存放时应防止损伤引脚，以免破坏其共面性。

思考与练习题

1．分析表面贴装元器件的显著特点。

2．写出 SMC 元件的小型化进程。

3．试写出下列 SMC 元件的长和宽（mm）：

3216、2012、1608、1005。

4．说明下列 SMC 元件的含义：

3216C、3216R

5．试写出常用典型 SMC 电阻器的主要技术参数。

6．片状元器件有哪些包装形式？

7．试叙述典型 SMD 有源器件从 2 端到 6 端器件的功能。

8．试叙述 SMD 分立器件的封装形式。

9．总结归纳 QFP、BGA、CSP、MCM 等封装方式各自的特点。

10．说明表面贴装元器件应该满足哪些要求？

11．使用 SMT 元器件时应该注意哪些问题？

12．如何选择 SMT 元器件？

13．什么是集成电路的封装比？这个比值的减小主要受什么因素的限制？目前，哪种封装形式集成电路的封装比最小？

项目 3

焊锡膏与焊锡膏印刷

任务 1 焊锡膏常识及焊锡膏储存

3.1.1 焊锡膏常识

焊锡膏（Solder Paste），又称焊膏、锡膏，是由合金粉末、糊状焊剂和一些添加剂混合而成的，具有一定黏性和良好触变特性的浆料或膏状体。它是 SMT 工艺中不可缺少的焊接材料，广泛用于回流焊中，是表面贴装技术中重要的生产物料。

（1）焊锡膏应用原理。在常温下，由于焊锡膏具有一定的黏性，可将电子元器件粘贴在 PCB 的焊盘上，在倾斜角度不是太大，也没有外力碰撞的情况下，一般元件是不会移动的。

当焊锡膏加热到一定温度时，焊锡膏中的合金粉末熔融再流动，液体焊料润湿元器件的焊端与 PCB 焊盘。在焊接温度下，随着溶剂和部分添加剂挥发，冷却后元器件的焊端与焊盘被焊料黏结在一起，形成电气与机械相连的焊点。

（2）焊锡膏的组成。锡膏＝锡合金粉（Metal）+助焊剂（Flux），锡合金粉通常是由氮气雾化或转碟法制造，后经丝网筛选而成。助焊剂由黏结剂（树脂）、溶剂、活性剂、触变剂及其他添加剂组成，它对锡膏从印刷到焊接的整个过程中起着至关重要的作用。一般情况下，锡合金粉和助焊剂的重量比是：90%锡合金粉和 10%助焊剂，如图 3-1 所示。锡合金粉和助焊剂和体积比是：50%锡合金粉和 50%助焊剂，如图 3-2 所示。

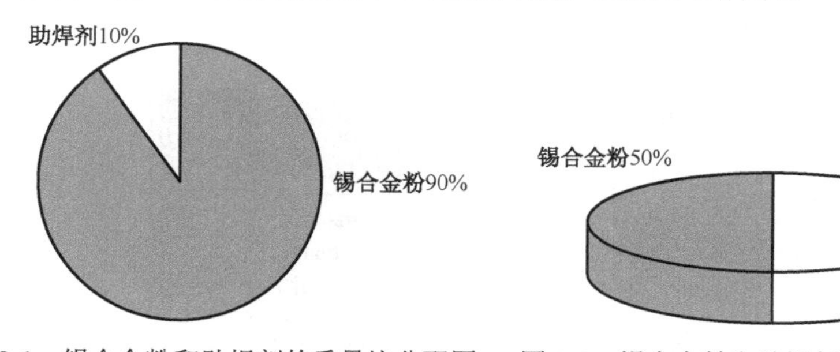

图 3-1 锡合金粉和助焊剂的重量比分配图　　图 3-2 锡合金粉和助焊剂的体积比分配图

（3）焊锡膏的重要特性。

① 流动性。

② 脱板性。

③ 连续印刷。

④ 稳定性。

焊锡膏是一种流体，具有流动性。材料的流动性可分为理想的、塑性的、伪塑性的、膨胀的和触变的 5 种，焊锡膏属触变流体。剪切应力对剪切率的比值定义为焊锡膏的黏度，其单位为 Pa·s，锡合金粉百分含量、粉末颗粒大小、温度、助焊剂量和触变剂的润滑性是影响焊锡膏黏度的主要因素。在实际应用中，一般根据焊锡膏印刷技术的类型和印到 PCB（印制电路板）上的厚度确定最佳的黏度。

（4）焊锡膏的分类。

① 按回焊温度分为高温焊锡膏、常温焊锡膏和低温焊锡膏 3 种。

② 按金属成分分为含银焊锡膏（Sn62/Pb36/Ag2）、非含银焊锡膏（Sn63/Pb37）、含铋焊锡膏（Bil4/Sn43/Pb43）和无铅焊锡膏（Sn96.5/Ag3.0/Cu0.5）4 种。

③ 按助焊剂成分分为免洗型（NC）、水溶型（WS 或 OA）和松香型（RMA、IRA）3 种。

④ 按清洗方式分为有机溶剂清洗型、水清洗型、半水清洗型和免清洗型 4 种。常用的为免清洗型焊锡膏，在要求比较高的产品中可以使用需清洗的焊锡膏。

3.1.2 焊锡膏的进料与储存

1. 焊锡膏的进料作业

（1）采购作业。采购单位应依据产品生产需求，适时适量购入焊锡膏。调用本地的焊锡膏库存量一般以一周为限，需进口通关的库存量不超过两周，要求厂商在供货时遵循先进先出原则，并做标签管制。

（2）验收作业流程。通知仓库收货，仓库收到货后开《进货验收单》，以原包装送 IQC（来料质量控制）待验区，由 IQC 检验合格后放入冰箱。具体检验内容如下。

① 产品标识应清楚完整，含型号、批号、制造日期和失效日期等；品牌应与要求相符，数量正确，如图 3-3 所示。

产品品牌：PRODUCT：RMA3D23

合金成分：ALLOY：Sn63Pb37

颗粒大小：MESH：−325～+500

净重：NET：500g

批号：LOT#：12020301

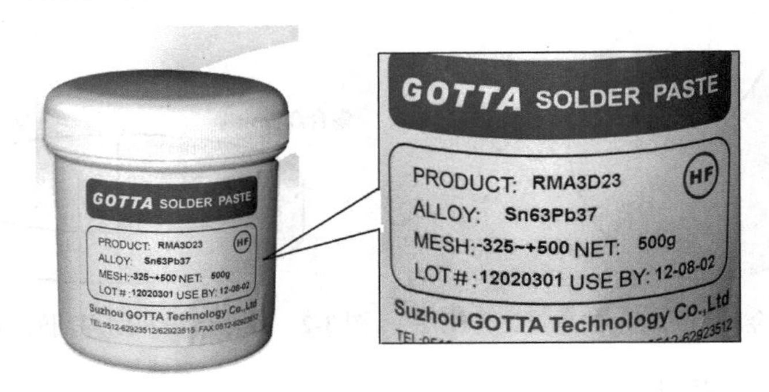

图 3-3 焊锡膏品牌型号标识

② 厂商出货检验报告中所有性能应符合规格，并对焊锡膏黏度做检验。

③ 焊锡膏包装、标签是否完好，清洁密闭，无破损泄漏，包装箱内是否清洁、无积水。

④ 检查焊锡膏包装箱内是否采用冰袋（干冰）保证箱内温度，观察温度计温度指示是否在 2～25℃范围内。

2．焊锡膏的储存

（1）焊锡膏购买到货后，应登记到达时间、保质期、型号，并为每罐焊锡膏编号。

（2）焊锡膏应以密封形式保存在恒温、恒湿的专用冷藏柜内，有铅与无铅焊锡膏分开储存。其储存温度须与焊锡膏进出管制卡上所标明的温度相符。

（3）焊锡膏储存温度为 2～10℃。温度过高，助焊剂与合金焊料粉起化学反应，使黏度上升影响其印刷性；温度过低（低于 0℃），助焊剂中的松香会产生结晶现象，使焊锡膏形状恶化。这样在解冻时会危及焊锡膏的流变特征。

（4）一般保存时间自生产日期起，最长免洗的为 6 个月，水洗的为 3 个月。

（5）焊锡膏的储存管理。

① 颜色管理。登点记号（入库标识，颜色代表失效日期）。

② 先进先出。各瓶编号，专人管理，进出记录。

③ 环境管理。冰箱内置温度计，温度记录，绘制温管图。

④ 标示管理。合格品须有登点、合格标签、IQC 盖章。

⑤ 时间管理。有专用标签，记录回温时间、开封时间、报废时间。

⑥ 区隔管理。有铅焊锡膏和无铅焊锡膏要分开放置，合格品与不合格品必须分别放置在不同冰箱内，不可混淆。

⑦ 专人领用。IPQC（制程控制）监督，并对记录进行稽核。当冰箱内焊锡膏存放少于 5 瓶时，必须及时通知采购部采购。

⑧ 过期报废的焊锡膏及空瓶必须送库房回收。

〉〉〉知识链接　　焊锡膏专用电冰箱

如图 3-4 所示为湖南科瑞特科技股份有限公司生产的一种焊锡膏专用电冰箱，可进行恒温控制，不仅能冷藏，还可以用来加热、保温。焊锡膏专用冰箱采用半导体制冷技术，不使用压缩机，不含氟利昂，无噪音，无污染；交流、直流双电源设计；耗电量少，寿命长，体积小，携带方便，是用来存放锡焊膏的最佳工具。

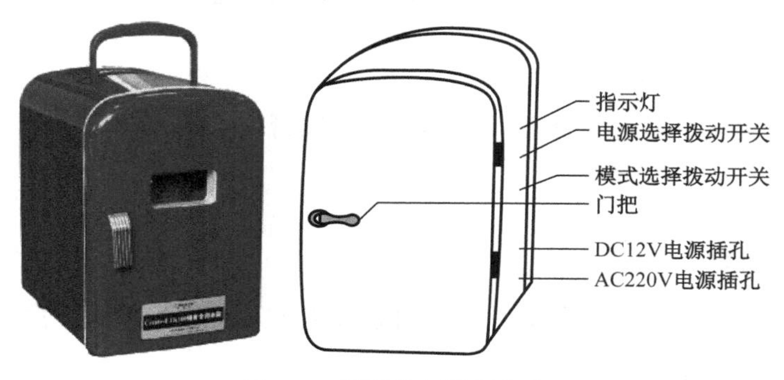

图 3-4　焊锡膏专用电冰箱

1. 技术参数

规格：199mm×275mm×280mm；

电压：AC220V/50Hz 或 DC12V；

功率：43W；

制冷/加热温度：0～65℃可调；

有效体积：4L。

2. 使用说明

（1）将焊锡膏专用电冰箱从包装盒中取出，从冰箱箱体中取出两根电源线。

（2）如果在室内，将 AC 电源线的插头插入焊锡膏专用冰箱背面的 AC 孔中。将 AC 电源线的另一头插在室内的电源插座上。将 AC/DC 的切换拨动开关拨到 AC 处。再将冷热切换拨动开关拨到自己需要的模式（制冷/加热）。

（3）如果在室外使用，将 DC 电源线的插头插入焊锡膏专用冰箱背面的 DC 孔中。将 DC 电源线的插头插到 12V 电源孔上。再将冷热转换拨动开关拨到自己需要的模式（制冷/加热）。

（4）焊锡膏应在低温储存，将焊锡膏专用冰箱温度调整在 2～10℃。

（5）刚从锡膏专用冰箱里取出的焊锡膏比环境温度低，不要马上开封，以免空气中的湿气凝结在焊锡膏中，一般应放置 2～4h，待焊锡膏恢复到室温后方可使用。

（6）焊锡膏使用前应先充分搅拌，待搅拌均匀后方可使用。

（7）工作结束时，若罐中剩有没有用过的焊锡膏，应盖上内、外盖，保存在焊锡膏专用冰箱内，不可暴露在空气中，以免吸潮和氧化。

（8）将钢网上剩余的焊锡膏装入一个空罐内，保存在锡膏专用冰箱内，留待下次使用，切不可将用过的焊锡膏放到没用过的焊锡膏罐内，因为用过的焊锡膏已受到污染，会殃及新鲜的焊锡膏，使其变质。

任务 2　焊锡膏使用前的搅拌实训

3.2.1　焊锡膏的手动搅拌

任务描述

现场提供焊锡膏一罐，搅拌器一个，锡膏专用冰箱一台。请在认识焊锡膏的基础上完成下面各项内容。

（1）用搅拌器手动搅拌一罐焊锡膏。

（2）设置焊锡膏专用冰箱的参数，正确储存焊锡膏。

实际操作

1. 焊锡膏的回温

从焊锡膏专用冰箱里取出焊锡膏，在不开启瓶盖的前提下，放置于室温中自然回温，回温的焊锡膏如图 3-5 所示。

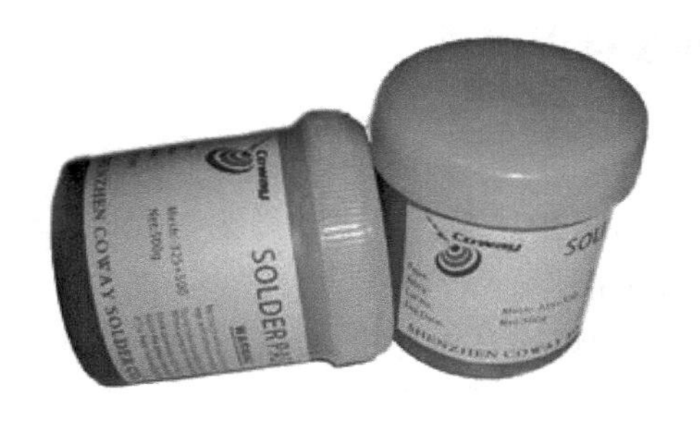

图 3-5 回温的焊锡膏

回温时间：4h 左右。

【注意】① 未经充足回温，千万不要打开瓶盖。
② 不要用加热的方式缩短回温时间。

2. 手动搅拌作业

（1）取出焊锡膏。用如图 3-6 所示的方式取出焊锡膏。

（2）焊锡膏的手动搅拌。焊锡膏回温后，使用防静电焊锡膏搅拌刀，如图 3-7 所示，顺时针方向以 80～90r/min 的速度匀速搅拌 2～4min；搅拌过的焊锡膏必须表面细腻，用搅拌刀挑起焊锡膏，焊锡膏可匀速落下，且长度保持在 5 cm 左右，如图 3-8 所示。

（a）

（b）

图 3-6 取出焊锡膏

图 3-7 防静电焊锡膏搅拌刀

图 3-8 搅拌过的焊锡膏

3.2.2 用焊锡膏搅拌机搅拌焊锡膏

任务描述

现场提供锡膏两罐、废旧锡膏一罐、全自动焊锡膏搅拌机一台。请在学习过全自动锡膏搅拌机操作的基础上完成以下操作。

① 正确安装和设置全自动焊锡膏搅拌机。

② 用全自动锡膏搅拌机搅拌一罐焊锡膏。

③ 用全自动锡膏搅拌机同时搅拌两罐焊锡膏。

1. 认识全自动焊锡膏搅拌机

全自动焊锡膏搅拌机模仿行星运转的原理，利用公转与自转的搅拌作用，即可在短时间内将焊锡膏回温并将焊锡膏中的固态和液态组分充分搅拌混合，达到完全一致的密度，可以在后续的网板印刷中表现出良好的触变性。搅拌过程中不须事先将锡膏退冰及开瓶，所以大大减少了焊锡膏氧化及吸附水汽的概率，提高了工作效率以及工作质量，使 SMT 印刷制程简单、标准化。密闭搅拌最大的优点是固定运转时间，也保证了焊锡膏的柔韧性。

（1）工作能力。

采用电子式计数器及 LED 显示、蜂鸣器警声警告。

搅拌时间可设定：0.1～9.9min，数位可调。泛用型夹具，适合各种品牌焊锡膏罐。

运转噪音极低：运转噪音<35dB。

安全装置：带有安全锁装置和保护开关。

（2）主要参数。

工作电压：AC110V（60Hz）/AC220V（50Hz）；

消耗功率：45W；

机器重量：40kg；

马达转速：1400 r/min；

公转速度：800 r/min；

自转速度：300 r/min。

同时搅拌数量：1～2 罐，如若单独搅拌一罐，请使用随机配重。

（3）操作面板功能及操作说明。

① START 键：启动键，按此键电机开始转动（顶盖必须盖上），开始搅拌动作。

② STOP 键：停止键，按此键可以手动停止搅拌，设置好运行时间后，机器要运行到设置的时间点上才能自动停止。如果要强行停止机器运行，可按此键。

③ 四个时间设置按键：

a．左上角时间上调键：往上调节分钟数，当调节分钟数到 9 时，再按此键，该数会变成 0。

b．左下角时间下调键：往下调节分钟数，当调节分钟数到 0 时，再按此键，该数会变成 9。

c．右上角时间上调键：往上调节分钟数的小数位，当调节分钟数的小数位到 9 时，再按此键，该数会变成 0。

d．右下角时间下调键：往下调节分钟数的小数位，当调节分钟数的小数位到 0 时，再按此键，该数会变成 9。

全自动焊锡膏搅拌机外观及工作原理如图 3-9 和图 3-10 所示。

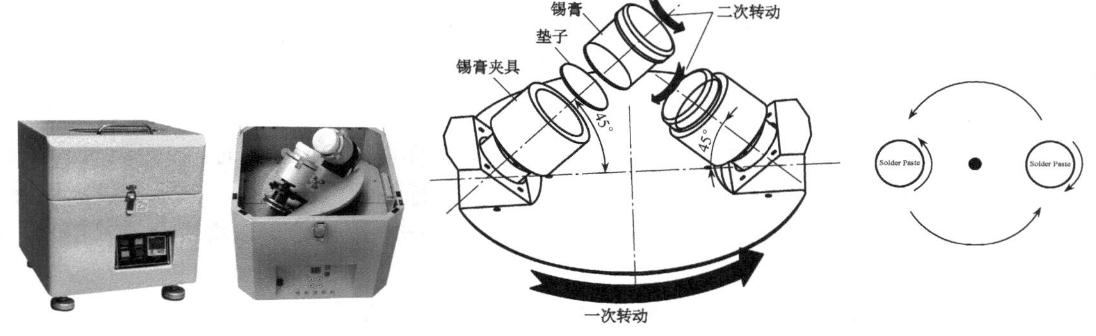

图 3-9　全自动锡膏搅拌机外观图　　　　图 3-10　全自动锡膏搅拌机工作原理图

2．全自动焊锡膏搅拌机的操作

（1）安放。机器摆放在靠近电源的地方，要求地面坚实平稳。

（2）确认。确认电源正确及电源开关处于 OFF（关）的位置，插入电源连接线。

（3）打开门锁，掀开机器上盖。

（4）放置焊锡膏罐。

① 取出需要搅拌的焊锡膏，将内盖去掉并重新将罐盖旋紧。

② 如果需要每次同时搅拌两罐焊锡膏，请确认其重量大致相等，差异不可超过 50g。

③ 如果只需要每次搅拌一罐焊锡膏，则需要将厂家所配置的配重焊锡膏罐放入任意其中一个夹具。厂家所提供的配重焊锡膏罐有两种：500g 和 300g。或取一罐报废的焊锡膏（也可在一个空的锡膏罐中装入适量的报废焊锡膏）做平稳砝码用。放置方式如图 3-11 所示。

④ 用手轻轻旋转仿行星运行装置，当两个锡膏罐夹具开口相对时，取放焊锡膏最方便。

⑤ 如果使用 500 g 包装的焊锡膏，将焊锡膏罐沉入适配器后一起放入焊锡膏夹具。

⑥ 务必锁紧两侧焊锡膏夹具的锁扣，并再次确认。

⑦ 务必确认没有工具、手套等其他物品遗漏在机器内。

（5）合上上盖，锁上门锁。

（6）参数设置。打开电源开关，LED显示上次设定的运行时间。如需调整运行时间，请按上 / 下时间调整按钮的上“↑”或下“↓”按钮，每按一次，时间增加或减少0.1min，直至达到理想的搅拌时间。3s后，该设定将被保存。一般设定为1～3 min。

（7）运行。按 START 键启动机器，电动机开始转动，搅拌器开始运行；电磁铁动作，上盖锁住不能打开，运行指示灯亮。

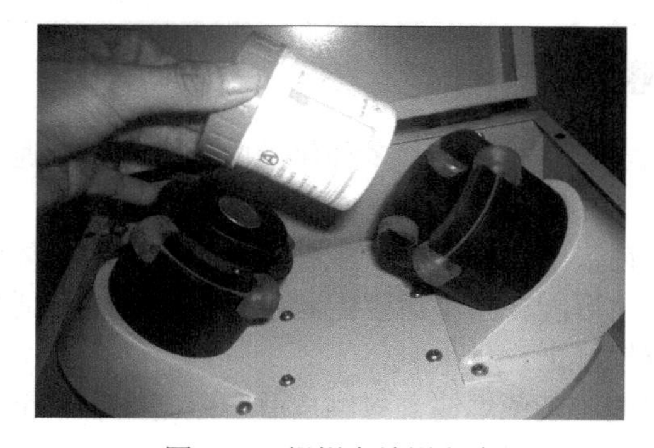

图 3-11　焊锡膏放置方式

（8）完成。设定时间结束，电动机停止转动，蜂鸣器发出一声警报，但运行指示灯依然亮，此时仿行星装置因惯性还在转动，不要试图打开上盖；1min 后，仿行星装置完全停止运行，运行指示灯熄灭，蜂鸣器发出三声警报后，电磁铁复位释放，此时可以打开上盖；取出焊锡膏罐就可使用了。

（9）注意事项。

① 在机器运行时，也可按停止开关，停止运行。同样需要 1 min 延时，才可以打开上盖。

② 如果在机器运行或仿行星装置惯性转动时，强行关闭电源开关，打开上盖，请务必小心，不要接触到正在旋转的部件。要等电机完全停止转动以后才可以将锡膏罐取出来，以防止操作人员受到伤害。

③ 不要将机器放在潮湿、高温的地方，要保持机器表面清洁。

④ 搬拿机器要小心，机器工作处要平稳、干净。

⑤ 装锡膏罐时，工作人员应将锁扣锁好，防止发生意外。

⑥ 使用机器时，搅拌时间设置好后，如果不需要修改时间，则无须再重新设置。

⑦ 不要在机器顶盖上放置太重的东西，以防止将保护开关压坏。

⑧ 密封式轴承，不需要经常润滑及保养。

（10）操作完成，填写考核评价表，见表 3-1。

表 3-1　考核评价表

<table>
<tr><th>序号</th><th>项　目</th><th>配分</th><th>评 价 要 点</th><th>自评</th><th>互评</th><th>教师评价</th><th>平均分</th></tr>
<tr><td>1</td><td>全自动锡膏搅拌机的操作与设定</td><td>70 分</td><td>搅拌机安放正确（20 分）
搅拌参数设置正确（30 分）
锡膏罐取放规范（20 分）</td><td></td><td></td><td></td><td></td></tr>
<tr><td>2</td><td>自动搅拌锡膏</td><td>30 分</td><td>一罐锡膏搅拌合格（15 分）
两罐锡膏同时搅拌合格（15 分）</td><td></td><td></td><td></td><td></td></tr>
<tr><td colspan="3">材料、工具、仪表</td><td>每损坏或者丢失一件扣 10 分
材料、工具、仪表没有放整齐扣 10 分</td><td></td><td></td><td></td><td></td></tr>
<tr><td colspan="3">环保节能意识</td><td>视情况扣 10～20 分</td><td></td><td></td><td></td><td></td></tr>
<tr><td colspan="3">安全文明操作</td><td>违反安全文明操作视其情况进行扣分</td><td></td><td></td><td></td><td></td></tr>
<tr><td colspan="3">额定时间</td><td>每超过 5min 扣 5 分</td><td></td><td></td><td></td><td></td></tr>
<tr><td>开始时间</td><td></td><td>结束时间</td><td></td><td>实际时间</td><td></td><td>综合成绩</td><td></td></tr>
<tr><td colspan="3">综合评议意见（教师）</td><td colspan="5"></td></tr>
<tr><td colspan="3">评议教师</td><td></td><td>日期</td><td colspan="3"></td></tr>
<tr><td colspan="3">自评学生</td><td></td><td>互评学生</td><td colspan="3"></td></tr>
</table>

3.2.3　焊锡膏使用注意事项

（1）焊锡膏是一种化学产品，混合了多种化学成分，切记应避免多次数、近距离嗅闻其味，更不可与食物相混。

（2）接触过程中，焊锡膏中的助焊剂产生的部分烟雾会对人体的呼吸系统产生刺激，长时间或一再暴露在其废气中可能产生不适，因此应确保作业现场通风良好，焊接设备必须安装充足的排气装置，将废气排走。

（3）有必要的防范措施，避免焊锡膏接触皮肤和眼睛。若不慎接触到皮肤，则应立即用沾有酒精的布将该处擦干净，再用肥皂和清水清洗干净。若不慎使焊锡膏接触到眼睛，则须立即用清水冲洗 10 min 以上，并尽快就医检查。

（4）作业过程中不允许饮食、吸烟，作业后先用肥皂或温水洗手后才能进食。

（5）虽然本品的溶剂系统闪点极高，但仍易燃，应避免接近火源。若不慎着火，可用二氧化碳或化学干粉灭火器进行灭火，千万不可用水灭火。

（6）废弃的焊锡膏和清理后沾有焊锡膏污渍的清洁布不能随意丢弃，应将其装入密封容器中，并按国家和地方的相关法规处置。

任务 3　了解焊锡膏印刷设备

3.3.1　回流焊工艺焊料施放方法

SMT 电路板组装如果采用回流焊技术，在焊接前需要将焊料施放在焊接部位。将焊料施放在焊接部位的主要方法有焊锡膏法、预敷焊料法和预形成焊料法。

其中使用比较普遍的是焊锡膏法。将焊锡膏涂敷到 PCB 焊盘图形上，是回流焊工艺中最常用的方法。其目的是将适量的焊锡膏均匀地施加在 PCB 的焊盘上，以保证贴片元器件与 PCB 相对应的焊盘在回流焊接时达到良好的电气连接，并具有足够的机械强度。焊锡膏涂敷方式有两种：注射滴涂法和印刷涂敷法。注射滴涂法主要应用在新产品的研制或小批量产品的生产中，可以手工操作，速度慢、精度低，但灵活性高，省去了制造模板的成本。

印刷涂敷法又分直接印刷法（也叫模板漏印法或漏板印刷法）和非接触印刷法（也叫丝网印刷法）两种类型，直接印刷法是目前高档设备中广泛应用的方法。

3.3.2　焊锡膏印刷机及其结构

1．焊锡膏印刷机的分类与结构

焊锡膏印刷机是用来印刷焊锡膏或贴片胶的，其功能是将焊锡膏或贴片胶正确地漏印到 PCB 相应的位置上。

焊锡膏印刷机大致分为三个档次：手动、半自动和全自动印刷机。半自动和全自动印刷机可以根据具体情况配置各种功能，以便提高印刷精度，如视觉识别功能、调整电路板传送速度功能、工作台或刮刀 45°角旋转功能（适用于窄间距元器件），以及二维、三维检测功能等。

在印刷焊锡膏的过程中，基板放在工作台上，机械地或真空夹紧定位，用定位销或视觉系统来对准。丝网（Screen）/钢板（Stencil）用于锡膏印刷：在手工或半自动印刷机中，焊锡膏是手工地放在钢板/丝网上，这时印刷刮刀（Squeegee）处于钢板/丝网的另一端。在自动印刷机中，锡膏是自动分配的。在印刷过程中，印刷刮刀向下压在模板上，使模板底面接触到电路板顶面。当刮刀走过所腐蚀的整个图形区域长度时，焊锡膏通过模板/丝网上的开孔印刷到焊盘上。

在焊锡膏已经沉积之后，丝网在刮刀之后马上脱开（Snap Off），回到原地。这个间隔或脱开距离是设备设计所决定的。脱开距离与刮刀压力是两个达到良好印刷品质的与设备有关的重要变量。

如果没有脱开，这个过程称为接触（On-contact）印刷。当使用全金属模板（钢板）和刮刀时，使用接触印刷。非接触（Off-contact）印刷用于柔性的金属丝网。

（1）手动印刷机。手动印刷机是最简单而且最便宜的印刷系统，PCB 放置及取出均需人工完成（一般是将整个刮刀机构连同模板抬起来），PCB 定位精度取决于转动轴的精度，一般不太高。其刮刀可用手把持或附在机台上，印刷动作亦需人手工完成，PCB 与钢板平行度对准需依靠作业者的技巧。如图 3-12 所示为手动漏印金属模板印刷机和手动丝网印刷机。

（a）手动漏印模板印刷机

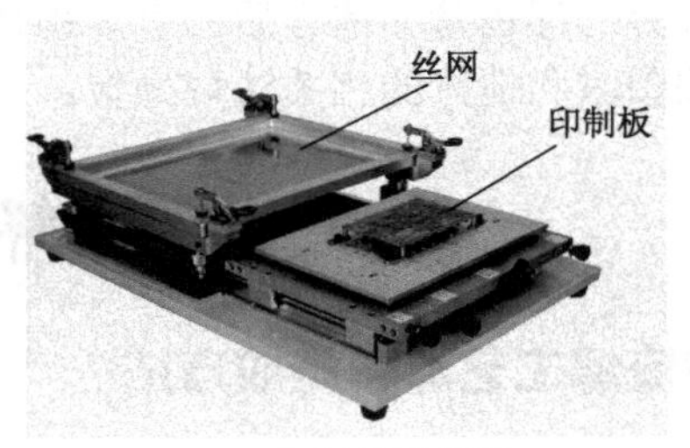

（b）手动丝网印刷机

图 3-12　手动印刷机

（2）半自动印刷机（Semiautomatic Printer）。半自动印刷机实际上很类似手动印刷机，如图 3-13 所示，其 PCB 的放置及取出仍依赖手工操作，工艺孔或 PCB 边缘仍被用来定位，通常 PCB 通过印刷机台面上的定位销来实现定位对中，因此 PCB 板面上应设有高精度的工艺孔，以供装夹用。而钢板系统用以帮助工作人员良好地完成 PCB 与钢板的平行度调整。半自动印刷机除了 PCB 装夹过程是人工放置以外，其余动作机器可连续完成，但第一块 PCB 与模板的窗口位置是通过人工来对中的。

半自动印刷机与手动印刷机的主要区别是印刷头的性能，它们能够较好地控制印刷速度、刮刀压力、刮刀角度、印刷距离以及非接触间距。

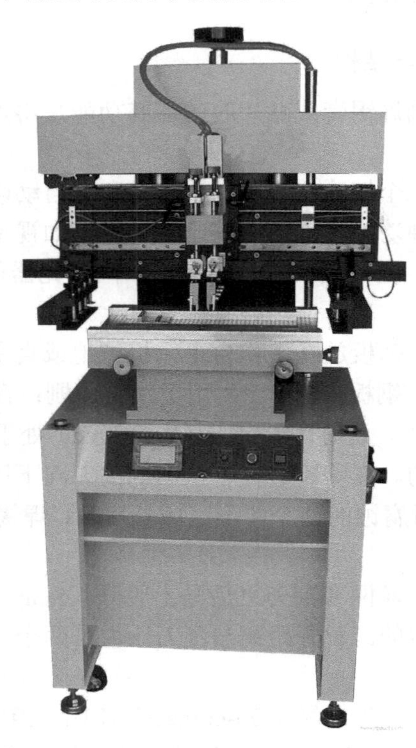

图 3-13　半自动印刷机

（3）全自动印刷机（Automatic Printer）。全自动印刷机如图 3-14 所示，印刷过程中 PCB 放进和取出的方式是 PCB 平进与平出，刮刀机构与模板不动，模板与 PCB 垂直分离，故定位精度高。PCB 的放置取出均是利用边缘承载的输送带完成，制程参数如刮刀速度、刮刀压力、印刷长度、非接触间距均可编程设定。

全自动印刷机通常装有光学对中系统，通过对 PCB 和模板上对中标识（Mark 基准点）的识别，可以自动实现模板窗口与 PCB 焊盘的自动对中，印刷机重复精度达±0.01mm。在配有 PCB 自动装载系统后，能实现全自动运行。但印刷机的多种工艺参数，如刮刀速度、刮刀压力、丝网或模板与 PCB 之间的间隙仍需人工设定（编程）。

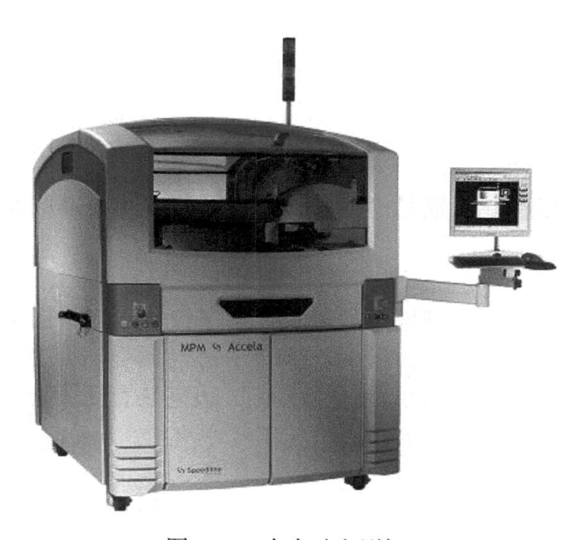

图 3-14　全自动印刷机

2．印刷机的主要技术指标

（1）最大印刷面积：根据最大的 PCB 尺寸确定。

（2）印刷精度：根据印制板组装密度和元器件引脚间距的最小尺寸确定，一般要求达到±0.025 mm。

（3）重复精度：一般为±10 μm。

（4）印刷速度：根据产量要求确定。

3.3.3　全自动印刷机的基本结构

焊锡膏印刷机有多种国内外不同品牌型号的产品，但无论是哪一种印刷机，都由以下几部分组成。

（1）夹持 PCB 基板的工作台：包括工作台面、真空夹持或板边夹持机构、工作台传输控制机构。

（2）印刷头系统：包括刮刀、刮刀固定机构、印刷头的传输控制系统等。

（3）丝网或模板及其固定机构。（丝网或模板在本节以下内容中均称为“钢网”）

（4）为保证印刷精度而配置的其他选件：包括视觉对中系统，干、湿和真空吸擦板系统以及二维、三维测量系统等。

印刷工作台及刮刀头示意图如图 3-15 所示。

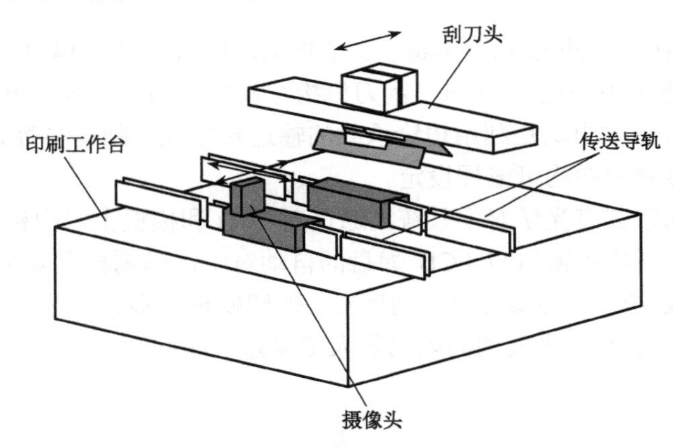

图 3-15　印刷工作台及刮刀头示意图

1．机架

稳定的机架是印刷机保持长期稳定性和长久印刷精度的基本保证。

2．印刷工作台

印刷工作台包括工作台面、基板夹紧装置、工作台传输控制机构。

印刷工作台上的基板夹紧装置如图 3-16 所示。适当调整压力控制阀，使边夹能够固定基板。通过基板支撑可以防止基板摆动，使基板稳定。边夹装置压力通常为 0.08 MPa～0.1MPa。压力过大易造成基板弯曲，目前很多印刷机使用真空夹持。

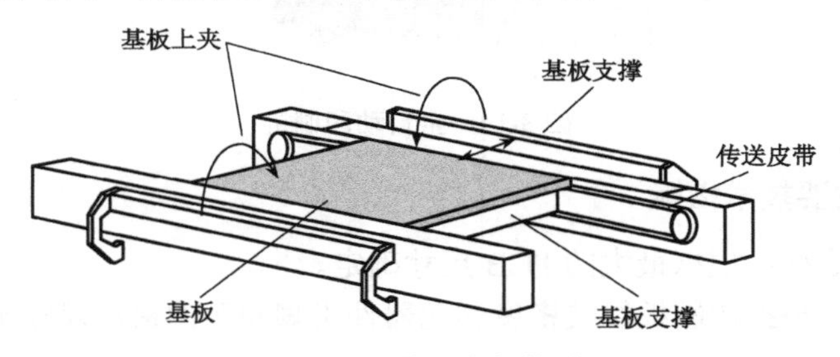

图 3-16　基板夹紧装置

3．丝网或模板的固定机构

丝网或模板的固定机构可采用滑动式钢网固定装置，如图 3-17 所示。松开锁紧杆，调整钢网安装框，可以安装或取出不同尺寸的钢网。安装钢网时，将钢网放入安装框，抬起一点，轻轻向前滑动，然后锁紧。钢网允许的最大尺寸是 750mm×750mm。当钢网安装架调整到 650mm 时，选择合适的锁紧孔锁紧，这是极限位置，超出这个位置，印刷台将发生冲撞。

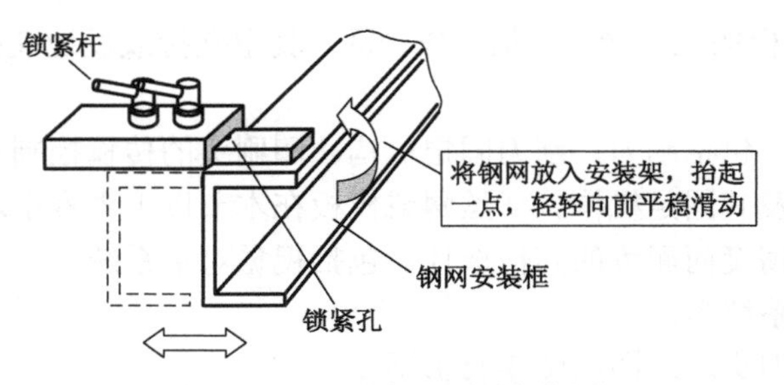

图 3-17　滑动式钢网固定装置

4. 印刷头系统

印刷头系统由刮刀、刮刀固定机构（浮动机构）、印刷头的传输控制系统等组成。标准的刮刀固定架长为 480mm，可视情况使用 340mm、380mm 和 430mm 的刮刀固定架，如图 3-18 所示。

图 3-18　印刷头系统

用于焊锡膏印刷的刮刀，按形状分类有平形、菱形和剑形，目前最常用的是平形刮刀，刮刀的结构和形状如图 3-19 所示；从制作材料上可分为聚氨酯橡胶和金属刮刀两类。

金属刮刀使用次数一般在 60000 次左右，橡胶型则在 20000 次左右。刮刀长度要比所加工的 PCB 边长 13～38 mm，以保证完整的印刷。

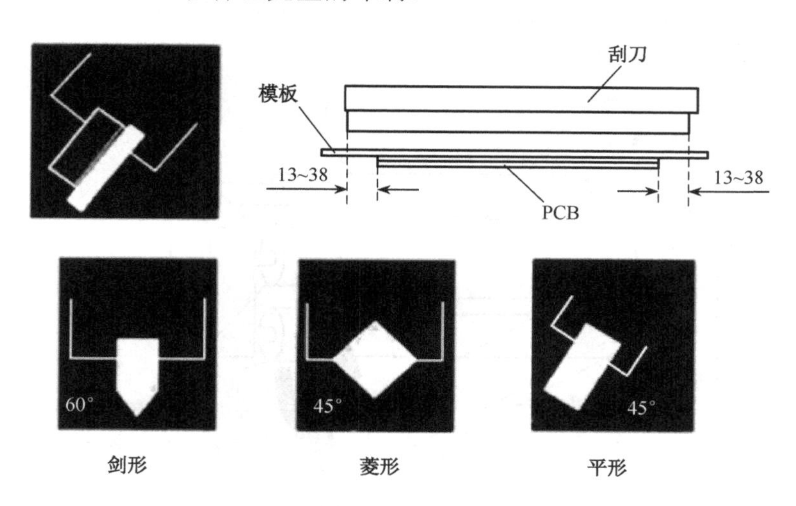

图 3-19　刮刀

① 菱形刮刀。它是由一块方形聚氨酯材料及支架组成，方形聚氨酯夹在支架中间，前后成 45° 角。这类刮刀可双向刮印焊锡膏，在每个行程末端刮刀可跳过锡膏边缘，所以只需一把刮刀就可以完成双向刮印。但是这种结构的刮刀头焊锡膏量难以控制，并易弄脏刮刀头，给清洗增加工作量。此外，采用菱形刮刀印刷时，应将 PCB 边缘垫平整，防止刮刀将模板边缘压坏。

② 金属刮刀。用聚氨酯制作的刮刀，当刮刀头压力太大或锡膏材料较软时易嵌入金属

模板的孔中（特别是大窗口孔），将孔中的焊锡膏挤出，造成印刷图形凹陷，印刷效果不良。即使采用高硬度橡胶刮刀，虽改善了切割性，但填充锡膏的效果仍较差。

金属刮刀是将金属刀片固定在带有橡胶夹板的金属刀架上的装置，金属片在支架上凸出40mm左右，刀片两端配有导流片，可防止焊膏向两端漫流。金属刮刀分为不锈钢刮刀和高质量合金钢、并在刀刃上涂有TA涂层（润滑膜）的刮刀。带TA涂层的合金钢刮刀耐疲劳、耐弯折、耐磨性强而且润滑性好，当刃口在模板上运行时，焊锡膏能被轻松地推进窗口中，消除了焊料凹陷和高低起伏现象。大大减少甚至完全消除了焊料的桥接和渗漏。

③ 拖尾刮刀。这种类型的刮刀由矩形聚氨酯与固定支架组成，聚氨酯固定在支架上，每个行程方向各需一把刮刀，整个工作需要两把刮刀。刮刀由微型汽缸控制上下，这样不需要跳过焊锡膏就可以先后推动焊锡膏运行，因此，刮刀接触焊锡膏部位相对较少。

采用聚氨酯制作刮刀时，有不同硬度可供选择。丝网印刷模板一般选用硬度为75邵氏（Shore），金属模板应选用硬度为85邵氏。

5. PCB视觉定位系统

PCB视觉定位系统是修正PCB加工误差用的。为了保证印刷质量的一致性，使每一块PCB的焊盘图形都与模板开口相对应，每一块PCB印刷前都要使用视觉定位系统定位。

6. 滚筒式卷纸清洁装置

滚筒式卷纸清洁装置如图3-20所示。该清洁装置可以采用干式（使用卷纸加真空吸附）、湿式（使用溶剂）或干、湿不同组合的8种清洗模式。这8种清洗模式可以有效地清洁钢网背面和开孔上的焊膏微粒和助焊剂。装在机器前方的卷纸容易更换，便于维护。为了保证干净的卷纸清洁钢网，并防止卷纸浪费，上部的滚轴由带刹刀的电机控制。清洗时溶剂的喷洒量可以通过控制旋钮进行调整。

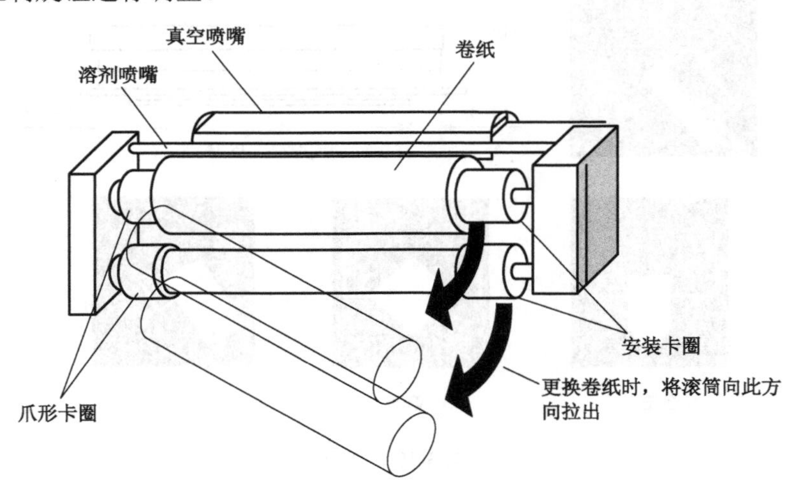

图3-20 滚筒式卷纸清洁装置

3.3.4 主流印刷机的特征

SMT规模化生产中以全自动印刷机为主，以下是全自动印刷机的主要特征。

① 高精密、高刚性的印刷工作台通过采用高精密图像处理系统实现X—Y轴的自动定位，确保基板与钢网的定位精度达到15μm，高刚性一体化的机架结构保证了印刷机长期稳

定的印刷性能。

② 交流伺服电机控制方式与高刚性机械结构的结合使刮刀运行时更平稳，最优化的离网原理使印刷性能大大提高，从而保证了高品质的印刷质量。

③ 连续印刷 QFP 或 SOP 等细间距元器件时必须清洗钢网背面的开孔。印刷机具有有效的卷纸清洁功能，免去了人工清洁钢网的不便。

④ 印刷机小型化可节省更多的安装场地，并能实现从左到右或从右到左的传送方式。

⑤ 运转高速化和图像快速化保证了高效生产。

⑥ 具有标准的基板边夹装置、真空夹紧装置。

⑦ 印刷压力、刮刀速度、基板尺寸和清洁频率等印刷条件的参数采用数字化输入。

⑧ 图像处理系统的自动校正功能使钢网定位更简便。

⑨ 采用 Windows NT 交互式操作系统，对机器的操作就像使用个人计算机一样简单方便。

3.3.5 焊锡膏的印刷方法

1. 印刷涂敷法的模板及丝网

在印刷涂敷法中，直接印刷法和非接触印刷法的共同之处是其原理与油墨印刷类似，主要区别在于印刷焊料的介质，即用不同的介质材料来加工印刷图形：无刮动间隙的印刷是直接（接触式）印刷，采用刚性材料加工的金属漏印模板；有刮动间隙的印刷是非接触式印刷，采用柔性材料丝网或金属掩膜。

（1）模板。模板主要用于焊锡膏在 PCB 焊盘上的准确漏印和沉积。常用的 SMT 模板的厚度为 0.15mm（或 0.12mm）。常见的制作方法为：蚀刻、激光、电铸。

高档 SMT 印刷机一般使用不锈钢激光切割模板，采用激光将贴片元件位置、形状烧刻在不锈钢板上，并用铝框制成漏印模板。适于对精度要求较高的细间距（即 0.3mm ≤芯片引脚间距≤0.5mm ）图形印刷，但加工困难，制作成本也较高。

手动操作的简易 SMT 印刷机可以使用蚀刻漏印模板，将贴片元件的位置、形状准确地腐蚀在薄铜板或不锈钢板上，并用铝框制成漏印模板。用于芯片引脚间距＞0.635mm 以上、精度要求不高的图形印刷。蚀刻铜板加工容易，制作费用低廉，适合于小批量生产的电子产品，但长期使用后模板容易变形而影响印刷精度。如图 3-21 所示为漏印模板的示意图与实物照片。

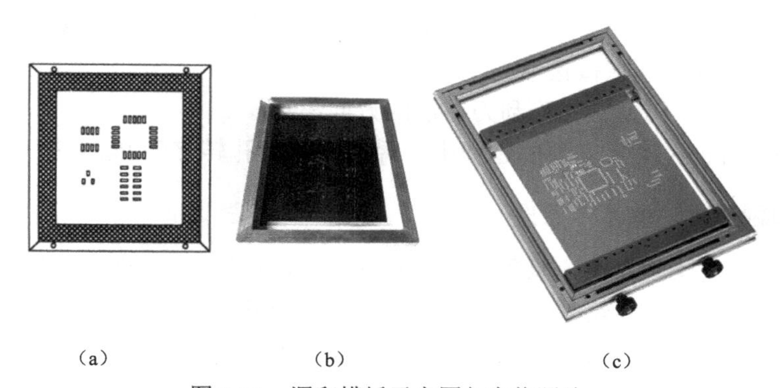
（a）　（b）　（c）

图 3-21　漏印模板示意图与实物照片

（2）丝网。非接触式丝网印刷法是传统的方法。丝网材料有尼龙丝、真丝、聚酯丝和不锈钢丝等，可用于 SMT 焊锡膏印刷的是聚酯丝和不锈钢丝。用乳剂涂敷到丝网上，只留出印刷图形的开口网目，就制成了非接触式印刷涂敷法所用的丝网。

制作丝网的费用低廉，但由于丝网制作的漏板窗口开口面积始终被丝本身占用一部分，即开口率达不到 100%，而且印刷焊锡膏的图形精度不高；此外，丝网漏板的使用寿命也远远不及金属模板，只适用于大批量生产的一般 SMT 电路板，现在基本上已被淘汰。

2. 漏印模板印刷法的基本原理

漏印模板印刷法的基本原理如图 3-22 所示。

将 PCB 板放在工作支架上，由真空泵或机械方式固定，将已加工有印刷图形的漏印模板在金属框架上绷紧，模板与 PCB 表面接触，镂空图形网孔与 PCB 上的焊盘对准，把焊锡膏放在漏印模板上，刮刀从模板的一端向另一端推进，同时压刮焊锡膏通过模板上的镂空图形网孔漏印（沉积）到 PCB 的焊盘上。假如刮刀单向刮锡，沉积在焊盘上的焊锡膏可能会不够饱满；而刮刀双向刮锡，焊锡膏图形就比较饱满。高档的 SMT 印刷机一般有 A、B 两个刮刀：当刮刀从右向左移动时，刮刀 A 上升，刮刀 B 下降，B 压刮焊锡膏；当刮刀从左向右移动时，刮刀 B 上升，刮刀 A 下降，A 压刮焊锡膏，如图 3-22（a）所示。两次刮锡后，PCB 与模板脱离（PCB 下降或模板上升），完成焊锡膏印刷过程，如图 3-22（b）所示。

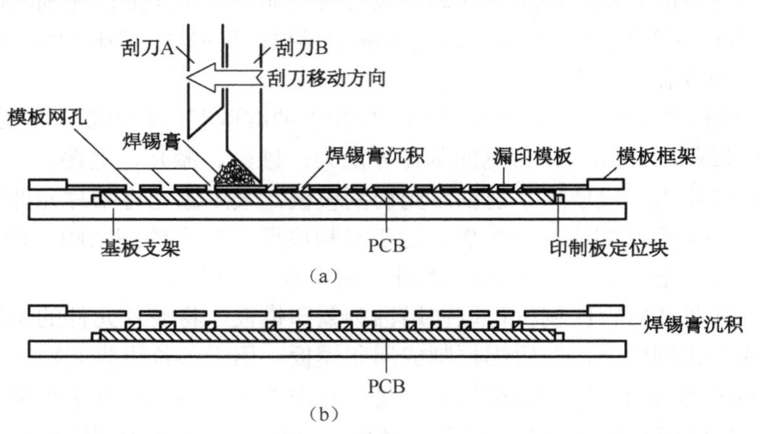

图 3-22　漏印模板印刷法的基本原理

焊锡膏是一种膏状流体，其印刷过程遵循流体动力学的原理。漏印模板印刷的特征如下。

（1）模板和 PCB 表面直接接触。

（2）刮刀前方的焊锡膏颗粒沿刮刀前进的方向滚动。

（3）漏印模板离开 PCB 表面的过程中，焊锡膏从漏孔转移到 PCB 表面上。

3. 丝网印刷涂敷法的基本原理

丝网材料有尼龙丝、真丝、聚酯丝和不锈钢丝等，可用于 SMT 焊锡膏印刷的是聚酯丝和不锈钢丝。用乳剂涂敷到丝网上，只留出印刷图形的开口网目，就制成了非接触式印刷涂敷法所用的丝网。丝网印刷涂敷法的基本原理如图 3-23 所示。

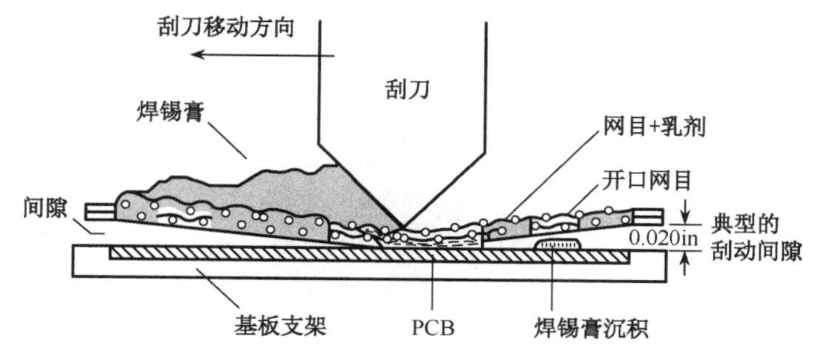

图 3-23　丝网印刷涂敷法

将 PCB 固定在工作支架上，将印刷图形的漏印丝网绷紧在框架上并与 PCB 对准，将焊锡膏放在漏印丝网上，刮刀从丝网上刮过去，压迫丝网与 PCB 表面接触，同时压刮焊锡膏通过丝网上的图形印刷到 PCB 的焊盘上。

丝网印刷具有以下特征。

（1）丝网和 PCB 表面隔开一小段距离。

（2）刮刀前方的焊锡膏颗粒沿刮板前进的方向滚动。

（3）丝网从接触到脱开 PCB 表面的过程中，焊锡膏从网孔转移到 PCB 表面上。

（4）刮刀压力、刮动间隙和刮刀移动速度是保证印刷质量的重要参数。

任务 4　焊锡膏的手动印刷实训

任务描述

现场提供 Create-PSP1000 型精密锡膏印刷台一台、胶带一卷、锡膏一罐、刮刀两把、PCB 5 块、特制钢模板一块。请在学习精密锡膏印刷台操作的基础上完成以下操作。

① 正确安装并调试好锡膏印刷台。

② 用锡膏印刷台在 PCB 上手动印刷锡膏。

实际操作

3.4.1　认识手动锡膏印刷台和相关配件

1．焊锡膏印刷台的各部件及其作用

如图 3-24 所示为一款手动焊锡膏印刷台的照片，其功能部件的作用如下。

① 调节旋钮。用于调节钢模板的高度。

② 固定旋钮。用于固定钢模板。

③ 工作台面。用于放置待刮锡膏的 PCB。

④ 微调旋钮 1。当初步对好位后，用此旋钮对前后方向进行微调。

⑤ 微调旋钮 2。当初步对好位后，用此旋钮对左右方向进行微调。

⑥ 水平固定旋钮。调节钢模板的水平面。

⑦ 模板。

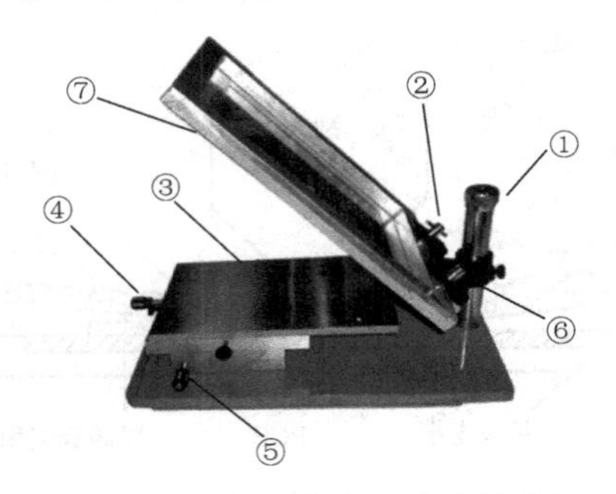

图 3-24 手动焊锡膏印刷台结构图

2. 锡膏印刷台的相关配件及其作用

如图 3-25 所示，锡膏印刷台的相关配件及其作用如下。

① 胶带。将 PCB 固定在托板上。

② 锡膏。用于焊接。

③ 刮刀。刮锡膏。

④ PCB。待焊接的印制电路板。

⑤ 钢模板。钢模板上提供了常用贴片元器件的封装（用户可根据需要订制钢模板），刮锡膏时用于均匀分配焊锡膏。

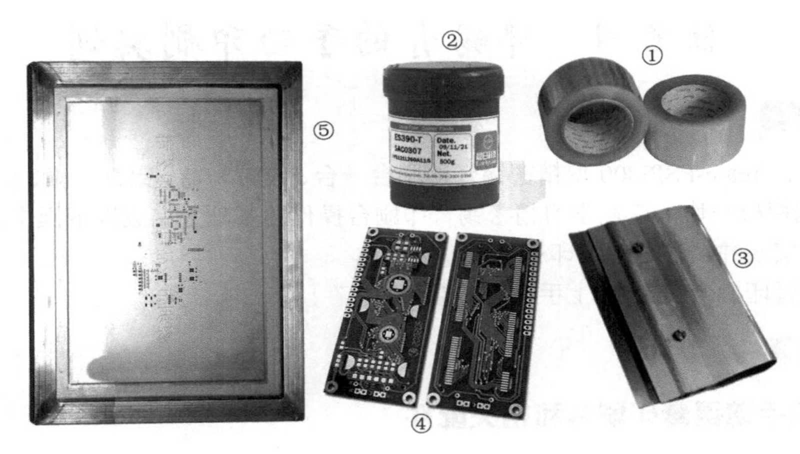

图 3-25 锡膏印刷台相关配件

3.4.2 焊锡膏印刷台的安装与调试

1. 安装

将钢模板安装在手动焊锡膏印刷台上，用固定旋钮把钢模板固定在印刷台上；用调节旋钮调节钢模板的高度，把钢模板调到合适的位置。

2. 调试

① 检查钢模板是否干净。若有焊锡膏或其他固体物质残留，应用沾酒精的毛巾将残留在钢模板上的杂物清洗干净。

② 观察焊锡膏，如果表面变硬或有助焊剂析出，必须进行特殊处理，否则不能使用。

③ 检查焊锡膏硬度是否适中。检测方法：在钢模板上选择引脚比较密集的元器件，把

焊锡膏刮在测试板（PCB 或纸张）上，观察焊锡膏是否能够全部漏过钢模板且均匀地分配在测试板上，若有漏不过或漏不全现象，则应调节焊锡膏硬度，直到焊锡膏硬度适当为止。

调节锡膏硬度的方法：适当加入所使用焊锡膏的专用稀释剂，稀释并充分搅拌以后再用。

【注意】① 使用时取出焊锡膏后，应及时盖好容器盖，避免助焊剂挥发。
② 涂敷焊锡膏时，操作者应该戴手套，避免污染电路板。

3.4.3 焊锡膏的手动印刷流程

1. 贴板

在钢模板上找到待刮焊锡膏的 PCB 上元器件的封装，考虑托板在钢模板下能够左右灵活移动，将 PCB 用透明胶固定在托板上。

2. 粗调

将钢模板放平，通过托板前后左右移动，将 PCB 上元器件的封装移到钢模板相应的位置。

3. 细调

通过微调旋钮，将 PCB 上元器件的焊盘与钢模板上相应的元器件焊盘调至更精确的位置，使 PCB 上元器件的焊盘与钢模板上相应元器件的焊盘完全重合。

4. 手动印刷焊锡膏

① 放下模板。
② 在刮刀上抹焊锡膏。
③ 在模板上刮焊锡膏，刮刀与模板之间呈 45° 角，如图 3-26 所示。
④ 揭起模板，取出印刷了焊锡膏的 PCB。

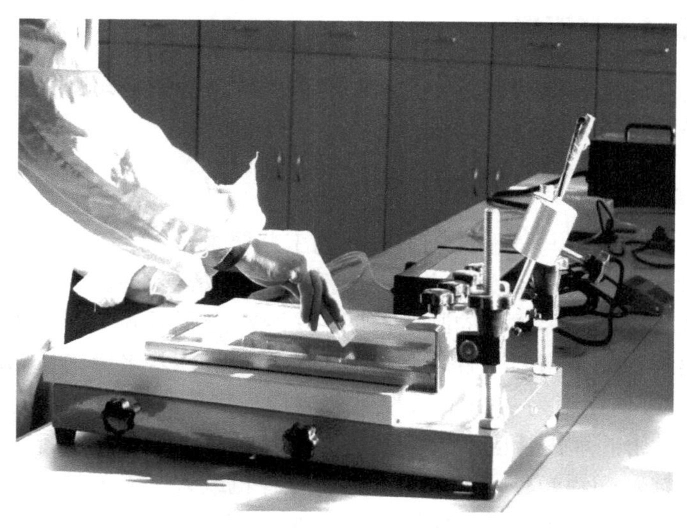

图 3-26　在模板上刮焊锡膏

⑤ 把焊锡膏涂敷到印制板上的关键，是要保证焊锡膏能准确地涂敷到元器件的焊盘上。

如果涂敷不准确，必须擦洗掉焊锡膏再重新涂敷，擦洗免清洗焊锡膏不得使用酒精。

⑥ 印好焊锡膏的电路板要及时贴装元器件，尽可能在4h内完成回流焊。

⑦ 免清洗焊锡膏原则上不允许回收使用，如果印刷涂敷作业的间隔超过 1h，必须把焊锡膏从模板上取下来并存放到当天使用的单独容器里，不要将回收的焊锡膏放回原容器。

（5）操作完成，填写考核评价表，见表3-2。

表3-2　考核评价表

序号	项　目	配分	评 价 要 点	自评	互评	教师评价	平均分
1	焊锡膏印刷台的安装与调试	40分	钢模板安装正确（20分） 钢模板调试良好（20分）				
2	焊锡膏的手动印刷	60分	PCB的固定与调试准确（30分） PCB焊锡膏印刷均匀合适（30分）				
材料、工具、仪表			每损坏或者丢失一件扣10分 材料、工具、仪表没有放整齐扣10分				
环保节能意识			视情况扣10～20分				
安全文明操作			违反安全文明操作视其情况进行扣分				
额定时间			每超过5min扣5分				
开始时间		结束时间		实际时间		综合成绩	
综合评议意见（教师）							
评议教师				日期			
自评学生				互评学生			

任务5　焊锡膏的全自动印刷

3.5.1　焊锡膏印刷工艺流程

印刷焊锡膏的工艺流程包括以下步骤：印刷前的准备→调整印刷机工作参数→印刷焊锡膏→印刷质量检验→清理与结束。

1．印刷前准备工作

（1）检查印刷工作电压与气压；熟悉产品的工艺要求。

（2）确认软件程序名称是否为当前生产机种，版本是否正确。

（3）检查焊锡膏：检查焊锡膏的制造日期，是否在出厂后6个月之内，品牌型号规格是否符合当前生产要求；是否密封（保存条件2℃～10℃），若采用模板印刷，焊锡膏黏度应为900～1400Pa·s，最佳黏度为900Pa·s，从冰箱中取出后应在室温下恢复至少2h，出冰箱后24h之内用完；新启用的焊锡膏应在罐盖上记下开启日期和使用者姓名。

（4）焊锡膏搅拌：焊锡膏使用前要用焊锡膏搅拌机或人工充分搅拌均匀。

（5）检查PCB是否用错，有无不良。阅读PCB产品合格证，如PCB制造日期大于6个月应对PCB进行烘干处理（在125℃温度下烘干4h），通常在前一天进行。

（6）检查模板是否与当前生产的PCB一致，窗口是否堵塞，外观是否良好。

（7）安装模板、刮刀。

① 模板安装：首先将其插入模板轨道上并推到最后位置卡紧，拧下气压制动开关，固定。

② 刮刀安装：首先根据待组装产品生产工艺的需要选择合适的刮刀，安装刮刀和模板的顺序是先安装模板后装刮刀。选择比 PCB 至少宽 50mm 的刮刀，并调节好刮刀浮动机构，使刮刀底面略高于模板。

（8）PCB 定位与图形对准。PCB 定位的目的是将 PCB 初步调整到与模板图形相对应的位置上，使模板窗口位置与 PCB 焊盘图形位置保持在一定范围之内（机器能自动识别）。基板定位方式有孔定位、边定位、真空定位，如图 3-27 所示。

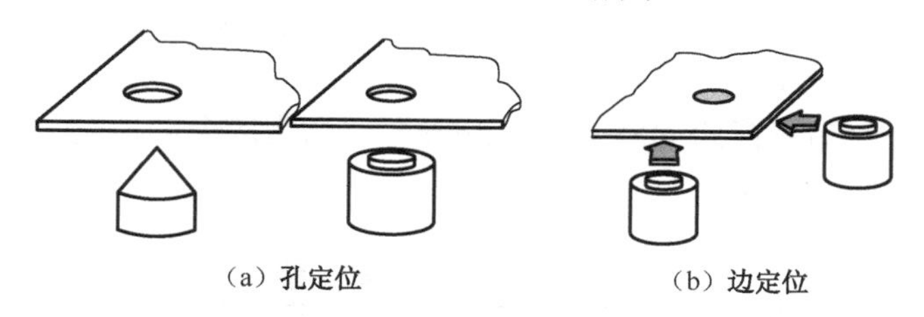

（a）孔定位　　（b）边定位

图 3-27　基板的定位方式

双面贴装 PCB 采用孔定位时，印刷第二面时要注意各种顶针要避开已贴好的元器件，不要顶在元器件上，以防止元器件损坏。

优良的 PCB 定位应满足以下基本要求：容易入位和离位，没有任何凸起印刷面的物件，在整个印刷过程中保持基板稳定，保持或协助增加基板印刷时的平整度，不会影响模板对焊膏的释放动作。

PCB 定位后要进行图形对准，即通过对印刷工作平台或对模板的 X、Y、θ 的精细调整，使 PCB 的焊盘图形与模板漏孔图形完全重合。究竟调整工作台还是调整模板，要根据印刷机的构造而定。目前多数印刷机的模板是固定的，这种方式的印刷精度比较高。

图形对准时需要注意 PCB 的方向与模板印刷图形一致；应设置好 PCB 与模板的接触高度，图形对准必须确保 PCB 图形与模板完全重合。对准图形时一般先调 θ，使 PCB 图形与模板图形平行，再调 X、Y，然后再重复进行细微的调节，直到 PCB 的焊盘图形与模板图形完全重合为止。

2．调整印刷机工作参数

接通电源、气源后，印刷进入开通状态（初始化），对新生产的 PCB 来说，首先要输入 PCB 长、宽、高以及定位识别标识（Mark）的相关参数，Mark 可以纠正 PCB 的加工误差，制作 Mark 图像时，要图像清晰，边缘光滑，对比度强，同时还应输入印刷机各工作参数：印刷行程、刮刀压力、刮刀运行速度、PCB 高度、模板分离速度、模板清洗次数与方法等相关参数。

正常后，即可放入充足分量的焊锡膏进行印刷，并再次调节相关参数，全面调节后即可存盘保留相关参数与 PCB 代号，不同机器的上述安装次序有所不同，自动化程度高的机器安装方便，一次就可以成功。

3．印刷焊锡膏

正式印刷焊锡膏时应注意下列事项：焊锡膏的初次使用量不宜过多，一般按 PCB 尺寸来估计，参考量如下：A5 幅面约 200g；B5 幅面约 300g；A4 幅面约 350g；在使用过程中，应注意补充新焊锡膏，保持焊锡膏在印刷时能滚动前进。注意印刷焊锡膏时的环境质量：无风、洁净、温度23℃±3℃，相对湿度＜70%。

4．印刷质量检验

对于模板印刷质量的检测，目前采用的方法主要有目测法、二维检测/三维检测（自动光学检测，Automated Optical Inspection，AOI）。在检测焊锡膏印刷质量时，应根据元件类型采用不同的检测工具和方法，采用目测法（带放大镜），适用不含细间距 QFP 器件或小批量生产，其操作成本低，但反馈回来的数据可靠性低，易遗漏，当印刷复杂 PCB 时（如电脑主板），最好采用基于视觉传感器与计算机视觉研究基础上的视觉检测系统，并最好是在线测试，可靠性可以达到100%。

检验标准的原则：有细间距 QFP 时（0.5mm），通常应全部检查。当无细间距 QFP 时，可以抽检，抽检标准见表 3-3。

表 3-3　印刷焊锡膏取样规则

批量范围（块）	取样数（块）	不合格品的允许数量（块）
1～500	13	0
501～3200	50	1
3201～10000	80	2
10001～35000	120	3

检验标准：按照企业制定的企业标准或ST/T10670—1995以及IPC标准。

不合格品的处理：发现有印刷质量时，应停机检查，分析产生的原因，采取措施加以改进，凡 QFP 焊盘不合格者应用无水酒精清洗干净后重新印刷。

5．清理与结束

在一个产品完工或结束一天工作后，必须将模板、刮刀全部清洗干净，若窗口堵塞，千万勿用坚硬金属针划捅，避免破坏窗口形状。焊锡膏放入另一容器中保存，根据情况决定是否重新使用。模板清洗后应用压缩空气吹干净，并妥善保存在工具架上，刮刀也应放入规定的地方并保证刮刀头不受损。

工作结束应让机器退回关机状态，并关闭电源与气源，同时应填写工作日志表并进行机器保养工作。

3.5.2　印刷机工艺参数的调节

焊锡膏是触变流体，具有黏性。当刮刀以一定速度和角度向前移动时，会对焊锡膏产生一定的压力，推动焊锡膏在刮板前滚动，产生将焊锡膏注入网孔或漏孔所需的压力。焊锡膏的黏性摩擦力使焊锡膏在刮板与网板交接处产生切变，切变力使焊锡膏的黏性下降，有利于焊锡膏顺利地注入网孔或漏孔。刮刀速度、刮刀压力、刮刀与网板的角度以及焊锡膏的黏度之间都存在一定的制约关系，因此，只有正确地控制这些参数，才能保证焊锡膏的印刷质量。

1．印刷行程

印刷前一般需要设置前、后印刷极限，即确定印刷行程。前极限一般在模板图形前 20 mm 处，后极限一般在模板图形后 20 mm 处，间距太大容易延长整体印刷时间，太短易造成焊膏图形粘连等缺陷。应控制好焊锡膏印刷行程以防焊锡膏漫流到模板的起始和终止印刷位置处的开口中，造成该处印刷图形粘连等印刷缺陷。

2. 刮刀的夹角

刮刀的夹角影响到刮刀对焊锡膏垂直方向力的大小，夹角越小，其垂直方向的分力 F_y 越大，通过改变刮刀角度可以改变所产生的压力。刮刀角度如果大于 80°，则焊锡膏只能保持原状前进而不滚动，此时垂直方向的分力 F_y 几乎没有，焊锡膏便不会压入印刷模板窗开口。刮刀角度的最佳设定应在 45°～60° 范围内进行，此时焊锡膏有良好的滚动性。

3. 刮刀的速度

刮刀速度快，焊锡膏所受的力也大。但提高刮刀速度，焊锡膏压入的时间将变短，如果刮刀速度过快，焊锡膏不能滚动而仅在印刷模板上滑动。考虑到焊锡膏压入窗口的实际情况，最大的印刷速度应保证 QFP 焊盘焊锡膏印刷纵横方向均匀、饱满，通常当刮刀速度控制在 20～40mm/s 时，印刷效果较好。因为焊锡膏流进窗口需要时间，这一点在印刷细间距 QFP 图形时尤为明显，当刮刀沿 QFP 焊盘一侧运行时，垂直于刮刀的焊盘上焊锡膏图形比另一侧要饱满，故有的印刷机具有刮刀旋转 45° 的功能，以保证细间距 QFP 印刷时四面焊锡膏量均匀。

4. 刮刀的压力

刮刀的压力即通常所说的印刷压力，印刷压力的改变对印制质量影响重大。印刷压力不足会引起焊锡膏刮不干净且导致 PCB 上焊锡膏量不足，如果印刷压力过大又会导致模板背后的渗漏，同时也会引起丝网或模板不必要的磨损。理想的刮刀速度与压力应该以正好把焊锡膏从钢板表面刮干净为准。

5. 刮刀宽度

如果刮刀相对于 PCB 过宽，那么就需要更大的压力、更多的焊锡膏参与其工作，因而会造成焊锡膏的浪费。一般刮刀的宽度为 PCB 长度（印刷方向）加上 50mm 左右为最佳，并要保证刮刀头落在金属模板上。

6. 印刷间隙

采用漏印模板印刷时，通常保持 PCB 与模板零距离（早期也要求控制在 0～0.5mm，但有 QFP 时应为零距离），部分印刷机器还要求 PCB 平面稍高于模板的平面，调节后模板的金属模板微微被向上撑起，但此撑起的高度不应过大，否则会引起模板损坏。从刮刀运行动作上看，刮刀在模板上运行自如，既要求刮刀所到之处焊锡膏全部刮走，不留多余的焊锡膏，同时刮刀不应在模板上留下划痕。

7. 分离速度

焊锡膏印刷后，钢板离开 PCB 的瞬时速度也是关系到印刷质量的参数，其调节能力也是体现印刷机质量好坏的参数，在精密印刷中尤其重要。早期印刷机采用恒速分离，先进的印刷机其钢板离开焊锡膏图形时会有一个微小的停留过程，以保证获取最佳的印刷图形。

脱模时，基板下降，由于焊膏的黏着力，使印刷模板产生形变，形成翘曲。模板因翘曲的弹力要回到原来的位置，如果分离速度不当，其结果就是焊锡膏两端形成极端抬起的印刷形状，严重情况下还会刮掉焊锡膏，使焊锡膏残留到开孔内。通常脱模速度设定为 0.3～3 mm/s，脱模距离一般为 3 mm。如图 3-28 所示为不同脱模速度形成的印刷图形。

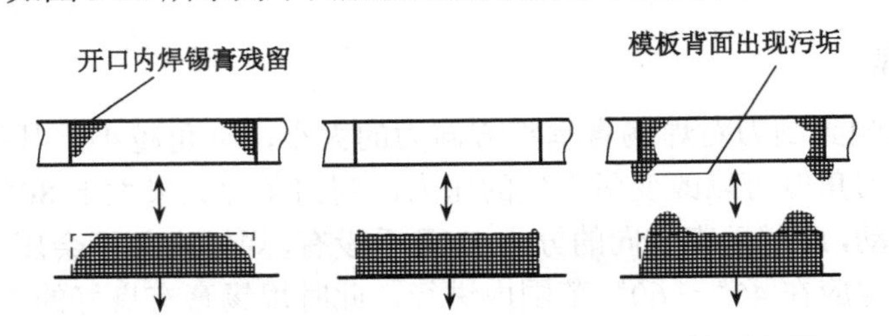

图 3-28　不同脱模速度形成的印刷图形

8．清洗模式与清洗频率

在印刷过程中要对模板底部进行清洗，消除其附着物，以防止污染 PCB。清洗通常采用无水酒精作为清洗剂，清洗方式有湿—湿、干—干、湿—湿—干等。

在印刷过程中，印刷机要设定的清洗频率为每印刷 8～10 块清洗一次，要根据模板的开口情况和焊锡膏的连续印刷性而定。有细间距、高密度图形时，清洗频率要高一些，以保证印刷质量为准。一般还规定每 30min 要手动用无尘纸擦洗一次。

3.5.3　全自动焊锡膏印刷机开机作业指导

1．全自动焊锡膏印刷机开机流程

焊锡膏全自动印刷机开机流程如图 3-29 所示。

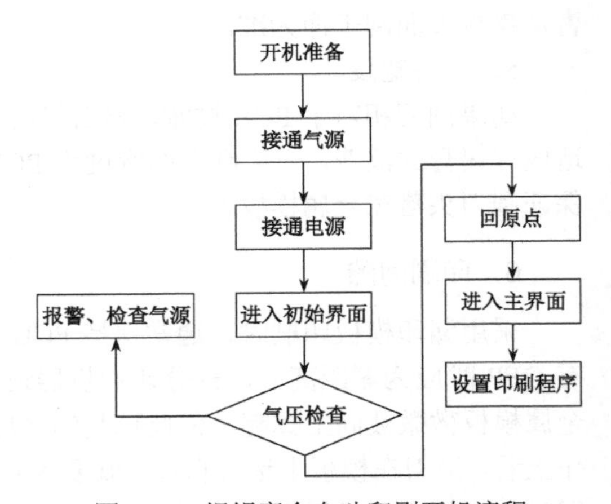

图 3-29　焊锡膏全自动印刷开机流程

2．全自动焊锡膏印刷机开机作业指导示例

（1）开机前，必须对机器进行检查。

① 检查 UPS、稳压器、电源、空气压力是否正常。

② 检查紧急按钮是否被切断。

③ 检查 X、Y 台上及周围部位有无异物放置。

（2）开机步骤如下。

① 合上电源开关，待机器启动后，进入机器主界面。

② 单击“原点”按钮，执行原点复位。

③ 编制（调用）生产程序。

④ 程序 OK，试生产。

⑤ 试生产 OK 后，转入连续生产。

（3）关机步骤如下。

① 生产结束后，退出程序。

② 将刮刀头移至前端。

③ 推出钢网，卸下刮刀。

④ 单击“系统结束”按钮。关闭主电源开关。

（4）机器保养。

进行机器保养清洁，清洁刮刀上的焊锡膏，清洁钢网上的焊锡膏。

（5）注意事项。

① 操作员须经考核合格后，方可上机操作，严禁两人或两人以上人员同时操作同一台机器。

② 作业人员每天须清洁机身及工作区域。

③ 机器在正常运作生产时，所有防护门盖严禁打开。

④ 实施日保养后须填写保养记录表。

3.5.4 焊锡膏全自动印刷工艺指导

1．焊锡膏全自动印刷工艺流程

焊锡膏全自动印刷工艺流程如图 3-30 所示。

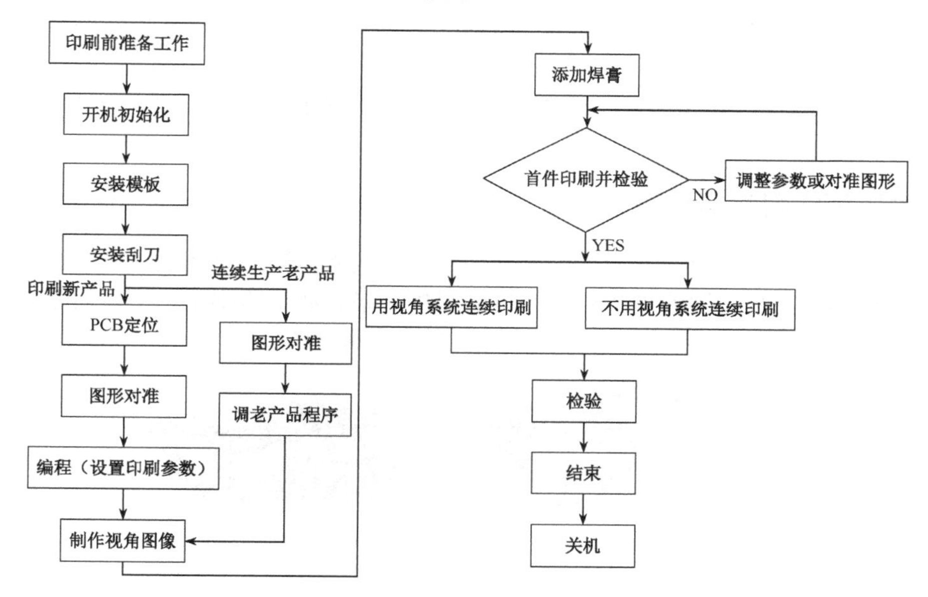

图 3-30　焊锡膏全自动印刷工艺流程

2．焊锡膏全自动印刷工艺作业指导示例

（1）印刷焊锡膏作业前的准备工作。

详见相关章节的介绍。

（2）添加焊锡膏。

① 加焊锡膏量：首次加焊锡膏 500g；生产过程中加焊锡膏，每小时加一次，约 100g。每次加焊锡膏后填写《加焊锡膏登记表》。

② 加焊锡膏后的处理：每 30min 必须对外溢的焊锡膏进行收拢。

（3）钢网和刮刀的清洁。

清洗频率，每 12h 一次；清洗模式，湿+干。清洗后在《钢网、刮刀清洁记录表》作相应记录。

（4）印刷机参数设定。

① 前后刮刀压力（如 5 g/mm～10.5 g/mm）；

② 擦网频率（如 1 次/10 Panel）；

③ 刮焊锡膏速度（如 10 mm/s～20 mm/s）；

④ 分离速度（如 0.3 mm/s～0.5 mm/s）；

⑤ 印刷间隙（如 0mm）；

⑥ 分离距离（如 0.83mm～3mm）。

（5）开机。

（6）注意事项。

① 作业前准备好必要的辅料用具，如焊锡膏、酒精、风枪、无尘纸及白碎布，戴好静电腕带。

② 当不使用机器自动擦网或机擦网出现异常或擦网效果不好时，必须手擦。手擦钢网频率为 1 次/15 块 PCB。手擦网后在《人工清洗钢网记录表》中记录时间及次数，并签名。

③ 对于失效、过期的焊锡膏必须交工程师确认后作报废处理。

④ 每次擦网，重点检查 IC 位置钢网开口处擦网效果。

⑤ 如果出现异常情况时，堆板时间不超过 2h，否则对其用超声波进行清洗后，方可投线使用。

⑥ 印刷参数监控：每班四次，并填写《印刷机参数监控表》，如有异常应实时知会 PIE 解决。

3.5.5 焊锡膏印刷质量分析

优良的印刷图形应是纵横方向均匀挺括、饱满，四周清洁，焊锡膏占满焊盘。用这样的印刷图形贴放器件，经过回流焊将得到优良的焊接效果。如果印刷工艺出现问题，将产生不良的印刷效果。如图 3-31 所示为一些常见的印刷缺陷示意图。

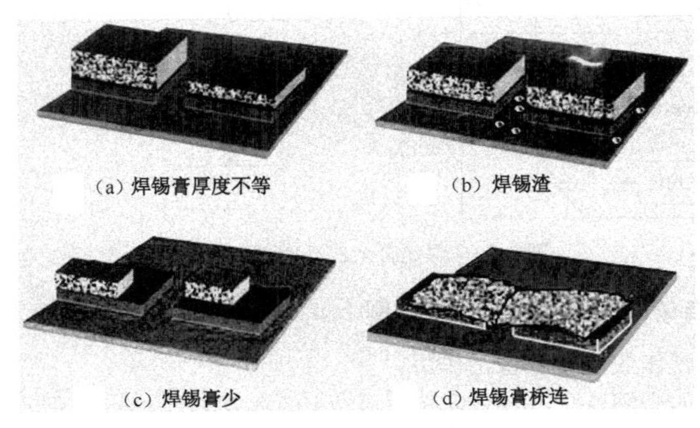

(a) 焊锡膏厚度不等　(b) 焊锡渣

(c) 焊锡膏少　(d) 焊锡膏桥连

图 3-31　一些常见的印刷缺陷示意图

由焊锡膏印刷不良导致的产品质量问题，常见的有以下几种。

（1）焊锡膏不足（局部缺少甚至整体缺少）：将导致焊接后元器件焊点锡量不足、元器件开路、元器件偏位、元器件竖立。

（2）焊锡膏粘连：将导致焊接后电路短接、元器件偏位。

（3）焊锡膏印刷整体偏位：将导致整板元器件焊接不良，如少锡、开路、偏位、竖件等。

（4）焊锡膏拉尖：易引起焊接后短路。

1．导致焊锡膏不足的主要因素

焊锡膏不足示意图如图 3-32 所示。原因在于以下几个方面。

① 印刷机工作时，没有及时补充添加焊锡膏。

② 焊锡膏品质异常，其中混有硬块等异物。

③ 以前未用完的焊锡膏已经过期，被二次使用。

④ 电路板质量问题，焊盘上有不显眼的覆盖物，如被印到焊盘上的阻焊剂（绿油）。

图 3-32　焊锡膏不足

⑤ 电路板在印刷机内的固定夹持松动。

⑥ 焊锡膏漏印网板薄厚不均匀。

⑦ 焊锡膏漏印网板或电路板上有污染物（如 PCB 包装物、网板擦拭纸、空气中漂浮的异物等）。

⑧ 焊锡膏刮刀损坏、网板损坏。

⑨ 焊锡膏刮刀的压力、角度、速度以及脱模速度等设备参数设置不合适。

⑩ 焊锡膏印刷完成后，被人为因素不慎碰掉。

2．导致焊锡膏粘连的主要因素

导致焊锡膏粘连的主要因素可以考虑以下几个方面。

① 电路板的设计缺陷，焊盘间距过小。

② 网板问题，镂孔位置不正。

③ 网板未擦拭洁净。

④ 网板问题使焊锡膏脱模不良。

⑤ 焊锡膏性能不良，黏度、坍塌不合格。

⑥ 电路板在印刷机内的固定夹持松动。

⑦ 焊锡膏刮刀的压力、角度、速度以及脱模速度等设备参数设置不合适。

⑧ 焊锡膏印刷完成后，被人为因素挤压粘连。

3．导致焊锡膏印刷整体偏位的主要因素

焊锡膏印刷偏位示意图如图 3-33 所示。如果是整体偏位，可以考虑以下几个方面。

① 电路板上的定位基准点不清晰。

② 电路板上的定位基准点与网板的基准点没有对正。

③ 电路板在印刷机内的固定夹持松动。定位顶针不到位。

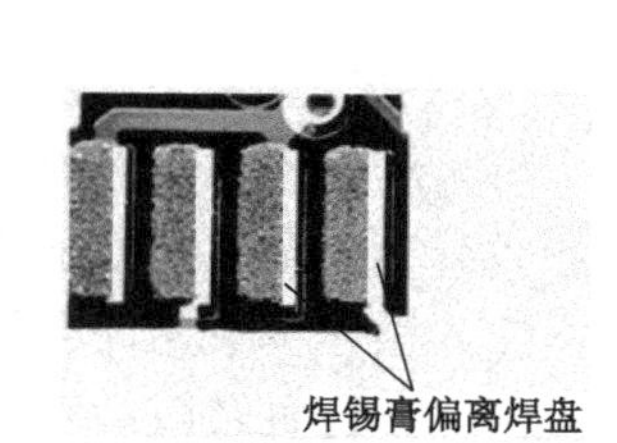

图 3-33　焊锡膏印刷偏位示意图

④ 印刷机的光学定位系统故障。

⑤ 焊锡膏漏印网板开孔与电路板的设计文件不符合。

4．导致印刷焊锡膏拉尖的主要因素

导致印刷焊锡膏拉尖的主要因素可以考虑以下几个方面。

① 焊锡膏黏度等性能参数有问题。

② 电路板与漏印网板分离时的脱模参数设定有问题。

③ 漏印网板镂孔的孔壁有毛刺。

任务6　全自动焊锡膏印刷机的维护保养

3.6.1　维护保养注意事项

制定设备日常和定期维护保养制度，并由熟悉本设备的有资格人员进行。维护应该以 8 小时一班为一个循环，如果环境温度或 PCB 板的要求较高，为免落尘埃，应视情况规定更短的维护周期。

1．特别提示

只有接受过专门培训的、熟悉所有安全检查规则的人员才有资格维护保养全自动焊锡膏印刷机。

粗布和未经同意的清洁液可能损伤、污染机器工作台面和元件塑胶表面，只能使用指定的棉布或纱布（不起毛）和清洁液来清洁机器，特别是丝杆、导轨及电动机主轴等精密标准件。当以酒精作为清洁液擦拭机台时，用后应立即将机器零部件表面及印刷台面的酒精遗留物擦拭干净。酒精是易燃物，用其清洁机器时应极其小心慎重，不许与其他物质混合，以免导致人身伤害和机器损坏。

使用润滑剂时，应检查其性能，以免影响润滑效果，导轨、丝杆、轴承等处推荐使用的油脂见表 3-4。如机器在特殊条件下工作，请与生产厂家商议使用何种牌号的润滑剂，绝不能随便使用普通油脂，以免对精密器件造成损坏。

表 3-4　导轨、丝杆、轴承等处推荐使用的油脂

用　途	产品名称	制造商
一般用途	Alvania Grease No.2	Showa Shell Sekiyu
	Mobilux No.2	Mobil Sekiyu
	Daphny Coronex Green No.2	Ldemitsu Kosan
用于低温	Multemp PS No.2	Kyodo Yushi
用于温度范围很宽	Multemp LRL3	Kyodo Yushi

2．警告

（1）维护和维修之前一定要切断机器的主电源开关。

（2）当安全装置处于非正常状态而不能正常工作时，严禁开机。

（3）操作员不允许穿便服操作机器，处理焊锡膏时一定要戴防护手套。

（4）在开机之前，应检查机器是否有损坏，内部是否有工具或其他杂物，零件是否有松动，以免阻碍机器的运行或引起事故。

3.6.2　设备维护项目及周期

1．设备日常维护检查项目及检查周期

设备日常维护检查项目及检查周期见表 3-5。

表 3-5　设备日常维护检查项目及周期

检查项目			检查周期		
机器部位	零件	检查维护内容	每日	每周	每月
工作台	滚珠丝杆	清洁、注油润滑			√
	导轨	清洁、注油润滑			√
	皮带	张力及磨损情况			√
	电缆	电缆包覆层有无损坏			√
刮刀	滚珠丝杆	清洁、注油润滑			√
	导轨	清洁、注油润滑			√
	皮带	张力及磨损情况			√
	电缆	电缆包覆层有无损坏			√
清洗装置	清洗纸	用完后更换	√		
	酒精	检查液位并加注酒精	√		
视觉部分	滚珠丝杆	清洁、注油润滑			√
	导轨	清洁、注油润滑			√
	电缆	电缆包覆层有无损坏			√
网板	放置位置	正确、固定	√		
	顶面、底面	清洁及磨损	√		
PCB 运输部分	皮带	张紧是否适宜、有无滑脱			√
	停板气缸	磨损情况			√
	工作台顶板阻挡螺钉	磨损情况	√		
空气压力	压力表	压力设置	√		
	空气过滤装置	清洁、正常工作			√
	所有气路	漏气情况			√
其他	设备整体	清洁		√	

2．设备需要加油或油脂润滑部位

设备需要加油或油脂润滑部位见表 3-6。

表 3-6　设备需要加油或油脂润滑部位

部件	零件	润滑油类型	润滑方法	润滑周期
工作台、刮刀、视觉、清洗等	导轨滑块	推荐油脂	从油嘴处注射	每两月一次
	直线导轨	推荐油脂	喷洒	每两月一次
	滚珠丝杆	推荐油脂	从油嘴处注射	每月一次
PCB 运输部分	运输滚轮	机械油	喷洒	每月一次
	轴承	机械油	喷洒	每月一次
	调宽导轨	推荐油脂	从油嘴处注射	每两月一次
	调宽丝杆	推荐油脂	从油嘴处注射	每两月一次

3.6.3　设备维护具体内容

1．网框部分

（1）检查用于调节固定钢网模板大小位置的锁紧气缸有无松动。

（2）检查固定钢网模板的气缸安装有无松动。

（3）用于进行钢网模板调节的前导轨与后导轴应该按一定周期进行清洁、润滑、清理。

（4）右支板与平台的平行度及两支板的等高度。

以上维护部位如图 3-34 所示。

图 3-34　网框部分

2．清洗部分

（1）检查酒精是否喷射均匀。酒精喷管的细小喷口板可能被清洗纸的毛纱堵住从而喷不出酒精或是喷洒不均匀，影响了清洗所能起到的真实效果。当酒精喷管被堵住时，用细小的金属丝（直径为ϕ0.3mm）轻轻导通即可。

（2）检查胶条是否与钢网完全平行接触，若不是完全平行的则应该调整，如果是一体化清洗结构或不是浮动结构还应该检查两气缸运动是否正常、平衡，有无发卡现象，如果是导风管式的也应检查是否有发卡现象，并做出相应调整。

（3）取出胶条，将胶条各真空管清洗干净，若胶条变形则应更换胶条。

以上维护部位如图 3-35 所示。

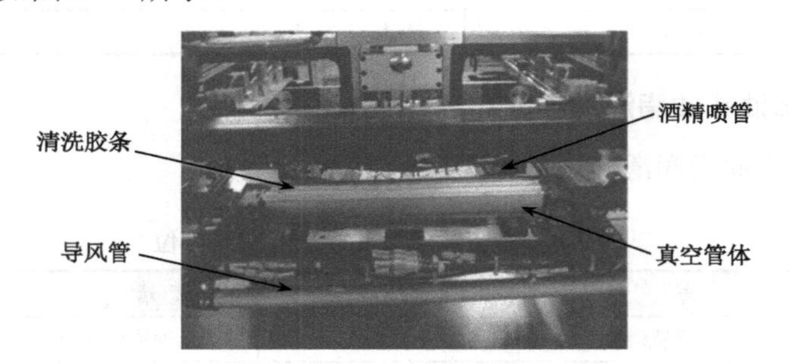

图 3-35　清洗部分

为了提高经济效益，现有许多厂家会正反两面使用清洗纸，建议清洗纸最多只能正反面各用一次即要更换，不然会由于清洗不干净而严重影响印刷品质。

3．刮刀系统

（1）刮刀部分。

① 移动刮刀横梁到适合位置，松开刮刀头上螺钉 1 取下刮刀架；

② 松开刮刀压板上螺钉 2，取下刮刀片；

③ 用棉布沾少许酒精，清洁刮刀压板和刮刀片；

④ 重新将刮刀压板及刮刀片装到刮刀头上；

⑤ 如刮刀片磨损严重应更换，更换方法同上。

以上维护部位如图 3-36 所示。

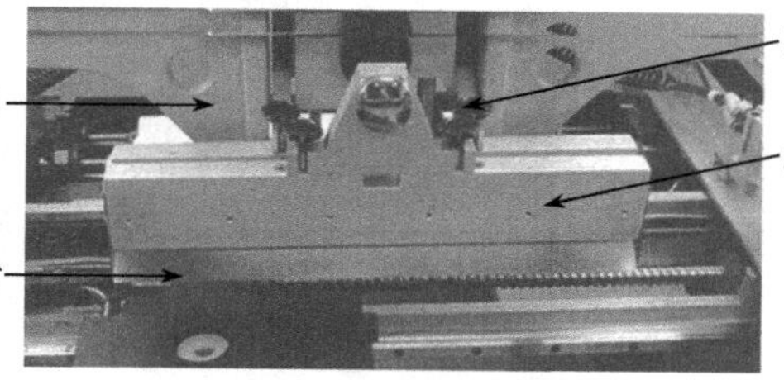

螺钉1
旧式刮刀横梁
螺钉2
刮刀片

图 3-36　刮刀部分

（2）刮刀驱动部分。

① 对丝杆和线性轴承添加润滑油；

② 取下刮刀盖板，检查驱动刮刀上下运动的皮带是否张紧合适；

③ 检查用于驱动刮刀前后运动的同步带张力是否合适；

④ 稍稍拧松同步带轮张紧座的连接螺栓；

⑤ 根据需要调节张紧座的位置；

⑥ 拧紧同步轮张紧座上的连接螺栓；

⑦ 感应电眼是否有焊锡膏的沾污而不灵敏；

⑧ 刮刀为 3kg 压力时，限位螺钉距离线性轴承座底部约 2mm。

以上维护部位如图 3-37 所示。

【注意】 皮带调整时应避免由张力引起的共振现象。

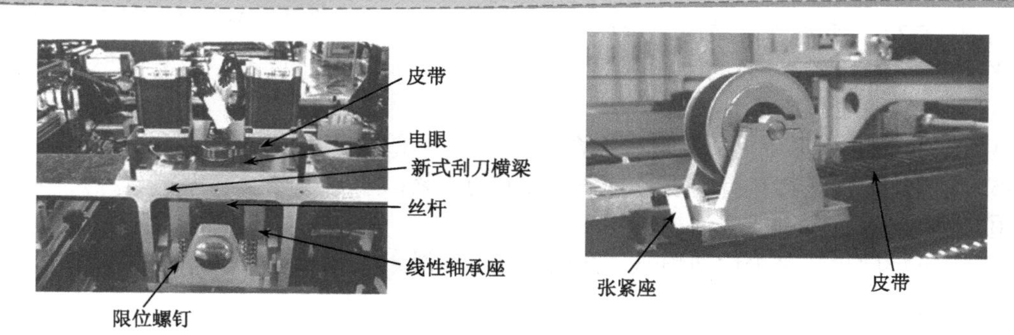

图 3-37　刮刀驱动部分

4. 印刷工作平台部分

（1）工作平台。

① 用干净的棉布沾少许酒精对顶销、支持块、工作平台进行清洁；

② 对 X，Y_1，Y_2 的感应器进行清洁；注意不要使用有机溶液（如氨水、苏打水或苯）清洁传感器；

③ 清洁并润滑 X，Y_1，Y_2 丝杆及直线导轨，如果是步进电动机也要清洁润滑电动机导程螺杆轴；

④ 需要时调整 X，Y 运动方向的同步带，调整方法同刮刀同步带。

以上维护部位如图 3-38 所示。

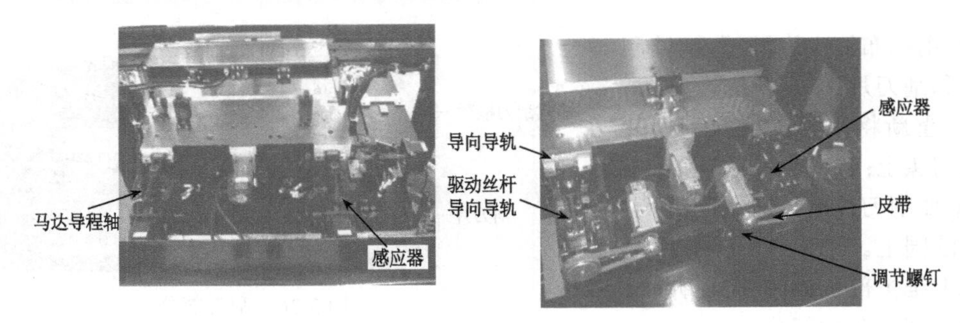

图 3-38　印刷工作平台部分

（2）*Z* 轴升降。

① 清洁机器内部脏乱的东西，如焊锡膏渣；

② 清洁并润滑升降丝杆和导轨，清洁各电眼；

③ 检查各保护 *Z* 轴安全性的零件调节是否合理：如防撞螺母、各安全电眼；若是 G3 机型，3 个电眼相互关系是否合适，有无松动现象，长条电眼片有无变形。

以上维护部位如图 3-39 所示。

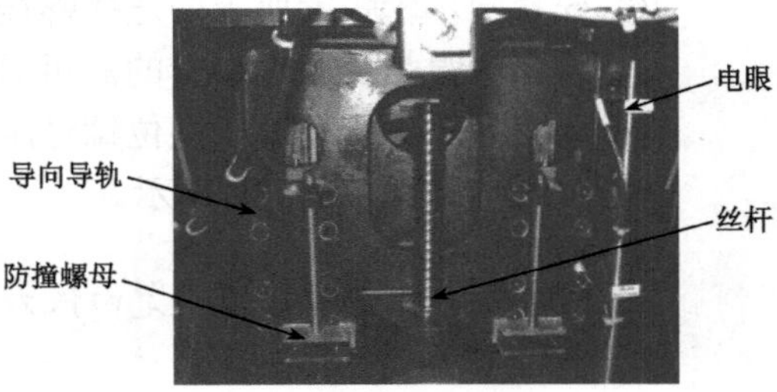

图 3-39　*Z* 轴升降部分

（3）运输导轨。

① 侧夹机构是否运动平稳，非浮动结构是否有发卡现象，对侧夹导轨进行清洁润滑；

② 检查运输导轨用于限挡取像的阻挡螺钉磨损情况（G2）。到取像位置时，检查两中间压板的平面度、前后运输导轨的平行度；

③ 检查气缸磁性开关是否正常；

④ G3 机型的小平台电眼要进行检查与清洁；

⑤ 调整运输传送带（有圆皮带与平皮带）的松紧；

⑥ 对进出板电眼进行清洁；

⑦ 上下导向导轨是否运动顺畅，并进行清洁润滑。

以上维护部位如图 3-40 所示。

（a）非浮动结构　（b）浮动结构

（c）　（d）

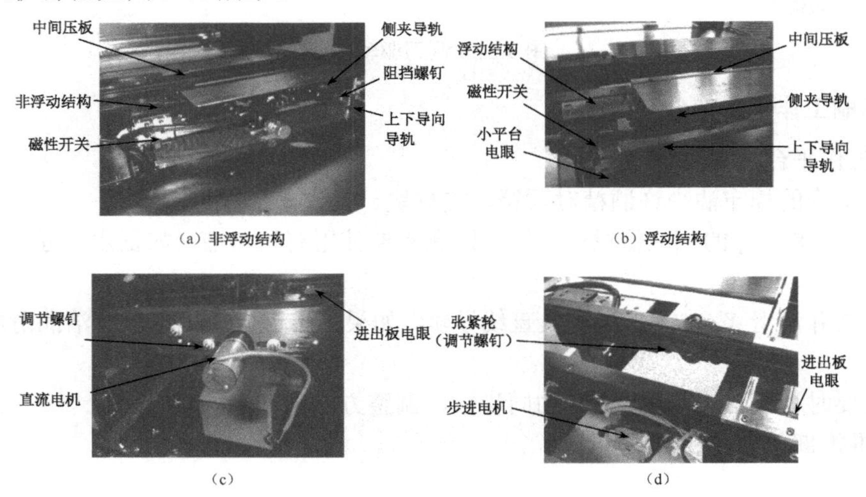

图 3-40　运输导轨部分

5. CCD 和 *X* 横梁

（1）检查 Camera Drive *Y* 向丝杆与导轨使用情况，并进行清洁润滑。

（2）检查 Camera Drive *X* 向丝杆与导轨使用情况，并进行清洁润滑。

① 检查分光棱镜盒的光学玻璃是否有脏污，用不起毛的棉布蘸少量酒精擦拭干净；

② 检查挡板气缸是否有磨损漏气，磁性开关是否灵敏正常；

③ 对各电眼进行清洁；

④ 有必要时，对 CCD 光轴进行校正；

⑤ 对 CCD 横梁进行全面的清洁。

以上维护部位如图 3-41 所示。

（a）CCD-Y

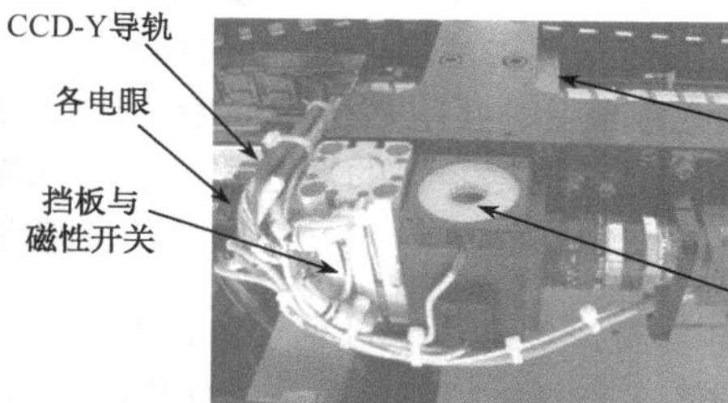

（b）CCD-X

图 3-41　CCD 和 X 横梁

6. 气路系统

（1）检查各气路连接是否良好，特别是用于输送清洗液的管路。

（2）在机器开始工作前打开机器前下部气动元件柜门；检查空气过滤器是否正常工作，检查各气动元件及管路有无漏气现象。

（3）按照气路原理图检查并调整压力表上的压力，使压力符合要求，如图 3-42 所示。

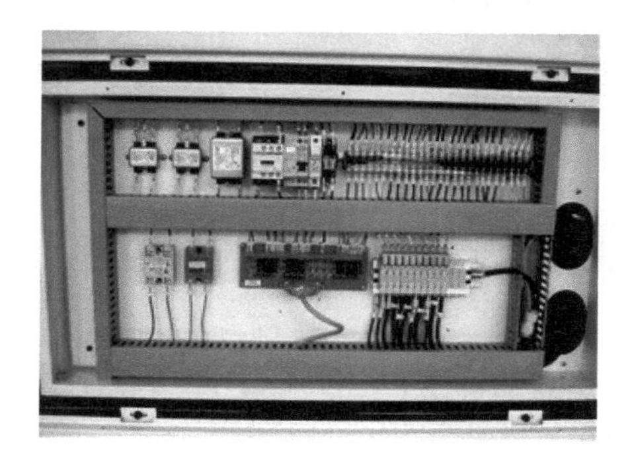
（a）

（b）

图 3-42　气路系统

① 气路总压力：6kgf/cm^2；

② 刮刀压力：0～10kgf/cm^2；

③ 网框夹紧压力：5kgf/cm^2；

④ 真空吸压力：4kgf/cm^2。

7．丝杆、导轨的清洗与润滑

（1）丝杆的清洗与润滑。

① 在滚珠丝杆运行了2～3个月后检查润滑效果是否良好，如果润滑油脂非常脏，请用干净干燥、不起毛的棉布擦去油脂，通常每年都应该检查和更换润滑油脂；

② 考虑到灰尘的积累，在机械安装过程中外部物质有可能进入，要将润滑油脂加在单独密封的螺母里；除非特殊情况，否则不要将润滑油脂直接加在丝杆上；根据丝杆的尺寸和长度，判断在螺母里的润滑油脂的量是否足够，移动螺母，检查与螺母接触过的丝杆沟槽里润滑油脂是否足够，如不够则及时添加。

（2）导轨的清洗与润滑。

① 在导轨运行了2～3个月后检查润滑效果是否良好，如果润滑油脂非常脏，请用干净干燥、不起毛的棉布擦去油脂，通常每年都应该检查和更换润滑油脂；

② 加注润滑油脂时要用油枪将油脂加注在滑块里，除非特殊情况，否则不要将润滑油脂直接加在导轨上；根据导轨的尺寸和长度，判断在滑块里的润滑油脂的量是否足够，移动滑块，检查与滑块接触过的导轨导槽里润滑油脂是否足够。

【注】如果是海顿直线步进电动机，要用干净干燥、不起毛的棉布清洁掉脏油脂后，直接将油脂涂在导程丝杆上，并转动丝杆，前后移动整个丝杆，如图3-43所示。但注意绝不能留下别的脏污东西在丝杆上，特别是硬质物质。

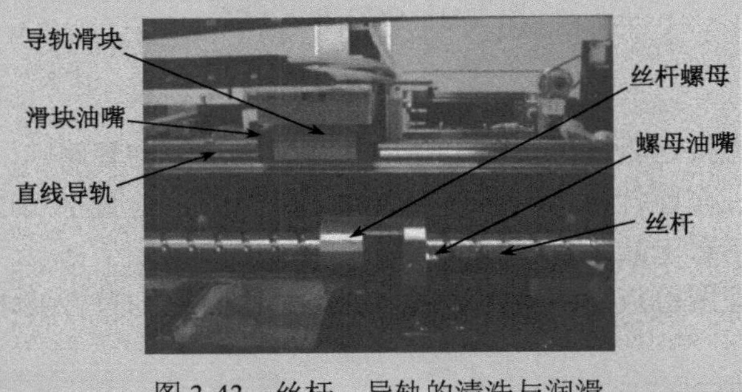

图3-43　丝杆、导轨的清洗与润滑

思考与练习题

1．焊锡膏主要由哪些成分组成？简述常用焊锡膏的分类？
2．表面组装技术对焊锡膏质量有哪些具体要求？
3．简述焊锡膏印刷漏印模板的种类、结构与特点？
4．如何确定模板窗口形状和尺寸？
5．简述焊锡膏印刷机的种类与结构？
6．印刷焊锡膏的工艺流程分为几个步骤？
7．如何调节焊锡膏印刷工艺中的参数？
8．全自动焊锡膏印刷机的维护保养有哪些注意事项？
9．全自动焊锡膏印刷机的维护保养有哪些具体内容？
10．焊锡膏印刷中经常出现哪些缺陷？产生原因是什么？如何解决？

项目 4

贴片胶涂敷工艺

SMT 工艺需要在焊接前把元器件贴装到电路板上。如果采用回流焊制程进行焊接，依靠焊锡膏就能够把元器件黏结在电路板上传递到焊接工序；但对于采用波峰焊工艺焊接双面混合装配的电路板来说，由于元器件在焊接过程中位于电路板的下方，所以在贴片时必须用黏结剂将其固定。在双面表面组装情况下，也要用贴片胶辅助固定表面组装元器件，以防翻板和工艺操作中出现振动时，导致表面贴装元器件掉落。

任务 1　了解贴片胶

SMT 的工艺过程涉及多种黏结剂材料，如固定片式元器件的贴片胶、对线圈和部分元器件起定位作用的密封胶、临时黏结表面组装元器件的插件胶等，这些黏结剂主要是起黏结、定位或密封作用。此外，还有一些具有特殊性能的黏结剂，如导电胶，它能代替焊料在装联过程中起焊接作用。

在上述黏结剂中，对 SMT 工艺过程最重要的是贴片胶。

4.1.1　贴片胶的用途

贴片胶也称贴装胶或 SMT 红胶。它是一种在红色的膏体中均匀地分布着固化剂、颜料、溶剂等的黏结剂，主要用来将元器件固定在 PCB 上，一般用点胶或网板印刷的方法来分配。贴上元器件后放入烘箱或回流焊机加热硬化，一经加热硬化后，再加热也不会溶化，即贴片胶的热固化过程是不可逆的。SMT 贴片胶的使用效果会因热固化条件、被连接物、所使用的设备、操作环境的不同而有差异。使用时要根据生产工艺来选择贴片胶，在 SMT 生产中，其主要作用如下。

（1）在使用波峰焊时，为防止印制板通过焊料槽时元器件掉落，而将元器件固定在印制板上。

（2）双面回流焊工艺中，为防止已焊好的那一面上大型器件因焊料受热熔化而脱落，要使用贴片胶固定。

（3）用于回流焊工艺和预涂敷工艺中防止贴装时的位移和立片。

（4）此外，印制板和元器件批量改变时，用贴片胶作标记。

4.1.2　贴片胶的化学组成

表面组装贴片胶通常由基体树脂、固化剂和固化促进剂、增韧剂和填料组成。

（1）基体树脂是贴片胶的核心，一般使用环氧树脂和丙烯酸酯类聚合物。近年来也用聚氨酯、聚酯、有机硅聚合物以及环氧树脂—丙烯酸酯类共聚物。

（2）固化剂和固化促进剂。常用的固化剂和固化促进剂为双氰胺、三氟化硼乙胺络合物、咪唑类衍生物、酰胺、三嗪和三元酸酰肼等。

（3）增韧剂。由于单纯的基体树脂固化后较脆，为弥补这一缺陷，需在配方中加入增韧剂。常用的增韧剂有邻苯二甲酸二丁酯、邻苯二甲酸二辛酯、液体丁腈橡胶和聚硫橡胶等。

（4）填料。加入填料后可提高贴片胶的电绝缘性能和耐高温性能，还可使贴片胶获得合适的黏度和黏结强度等。常用的填料有硅微粉、碳酸钙、膨润土、白碳黑、硅藻土、钛白粉、铁红和碳黑等。

4.1.3 贴片胶的分类

1. 按基体材料分

贴片胶按基体材料的不同，可分为环氧树脂和聚丙烯两大类。

环氧树脂是最老的和用途最广的热固型、高黏度的贴片胶，常用双组分。聚丙烯贴片胶则常用单组分，它不能在室温下固化，通常用短时间紫外线照射或用红外线辐射固化，固化温度约为 150℃，固化时间约为数十秒到数分钟，属紫外线加热双重固化型。

2. 按功能分

贴片胶按功能的不同，有结构型、非结构型和密封型。

结构型具有高的机械强度，用来把两种材料永久地黏结在一起，并能在一定的荷重下使它们牢固地结合。非结构型用来暂时固定具有不大荷重的物体，如把 SMD 黏结在 PCB 上，以便进行波峰焊接。密封型用来黏结两种不受荷重的物体，用于缝隙填充、密封或封装等目的。前两种黏结剂在固化状态下是硬的，而密封型黏结剂通常是软的。

3. 按化学性质分

贴片胶按化学性质的不同，有热固型、热塑型、弹性型和合成型。

（1）热固型黏结剂固化之后再加热也不会软化，不能重新建立黏结连接。热固型又可分单组分和双组分两类。所谓单组分是指树脂和固化剂包装时已经混合。它使用方便，质量稳定，但要求存放在冷藏条件下，以免固化；双组分的树脂和固化剂分别包装，使用时才混合，保存条件不苛刻。但使用时的配比常常把握不准，影响性能。热固型可用于把 SMD 黏结在 PCB 上，主要有环氧树脂、腈基丙烯酸酯、聚丙烯和聚酯。

（2）热塑型固化后可以重新软化，重新形成新的黏结剂，它是单组分系统。

（3）弹性黏结剂是具有较大延伸率的材料，可由合成或天然聚合物用溶剂配制而成，呈乳状，如尿烷、硅树脂和天然橡胶等。

（4）合成黏结剂由热固型、热塑型和弹性型黏结剂组合配制而成。它利用了每种材料的最有用的性能，如环氧/尼龙、环氧聚硫化物和乙烯基/酚醛塑料等。

4. 按使用方法分

贴片胶按使用方法，可分为针式转移、压力注射式、丝网/模板印刷等工艺方式适用的贴片胶。典型贴片胶的特性见表 4-1。

表 4-1　典型贴片胶的特性

性能 \ 型号	（日） TM Bond A 2450	（美） Ami con 930-12-4F	（国产） MG-1	（美） MR8153RA
颜色	红	黄	红	红
黏度/Pa・s	120±40	70～90	100～300	
体积电阻率/Ω・cm	>1×10^{13}	1×10^{13}	>1×10^{13}	1×10^{14}
触变指数	4±	>3.5	>3	
剪切强度/MPa	>6	>6	10	8.5
固化	150℃ 20min	120℃ 20min	150℃ 20min	150℃ 2～3min
40℃储存期/天	>2		>5	
25℃储存期/天	>30		>30	60
冷藏储存期	<5℃ 6 个月	0℃ 3 个月	<5℃ 6 个月	5℃ 6 个月

4.1.4　SMT 对贴片胶的要求

为了确保表面贴装的可靠性，贴片胶应符合以下要求。

（1）常温使用寿命要长。

（2）合适的黏度。贴片胶的黏度应能满足不同施胶方式、不同设备、不同施胶温度的需要。胶滴时不应拉丝；涂敷后能保持足够的高度，而不形成太大的胶底；涂敷后到固化前胶滴不应漫流，以免流到焊接部位，影响焊接质量。

（3）快速固化。贴片胶应在尽可能低的温度下，以最快的速度固化。这样可以避免 PCB 翘曲和元器件的损伤，也可避免焊盘氧化。

（4）黏结强度适当。贴片胶在焊前应能有效地固定片式元器件，检修时应便于更换不合格的元器件。贴片胶的剪切强度通常为 6～10MPa。

（5）其他。在固化后和焊接中应无气泡；应能与后续工艺中的化学制剂相容而不发生化学反应；不干扰电路功能；有颜色，便于检查；供 SMT 用贴片胶的典型颜色为红色或橙色。

（6）贴片胶的包装。目前市场上贴片胶的包装主要有两种形式，一种是注射针管式包装，可直接上点胶机使用。其包装规格主要有 5mL、10mL、20mL 和 30mL；此外还有 300mL 注射管大包装，使用时分装到小针管中再上点胶机。注意将大包装分装到小注射针管中应使用专用工具。

听装主要用于针式转移法和印刷法，一般是 1kg/听。如图 4-1 所示为两种包装的外观。

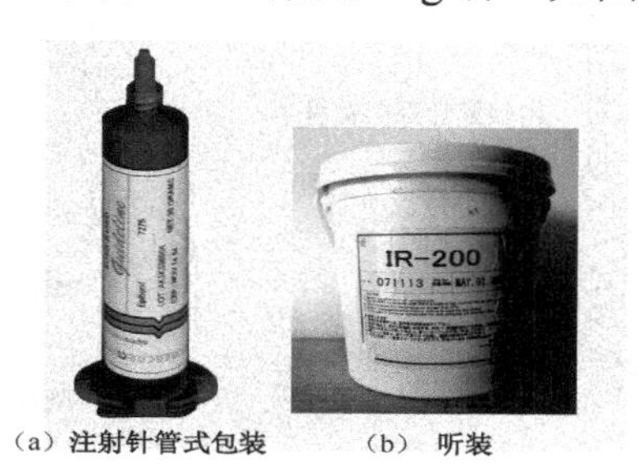

（a）注射针管式包装　　（b）听装

图 4-1　贴片胶的包装

任务 2　贴片胶的涂敷与固化

4.2.1　贴片胶的涂敷方法

把贴片胶涂敷到电路板上的工艺俗称“点胶”。常用的方法有点滴法、注射法和印刷法。

1．点滴法

点滴法也称针式转移法，这种方法是用针头从容器里沾取一滴贴片胶，把它点涂到电路基板的焊盘之间或元器件的焊端之间，如图 4-2 所示。点滴法只能手工操作，效率很低，要求操作者非常细心，因为贴片胶的量不容易掌握，还要特别注意避免涂到元器件的焊盘上导致焊接不良。

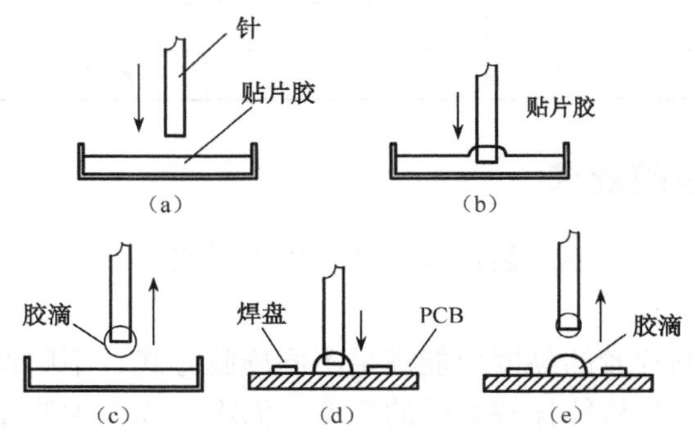

图 4-2　点滴法

2．注射法

注射法既可以手工操作，又能够使用设备自动完成。手工注射贴片胶，是把贴片胶装入注射器，靠手的推力把一定量的贴片胶从针管中挤出来。有经验的操作者可以准确地掌握注射到电路板上的胶量，取得很好的效果。使用设备时，在贴片胶装入注射器后，应排空注射器中的空气，避免胶量大小不匀、甚至空点。

大批量生产中使用的由计算机控制的点胶机工作原理如图 4-3 所示。如图 4-3（a）所示为根据元器件在电路板上的位置，通过针管组成的注射器阵列，靠压缩空气把贴片胶从容器中挤出来，胶量由针管的大小、加压的时间和压力决定。如图 4-3（b）所示为把贴片胶直接涂到被贴装头吸住的元器件下面，再把元器件贴装到电路板指定的位置上。如图 4-4 所示为台式自动点胶机的照片。

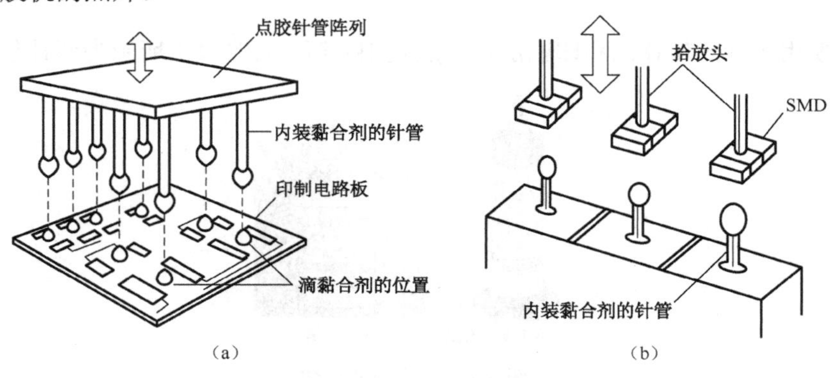

图 4-3　注射法点胶的工作原理

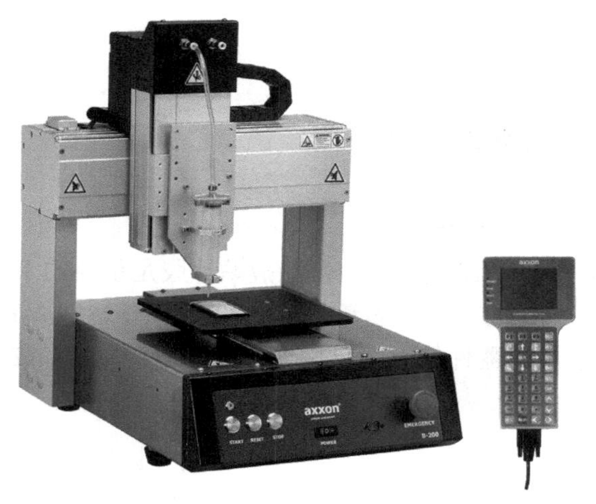

图 4-4　台式自动点胶机

3．印刷法

用漏印的方法把贴片胶印刷到电路基板上，这是一种成本低、效率高的方法，特别适用于元器件的密度不太高、生产批量比较大的情况，和印刷焊锡膏一样，可以使用不锈钢薄板或薄铜板制作的模板或采用丝网来漏印贴片胶。

采用印刷法工艺的关键是电路板在印刷机上必须准确定位，保证贴片胶涂敷到指定的位置上，要特别注意避免贴片胶污染焊接面，影响焊接效果。

点胶机的功能还可以用 SMT 自动贴片机来实现：把贴片机的贴装头换成内装贴片胶的点胶针管，在计算机程序的控制下，把贴片胶高速逐一点涂到印制板的焊盘上。

4.2.2　贴片胶的固化

在涂敷贴片胶的位置贴装元器件以后，需要固化贴片胶，把元器件固定在电路板上，固化贴片胶可以采用多种方法，根据贴片胶的类型，比较典型的方法有如下三种。

（1）用电热烘箱或红外线辐射，对贴装了元器件的电路板加热一定时间。由如图 4-5 所示的温度与时间对固化强度影响的曲线可以看出，达到完全固化需要一定的温度和时间，在温度较高的情况下，完全固化所需的时间较短。

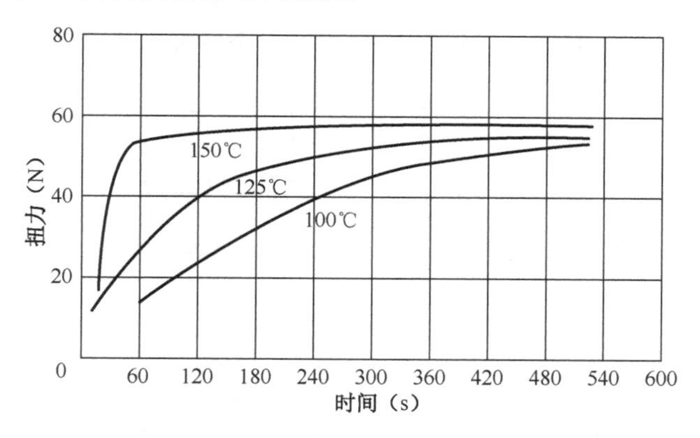

图 4-5　温度与时间对固化强度影响的曲线

（2）在黏合剂中混合添加一种硬化剂，使黏结了元器件的贴片胶在室温中固化，也可以通过提高环境温度加速固化。

（3）采用紫外线辐射固化贴片胶。

4.2.3 贴片胶涂敷工序及技术要求

1. 装配流程中的贴片胶涂敷工序

在元器件混合装配结构的电路板生产中，涂敷贴片胶是重要的工序之一，它与前后工序的关系如图 4-6 所示，图中 A 面先用焊锡膏贴装 SMT 元器件，然后 B 面用贴片胶贴装 SMT 元器件，再在 A 面插装引线元器件的方案，这种方案更适合用自动生产线进行大批量生产。

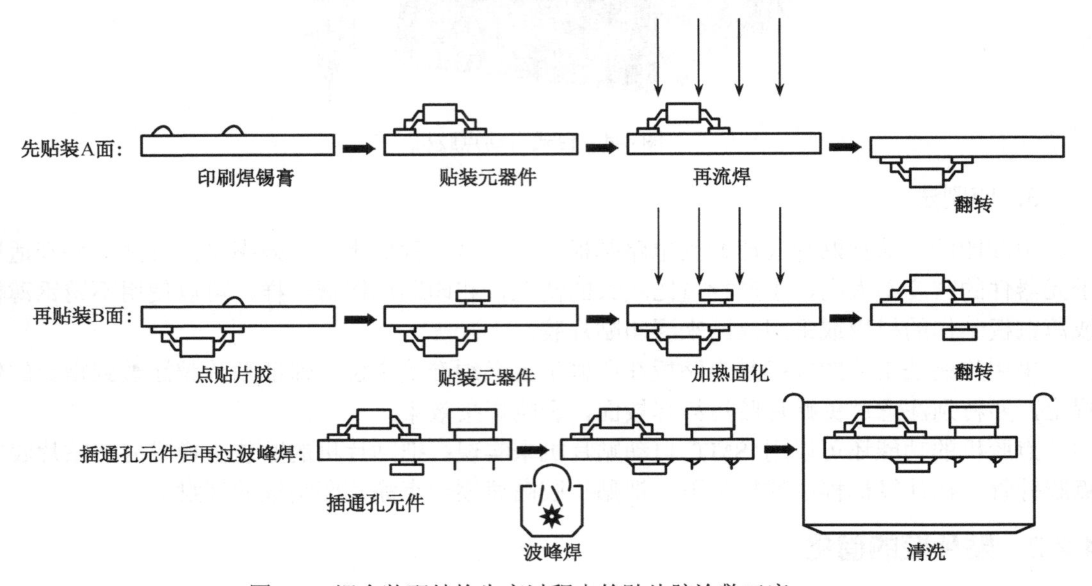

图 4-6 混合装配结构生产过程中的贴片胶涂敷工序

2. 涂敷贴片胶的技术要求

由于贴片胶有通过光照固化和加热固化两种不同类型，因此涂敷技术要求也不相同，如图 4-7 所示。如图 4-7（a）所示为光固型贴片胶的涂敷位置，由图可见贴片胶至少应该从元器件的下面露出一半，才能被光照射而实现固化；如图 4-7（b）所示为热固型贴片胶的涂敷位置，因为采用加热固化的方法，所以贴片胶可以完全被元器件覆盖。

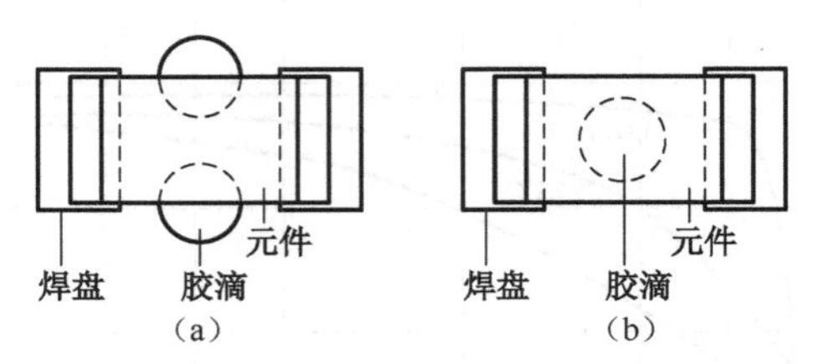

图 4-7 贴片胶的点涂位置

贴片胶滴的大小和胶量，要根据元器件的尺寸和重量来确定，以保证足够的黏结强度为准：小型元件下面一般只点涂一滴贴片胶，体积大的元器件下面可以点涂多个胶滴或一个比较大的胶滴，如图 4-8 所示；胶滴的高度应该保证贴装元器件以后能接触到元器件的底部；胶滴也不能太大，要特别注意贴装元器件后不要把胶挤压到元器件的焊端和印制板的焊盘上，造成妨碍焊接的污染。

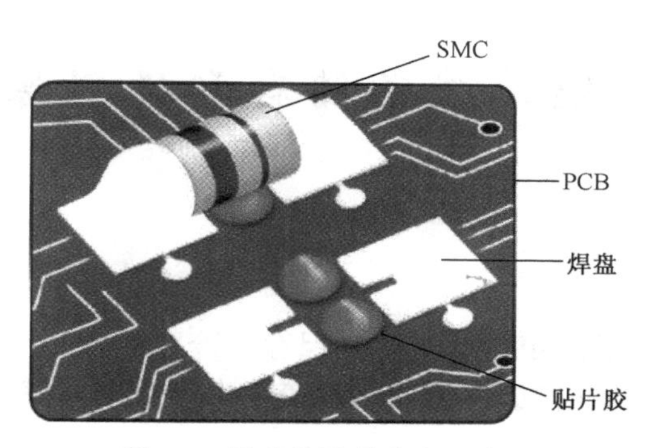

图 4-8 贴片胶滴的大小和胶量

4.2.4 使用贴片胶的注意事项

（1）使用时应注意贴片胶的型号和黏度，对新换上的贴片胶，注意跟踪首件产品，观察并确认其实际性能。

（2）需要分装的，应该用清洁的注射管灌装，灌装不超过 2/3 体积并进行脱气泡处理。不要将不同型号、不同厂家的胶互相混用，更换品种时，一切与胶接触的工具都应彻底清洗干净。使用后留在原包装容器中的贴片胶仍要低温密封保存。

（3）贴片胶用量应控制适当，用量过少会使黏结强度不够，波峰焊时易丢失元器件，用量过多会使贴片胶流到焊盘上，妨碍正常焊接，给维修工作带来不便。

在使用时应注意胶点直径的检查，一般可在 PCB 板的工艺边处设 1～2 个测试胶点，必要时可贴放元件并观察固化前后胶点直径的变化，对使用的贴片胶品质真正做到心中有数。

（4）点好胶的 PCB 应及时贴片并固化，遇到特殊情况导致下道工序停滞时应暂停点胶，以防 PCB 长时间暴露在空气中，上面的胶点吸收空气中的水汽与尘埃，导致贴片质量下降。

（5）清洗。在生产中，特别是更换胶种或长时间使用后都应清洗注射筒等工具，特别是针嘴。通常应将针嘴等小型物品分类处理，金属针嘴应浸泡在广口瓶中，瓶内放专用清洗液（可由供应商提供）或丙酮、甲苯及其混合物并不断摇摆，均有良好的清洗能力。注射筒等也可浸泡后用毛刷及时清洗，配合压缩空气、无尘纸清洗擦拭干净。无水乙醇对未固化的胶也有良好的清洗能力，且对环境无污染。

（6）返修。对需要返修的元器件（已固化）可用热风枪均匀地加热元件，如已焊接完成则要增加温度使焊点熔化，并及时用镊子取下元件，大型的 IC 需要维修站加热，除去元件后仍应在热风枪配合下用小刀慢慢铲除残胶，操作过程中注意不要将 PCB 铜箔破坏。需要时再重新点胶，用热风枪局部固化（应保证加热温度和时间），返修工作是很麻烦的事，需要小心细致处理。

（7）使用胶水时操作员一定要戴上手套，胶水不要触及皮肤及眼睛。如果触及到皮肤时，必须用酒精擦洗，然后用肥皂和清水清洗（特别是在用餐之前，一定要洗掉手上黏着的胶水）；如果胶水接触到眼睛，必须立刻用温水冲洗 20min，并给予适当的治疗。

（8）胶水易燃。使用和储存时应避开火源。如果一旦着火，可使用二氧化碳和干粉灭火器灭火。

（9）沾有胶水的手套、布、纸和用完胶水的瓶子要扔入指定专用的化学废品箱中，严禁乱扔，工艺技术员将定期对化学废品箱进行专项处理。

任务3 贴片胶的储存和使用操作规范

4.3.1 储存

1. 储存方式和条件

购回的贴片胶应存放于冰箱内低温密封保存，冷藏温度 3～8℃；并做好登记工作，要避免在高于 30℃的环境下存放。注意贴片胶的生产日期和使用寿命，大批进货应检验合格再入库。

胶水针管可以采用出胶嘴向下垂直和水平放置两种方式。胶水购进时，要贴上关键辅料管控的标签以区分不同批次并进行管控，保证“先进先出”。贴关键辅料管控的标签由 SMT 技术小组负责。

2. 储存记录

胶水储存温度必须每个工作日由白班操作员确认记录一次，数据记在其专用的表格《关键辅料储存记录表》内，月底交 SMT 技术小组负责人确认后保存，保存期 1 个月，保存部门为 SMT 车间。

4.3.2 使用前的处理

1. 回温和放置时间

胶水在使用前要经过回温处理，从冰箱中取出时应先取用距失效日期近的胶水。不允许取用过期的贴片胶。胶水从冰箱中取出，放置在阴凉处（不要放在冰箱顶部）回温，回温时间为 2～3h，且只允许回温一次。回温时不应打开封口，使其与室温平衡后再打开容器，以防止贴片胶结霜吸潮。取用时间记录在其关键辅料管控的标签上，SMT 班组负责填写，SMT 技术小组负责监督执行。

完成回温的胶水在使用环境下的放置时间为 72h。在放置时间内胶水不能再放回冰箱中冷藏，在回温后的 72h 内可以反复使用。回温 72h 没有用完的胶水直接报废。放置时应盖紧胶水包装管的外盖。

2. 使用前检验

回温后的胶水可以开封，开封后操作员挤出或点出一些胶水，检查胶水是否有干结现象，如有则通知工艺技术员处理。

4.3.3 印胶

贴片胶也可以利用钢网印刷机印刷涂敷，印刷方法与焊锡膏印刷基本相同。

1. 添加胶水

印胶添加胶水时应采用“少量多次”的办法，避免胶水吸潮和黏着性能改变。印刷一定数量的印制板后，添加胶水，维持印刷胶水柱直径约 6mm。

2. 过程控制

印刷方式可以采用单向印刷，也可以采用往返印刷。印胶时每隔 30min 手工擦洗钢网一次，清洗剂采用丙酮。印刷后检查印刷效果，若有少胶、焊盘被胶水污染以及拉尖拖尾和偏位等异常，在班组长无法解决的情况下应及时通知工艺技术员处理。

不同型号的胶水不能混用，更换不同型号的胶水时，应采用丙酮彻底清洗钢网、刮刀。清洗后的钢网、刮刀完全晾干后，才能再次使用。

施胶后的 PCB，要求半小时之内完成贴片，从开始贴片到该面的固化，要求 2h 内完成。

印胶机不工作时，胶水在钢网上的停留时间不应超过 60min。超过 60min，应将胶水回收到专用的化学废品箱中，由相关技术人员负责报废处理。生产完成后，留在钢网上的残余胶水直接报废，回收到专用的废品箱中，清洗钢网和刮刀。

3. 清洗

（1）钢网和刮刀的清洗。从印刷机上取下钢网和刮刀后，在 10min 内必须清洗钢网和刮刀。清洗步骤如下。

① 用干净、无纤维白色棉布沾上丙酮溶剂后，立刻擦洗钢网和刮刀，严禁将丙酮直接倾倒在钢网上，避免溶剂将钢片四周的绷网布浸湿。

② 白色棉布变成红色后，更换棉布，重复上个步骤，直到白色棉布不变色为止。

③ 用压缩空气吹掉钢网开口内和刮刀上的胶水和丙酮溶剂。

④ 在灯光照射下，用放大镜观察钢网开口，若内壁光亮，则认为清洗干净，否则重新清洗。

（2）胶点图形损坏的 PCB 的清洗。

① 用干净、无纤维白色棉布沾上丙酮溶剂后，立刻擦洗胶点图形损坏的 PCB。白色棉布变成红色后，更换棉布，再擦洗，直到白色棉布不变色为止。

② 用压缩空气吹掉 PCB 上和过孔内的胶水和丙酮溶剂。

③ PCB 上和过孔内的丙酮溶剂彻底挥发后，再进行第二次施胶。

4. 使用记录

每条 SMT 线使用胶水时必须要填写贴在胶水针管外壳上的《关键辅料管控表》，记录使用人、从冷藏室取出胶水的时间、开封时间、过程责任人签名。

如果由于胶水质量引起产品质量问题，由工艺技术员记录日期、班次、产生问题的时间、SMT 线号、现场工艺技术员姓名、现场设备技术员姓名、胶水型号、批号、使用人、从冷藏室取出胶水的时间、开封时间、厂房温度和湿度、工单号、PCB 型号和版本号、钢网号和厚度、印刷机参数、回流焊温度参数和曲线，并将此记录添入生产问题处理单中。

任务 4　手动点胶实训

任务描述

现场提供 Create-ADM 型点胶机一台、锡膏一罐、稀释剂一瓶、胶水一瓶、PCB5 块。请在学习点胶机使用的基础上完成以下操作。

① 正确安装调试 Create-ADM 型点胶机。

② 用点胶机在 PCB 上手动点胶。

实际操作

1. 认识点胶机

（1）SMT 中的点胶机。点胶就是在 PCB 上面需要贴片的位置预先点上一种特殊的胶，用来固定贴片元器件，固化后再经过波峰焊。点胶可以手动进行，也可以根据需要用机器自动编程进行。

点胶机又称涂胶机、滴胶机、打胶机等，是专门对流体进行控制，并将流体点滴、涂敷于产品表面或产品内部的自动化机器。点胶机主要用于产品工艺中的胶水、焊锡膏、油漆等其他液体，将它们精确点、注、涂到每个产品的精确位置，可以用来实现打点，画线、圆形或弧形等。

点胶机工作原理：将压缩空气送入胶瓶（注射器），将胶压进与活塞室相连的进给管中，当活塞处于上冲程时，活塞室中填满胶，当活塞向下推进点胶针头时，胶从针嘴压出。滴出的胶量由活塞下冲的距离决定，可以手工调节，也可以由软件控制。

（2）认识小型点胶机。如图 4-9 所示的小型点胶机通过调整针筒压力、点胶时间以及针嘴大小来控制滴出胶体的量，再经触发脚踏开关或按键实现精确、均等数量的胶料的滴出（相差不超过 0.1%）。

这种小型点胶机具有点滴、连动、定时点胶等功能，主要应用于贴片电阻、电容等点状焊盘的焊锡膏、贴片胶分配，省去了制作模板的开支和时间，具有灵活、方便、实用等特点，适合于手工操作使用。

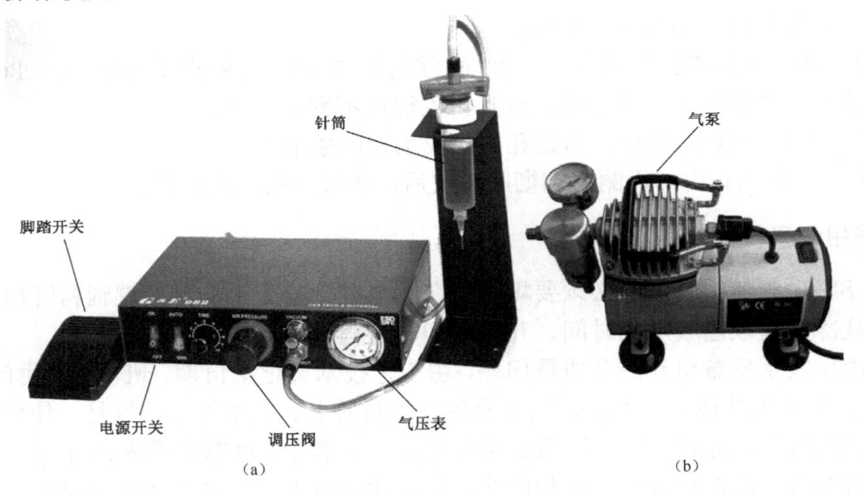

图 4-9 点胶机的结构图

2. 安装调试点胶机

（1）安装。

将对应气管连接好，并接好电源线，然后通电。

（2）调试。

① 对高压气泵进行通电，打开气泵开关，让气泵充气，当气泵气压达到一定高压时，气泵自动停止充气，充气完毕。

② 打开气泵与点胶机之间的连接开关，让气流流入点胶机，检查点胶机是否有漏气现象，若有漏气现象，则应采取措施将漏气部分气管连接处用密封胶带密封好。

③ 将经过回温的胶水灌入针筒（约 7 成），然后将点胶筒装好针嘴。

【注意】如果是分配焊锡膏，点涂前应用稀释剂将焊锡膏稀释，搅拌直至用搅棒提起焊锡膏时，焊锡膏成丝状，若焊锡膏浓度过浓，则在进行点涂时，焊锡膏会堵塞针头。

④ 按如图 4-10 所示的方法把适配器锁在针筒上。

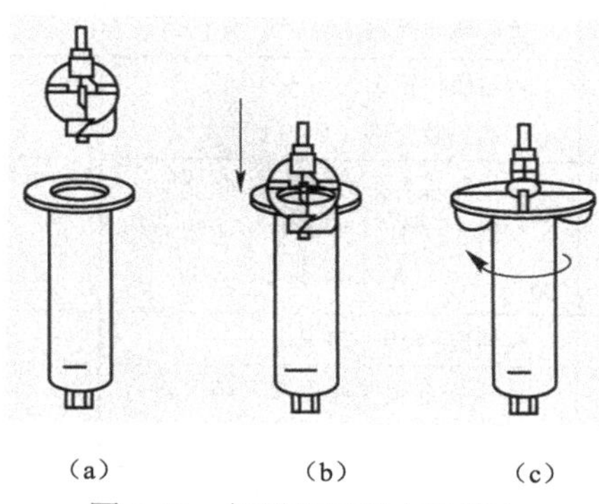

图 4-10 把适配器锁在针筒上

⑤ 根据焊盘大小，调节针筒压力、点胶时间和选择针嘴大小来控制滴出的胶体的量，直至合适为止。

（3）模式选择。通过 MODE 键选择手动模式，手动指示灯亮，通过控制面板上的“←”键或者脚踏开关可触发点胶。

3. 点胶操作

（1）点胶操作注意事项。

① 针筒保持 60° 点胶，如图 4-11 所示。

② 点胶后向上提起针筒，如图 4-12 所示。

③ 不要让胶水倒流至机器内部，以免损坏机器。

④ 工作结束时，针筒、针头要及时清洗，否则胶水固化后针筒拆卸将非常困难，针头也会堵塞。一般胶料清洗方法简单，将有关零件放入酒精中浸泡 5～10min，敷着的胶料很容易剔除。

⑤ 不允许针筒组件接触到过热和过硬物件上。

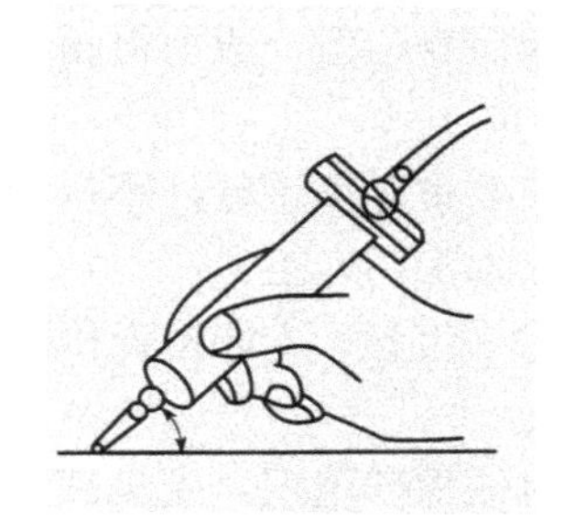

图 4-11 手动点胶图

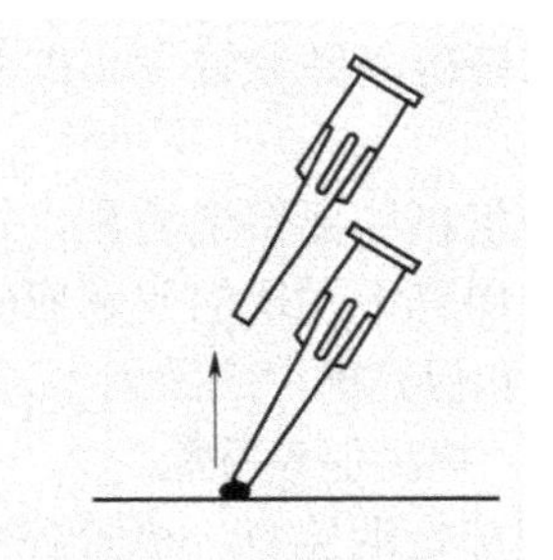

图 4-12 点胶后向上提起针筒

（2）练习点胶。

① 先在一块用过的 PCB 上练习基本的点胶技能。

② 熟练后，在好的 PCB 上点胶。

（3）练习结束后，填写考核评价表，见表 4-2。

表 4-2　考核评价表

序号	项　目	配分	评 价 要 点	自评	互评	教师评价	平均分
1	点胶机安装调试	50 分	点胶机安装正确（20 分） 点胶机调试良好（20 分） 点胶模式选择正确（10 分）				
2	手动点胶	50 分	点胶操作正确（20 分） 手动点胶合格（30 分）				
材料、工具、仪表			每损坏或者丢失一件扣 10 分 材料、工具、仪表没有放整齐扣 10 分				
环保节能意识			视情况扣 10～20 分				
安全文明操作			违反安全文明操作视其情况进行扣分				
额定时间			每超过 5min 扣 5 分				
开始时间		结束时间		实际时间		综合成绩	
综合评议意见（教师）							
评议教师				日期			
自评学生				互评学生			

任务 5　自动化点胶设备的保养维护

1. 点胶机机械设备保养原则

（1）为保证点胶机机械设备经常处于良好的技术状态，随时可以投入运行，减少故障停机日，提高点胶机械完好率、利用率，减少点胶机机械磨损，延长点胶机机械使用寿命，降低点胶机机械运行和维修成本；确保安全生产，必须强化对点胶机机械设备的维护保养工作。

（2）点胶机机械保养必须贯彻“养修并重，预防为主”的原则，做到定期保养，强制进行，正确处理使用、保养和修理的关系，不允许只用不养，只修不养。

（3）各班组必须按点胶机机械保养规程、保养类别做好各类点胶机机械的保养工作，不得无故拖延，特殊情况需经分管专工批准后方可延期保养，但一般不得超过规定保养间隔期的一半。

（4）保养点胶机机械要保证质量，按规定项目和要求逐项进行，不得漏保或不保，保养项目、保养质量和保养中发现的问题应做好记录和报本部门专工。

（5）保养人员和保养部门应做到“三检一交（自检、互检、专职检查和一次交接合格）”，不断总结保养经验，提高保养质量。

（6）资产管理部定期监督、检查各单位点胶机机械保养情况，定期或不定期抽查保养质量，并进行奖优罚劣。

2. 保养作业的实施和监督

（1）点胶机机械保养坚持执行以“清洁、润滑、调整、紧固、防腐”为主要内容的“十字”作业法，实行例行保养和定期保养制，严格按使用说明书规定的周期及检查保养项目进行。

（2）例行保养是在点胶机机械运行的前后及过程中进行的清洁和检查，主要检查要害、易损零部件（如点胶机机械安全装置）的情况，冷却液、润滑剂、仪表指示等。例行保养由操作人员自行完成，并认真填写《点胶机机械例行保养记录》。

（3）一级保养：普遍进行清洁、紧固和润滑作业，并部分地进行调整作业，维护点胶机机械完好技术状况。使用单位资产管理人员根据保养计划开具《点胶机机械设备保养、润滑通知单》下达到操作班组，由操作者本人完成，操作班班长检查监督。

（4）二级保养：包括一级保养的所有内容，以检查、调整为中心，保持点胶机机械各总成、机构、零件具有良好的工作性能。由使用单位资产管理人员开具《点胶机机械设备保养、润滑通知单》下达到操作班组，主要由操作者本人完成，操作者本人完成有困难时，可委托修理部门进行，使用单位资产管理员、操作班班长检查监督。

3. 点胶机的日常保养

（1）要随时保持设备外观清洁；设备的清洁不但是一个公司的 5S 项目之一，而且设备的外观清洁可以防止设备的腐蚀，也为检查设备的故障带来方便。擦拭机器时，使用中性清洗剂，避免使用腐蚀性溶剂擦拭机器。

（2）更换胶水的时候要清洗管路，首先关闭进胶阀，打开出胶阀，这样方便胶桶的胶水能完全清洗干净；然后关闭排料阀，打开进料阀，将清洗溶剂倒入储胶桶内，激活机体，按平时操作方式再将溶剂压出冲洗。

（3）机器不使用的时候要拔掉电源，这样不但可以延长设备的寿命还能节约电能。

（4）如果点胶机长期不使用，必须把胶水打光，并且用溶液把点胶阀和管路清洗干净，避免被残胶堵塞。

（5）每个月定时给三轴直线导轨加润滑油或锂基润滑脂（须拆下三轴盖板），如图 4-13 所示。

（6）定期检查同步带的松紧程度并加以调整（须拆下三轴盖板），如图 4-13 所示。

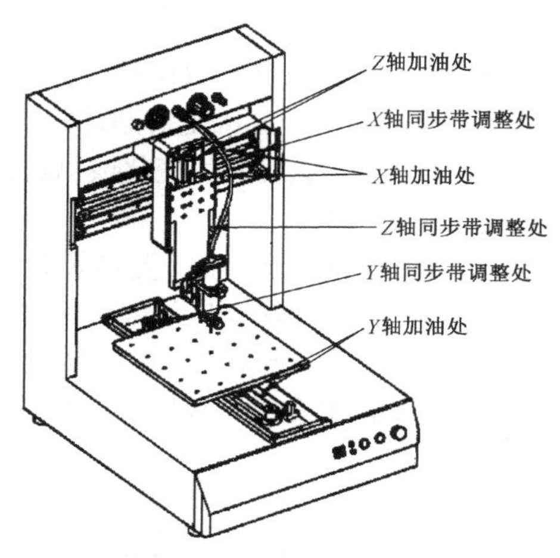

图 4-13　三轴直线导轨加油及同步带松紧调整位置示意图

任务6 点胶质量检测标准与常见缺陷及解决方法

4.6.1 点胶质量检测标准

（1）元器件上的胶滴直径等于贴装元器件之前涂布到基板上的胶滴的直径，为优良，如图4-14（a）所示。

（2）胶滴顶部直径小于底部直径，即胶量偏少，但尚够用，可判为合格，如图4-14（b）所示。

（3）胶量偏多，但尚未沾污焊盘与引脚，可判为合格，如图4-14（c）所示。

（4）胶量太多，或贴装力太小，使元器件引脚与焊盘未能接触，或胶滴沾污了焊盘（图中没有标示出），均为不合格，如图4-14（d）所示。

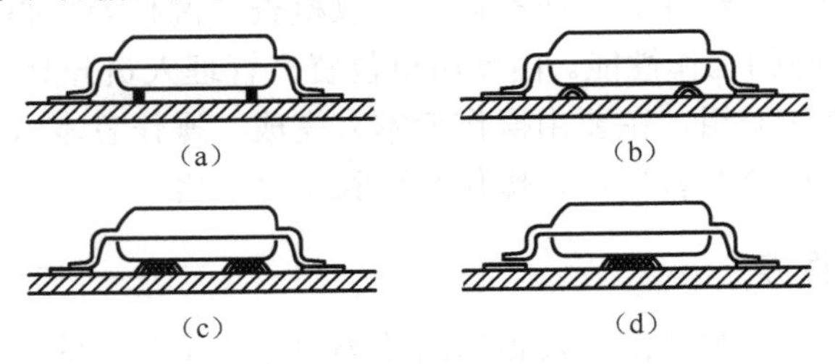

图4-14 点胶质量检测标准

4.6.2 点胶常见缺陷及解决方法

1. 拉丝/拖尾

拉丝/拖尾是点胶中常见的缺陷，当针头移开时，在胶点的顶部产生细线或“尾巴”，尾巴可能塌落，直接污染焊盘，引起虚焊，如图4-15所示。

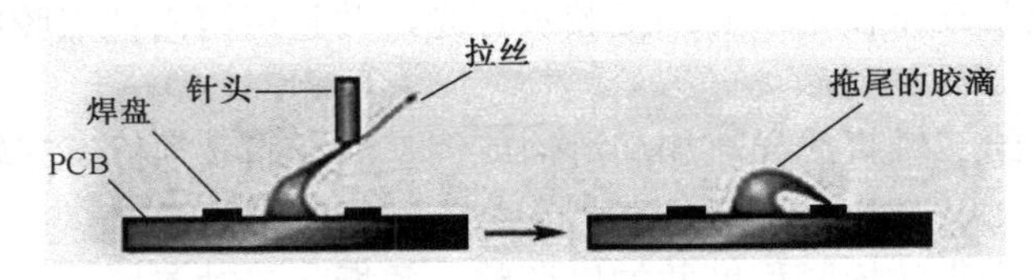

图4-15 拉丝/拖尾

（1）原因。产生的原因之一是点胶机的工艺参数调整不到位，如针头内径太小，点胶压力太高，针头离PCB的距离太大等；另外一个原因是对贴片胶的性能了解不够，贴片胶与施加工艺不相兼容，或者贴片胶的品质不好，黏度发生变化或已过期。其他原因也可引起拉丝/拖尾，如静电放电，板的弯曲或板的支撑不够等。

（2）解决方法。针对上述原因，可调整工艺参数，更换较大内径的针头，降低点胶压力，调整针头离PCB的高度；同时检查所用贴片胶的出厂日期、胶的性能及使用要求，是否适合本工艺的涂敷等。若贴片胶确实变质，可进行更换。另外，实践证明控制拉丝/拖尾的最好方法是在滴胶针头上或附近点进行加热，降低黏度，使贴片胶易断开，不产生拉丝/拖尾。

2. 胶嘴堵塞

（1）原因。故障现象是胶嘴出胶量偏少或没有胶点出来。产生原因是针孔内未完全清洗干净；贴片胶中混入杂质，有堵孔现象；不相容的胶水相混合。

（2）解决方法。换清洁的针头；换质量好的贴片胶；贴片胶牌号不应搞错。

3. 空打

（1）原因。现象是只有点胶动作，却无出胶量。产生原因是贴片胶混入气泡；胶嘴堵塞。

（2）解决方法。注射筒中的胶应进行脱气泡处理（特别是自己装的胶），按胶嘴堵塞方法处理。

4. 元器件移位

贴片胶固化后元器件移位，严重时元器件引脚不在焊盘上。

（1）原因。贴片胶出胶量不均匀，例如片式元件两点胶水中一个多一个少；贴片时元件移位或贴片胶初黏力低；点胶后 PCB 放置时间太长，胶水半固化。

（2）解决方法。检查胶嘴是否有堵塞，排除出胶不均匀现象；调整贴片机工作状态；换胶水；点胶后 PCB 放置时间不应太长（短于 4h）。

5. 波峰焊后会掉片

固化后，元器件黏结强度不够，低于规定值，有时用手触摸会出现掉片。

（1）原因。产生原因是因为固化工艺参数不到位，特别是温度不够，元件尺寸过大，吸热量大；光固化灯老化；胶水量不够；元件/PCB 有污染。

（2）解决办法。调整固化曲线，特别提高固化温度，通常热固化胶的峰值固化温度很关键，达到峰值温度易引起掉片。对光固胶来说，应观察光固化灯是否老化，灯管是否有发黑现象；胶水的数量和元件/PCB 是否有污染都是应该考虑的问题。

6. 固化后元件引脚上浮/移位

这种故障的现象是固化后元件引脚浮起来或移位，波峰焊后锡料会进入焊盘下，严重时会出现短路、开路，如图 4-16 所示。

（1）原因。产生原因主要是贴片胶不均匀、贴片胶量过多或贴片时元件偏移。

（2）解决办法。调整点胶工艺参数；控制点胶量；调整贴片工艺参数。

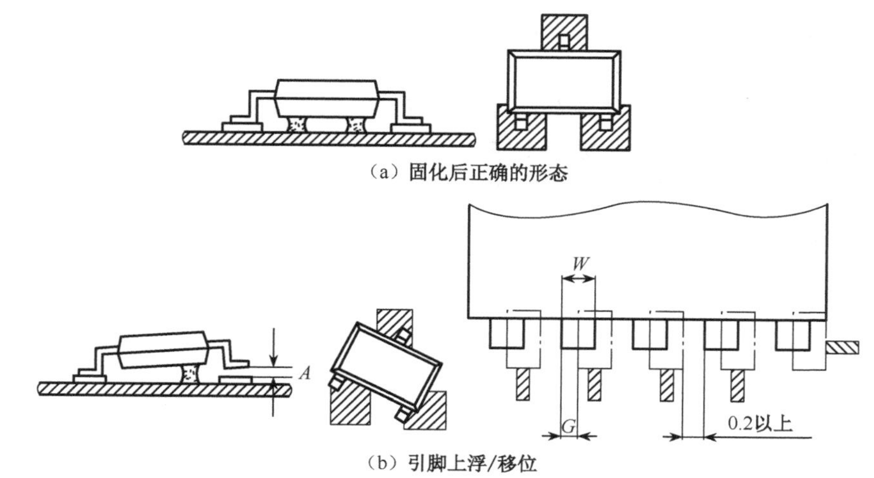

图 4-16 固化后元件引脚上浮/移位

7. 卫星点

卫星点是在高速点胶时产生的细小无关的胶点。由于卫星点不规则地出现，它们可能造成焊盘污染或黏结强度不够。

（1）原因。在接触滴涂中，通常是由于拖尾和针嘴断开而引起的。在非接触喷射中，是由于不正确的喷射高度而产生的。

（2）解决办法。在接触点胶中经常检查针头，保证生产中不损坏，调整设备参数防止拖尾以减少卫星点的产生。在非接触喷射中要精确调整喷射头与 PCB 的高度，最大限度控制卫星点的产生。这取决于自动点胶设备的加工精度和软件控制精度，以及高度传感器系统的设计。

8. 爆米花、空洞

固化后，贴片胶中有空洞或爆米花现象，这是因为空气或潮气进入贴片胶内，在固化期间突然爆出或形成空洞的结果。爆米花和空洞现象，造成黏结强度降低，并为焊锡打开通路，渗入元件下面，造成桥接、电路短路。

（1）原因。如滴涂后停留时间较长再固化，贴片胶长时间暴露在室内，特别是潮湿的环境中，就可能吸取潮气。针式转移法滴胶时，由于胶是开放的，暴露面积较大，贴片胶很易吸潮。空气的混入则是不正确操作贴片胶而引起的，特别是自行灌装的贴片胶。

（2）解决办法。使用低温慢固化，加热时间较长，可帮助潮气在固化前跑出，避免空洞形成。尽量缩短贴片胶与固化之间的时间，采用低吸潮的贴片胶减少空洞。或用对贴片胶进行预烘干处理，消除潮气。应严格按照贴片胶的储存、管理和使用工艺执行。对自行灌装的贴片胶要进行脱气泡处理。

思考与练习题

1. 常用贴片胶有哪些类型？简述每种类型的组分。
2. 表面组装对贴片胶有哪些要求？
3. 使用贴片胶要注意哪些事项？
4. 贴片胶的涂敷方法有哪几种？各有什么特点？
5. 简述装配流程中的贴片胶涂布工序。
6. 涂布贴片胶的工艺参数有哪些？如何设定？
7. 点胶工艺中常见的缺陷有哪些？如何解决？
8. 简述贴片胶涂布设备的类型和功能。

项目 5

贴片设备及贴片工艺

在 PCB 板上涂敷焊锡膏或贴片胶之后，用贴片机或人工的方式，将 SMC/SMD 准确地贴放到 PCB 表面相应位置上的过程，叫做贴片（贴装）工序。目前在国内的电子产品制造企业里，主要采用自动贴片机进行贴片。在维修或小批量的试制生产中，也可以采用手工方式贴片。

任务 1　贴片机的结构与技术指标

5.1.1　自动贴片机的分类

目前生产的贴片机有几百种之多，贴片机的分类也没有固定的格式，习惯上根据贴装速度的快慢，贴片机可以分为高速机（通常贴装速度在 5 Pcs/s 以上）与中速机，一般高速贴片机主要用于贴装各种 SMC 元件和较小的 SMD 器件（最大约 25 mm×30mm）；而多功能贴片机（又称为泛用贴片机）能够贴装大尺寸（最大 60mm×60mm）的 SMD 器件和连接器等异形元器件。

1．按速度分类

（1）中速贴片机：3000 片/h＜贴片速度＜11 000 片/h。

（2）高速贴片机：11 000 片/h＜贴片速度＜40 000 片/h。

（3）超高速贴片机：贴片速度＞40 000 片/h。

通常中高速贴片机采用固定多头，贴装头安装在 *X-Y* 导轨上，“*X-Y*”伺服系统为闭环控制，故有较高的定位精度，贴片器件的种类较广泛。这类贴片机种类最多，生产厂家也多，能适应多种场合下使用，并可以根据产品的生产能力大小组合拼装使用，也可以单台使用。超高速贴片机则多采用旋转式多头系统，根据多头旋转的方向又分为水平旋转式与垂直旋转式。如图 5-1 所示为一款全自动高速贴片机的照片。

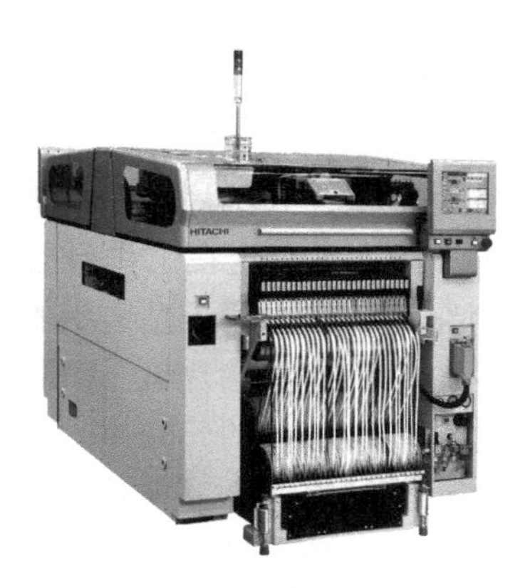

图 5-1　全自动高速贴片机

（4）超高速贴片机，由 16 个贴片头组合而成，其贴片速度达 12 万片/h 以上，其特点是 16 个贴片头可以同时贴装，故整体贴片速度快，但对单个贴装头来说却仅相当于中速机的速度，由于贴装头运动惯性小，贴装精度能得以保证，即速度与精度得以兼顾。

2．按功能分类

由于近年来元器件片式化率愈来愈高，SMC/SMD品种愈来愈多，形状不同，大小各异，此外还有大量的接插件，这对贴片机贴装品种的能力要求愈来愈高。目前，一种贴片机还无法做到既能高速贴装又能处理异型、超大型元件；因此专业贴片机又根据所能贴装的元器件品种分为两大类。

（1）高速/超高速贴片机，主要以贴装片式元件为主体功能。

（2）多功能机，贴装头能处理各种异型或超大型元器件，并能贴装 100mm×10mm×2.4mm（$L\times W\times T$）的异型器件。如图5-2所示为一款台式多功能贴片机。

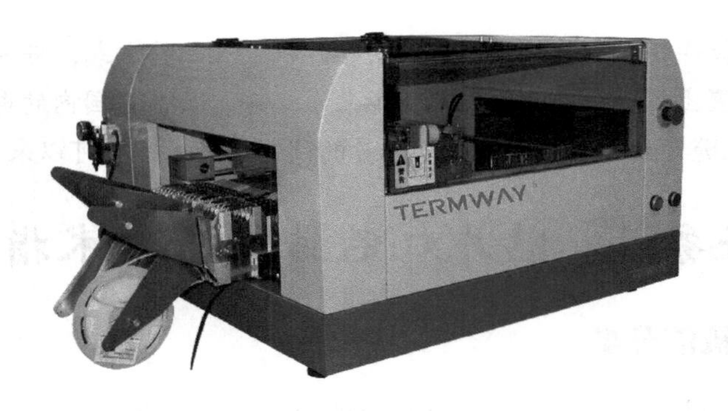

图5-2　台式多功能贴片机

目前两类贴片机的贴片功能正在互相兼容，即高速贴片机不仅只贴片式元器件，而且能贴装尺寸不太大的QFP、PLCC（32mm×32mm），甚至能贴装CSP，将速度、精度、尺寸三者兼顾，以达到单台机也能适应建线要求。

3．按照贴装元器件的工作方式

按照贴装元器件的工作方式，贴片机有四种类型：顺序式、同时式、流水作业式和顺序一同时式。它们在组装速度、精度和灵活性方面各有特色，要根据产品的品种、批量和生产规模进行选择。目前国内电子产品制造企业里，使用最多的是顺序式贴片机。

（1）流水作业式贴片机。所谓流水作业式贴片机，是指由多个贴装头组合而成的流水线式的机型，每个贴装头负责贴装一种或在电路板上某一部位的元器件，如图5-3（a）所示。这种机型适用于元器件数量较少的小型电路。

（2）顺序式贴片机。顺序式贴片机如图5-3（b）所示，它由单个贴装头顺序地拾取各种片状元器件。固定在工作台上的电路板由计算机控制在“*X-Y*”方向上的移动，使板上贴装元器件的位置恰好位于贴装头的下面。

（3）同时式贴片机。同时式贴片机也叫多贴装头贴片机，它有多个贴装头，分别从供料系统中拾取不同的元器件，同时把它们贴放到电路基板的不同位置上，如图5-3（c）所示。

（4）顺序-同时式贴片机。顺序一同时式贴片机是顺序式和同时式两种机型功能的组合。片状元器件的放置位置，可以通过电路板在“*X-Y*”方向上的移动或贴装头在“*X-Y*”方向上的移动来实现，也可以通过两者同时移动实施控制，如图5-3（d）所示。

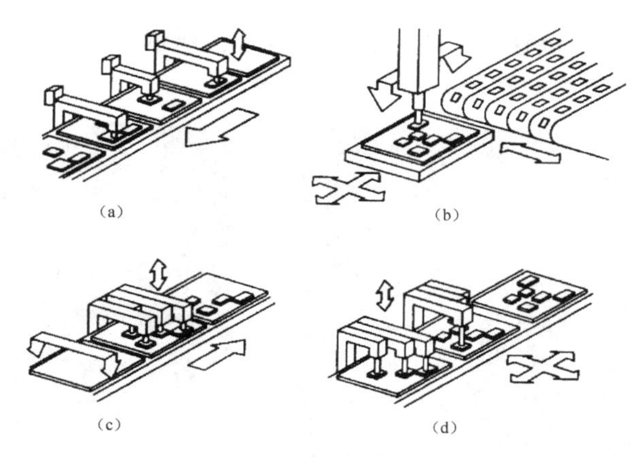

图 5-3　不同工作方式的贴片机类型

5.1.2　自动贴片机的主要结构

自动贴片机相当于机器人的机械手，能按照事先编制好的程序把元器件从包装中取出来，并贴放到电路板相应的位置上。贴片机有多种规格和型号，但它们的基本结构都相同。

贴片机的基本结构包括设备本体、贴装头、供料系统、视觉对中系统、定位系统、传感系统与计算机控制系统等。

1．设备本体

贴片机的设备本体是用来安装和支撑贴片机的底座，一般采用质量大、振动小、有利于保证设备精度的铸铁件制造。

2．贴装头

贴装头也叫吸放头，是贴片机上最复杂、最关键的部分，它相当于机械手，它的动作由拾取—贴放和移动—定位两种模式组成。贴装头通过程序控制，完成三维的往复运动，实现从供料系统取料后移动到电路基板的指定位置上的操作。

（1）贴装头的种类。贴装头的种类分为单头和多头两大类，多头贴装头又分为固定式和旋转式，旋转式包括水平旋转/转塔式和垂直旋转/转盘式两种。

① 固定式单头。早期单头贴片机主要由吸嘴、定位爪、定位台、Z 轴和 θ 角运动系统组成，并固定在 X/Y 传动机构上，当吸嘴吸取一个元件后，通过机械对中机构实现元件对中，并给供料器一个信号，使下一个元件进入吸片位置，但这种方式贴片速度很慢，通常贴放一只片式元件需 1s。

② 固定式多头。这是通用型贴片机采用的结构，它在单头的基础上进行了改进，即由单头增加到了 3～6 个贴片头。他们仍然被固定在 X/Y 轴上，但不再使用机械对中，而改为多种形式的光学对中，工作时分别吸取元器件，对中后再依次贴放到 PCB 指定位置上。这类机型的贴片速度可达每小时 3 万个元件，而且这类机器的价格较低，并可组合连用。固定式多头系统的外观如图 5-4 所示。

固定式单头和固定式多头由于工作时只做 X/Y 方向的运动，因此均属于平动式贴装头。

③ 垂直旋转/转盘式贴装头。旋转头上安装有 6～30 个吸嘴，工作时每个吸嘴均吸取元件，并在 CCD 处调整 $\Delta\theta$，吸嘴中都装有真空传感器与压力传感器。这类贴装头多见于西门子公司的贴装机中，通常贴片机内装有两组或四组贴装头，其中一组在贴片，另一组在吸取

元件，然后交换功能以达到高速贴片的目的。如图 5-5 所示为固定式多头贴装头，如图 5-6 所示为装有 12 个吸嘴的转盘式贴装头的工作示意图。

图 5-4　固定式多头贴装头

图 5-5　垂直旋转/转盘式贴装头

贴装头的 *X-Y* 定位系统一般用直流伺服电动机驱动，通过机械丝杠传输力矩。如果采用磁尺和光栅定位，其精度高于丝杠定位，但丝杠定位比较容易维护修理。

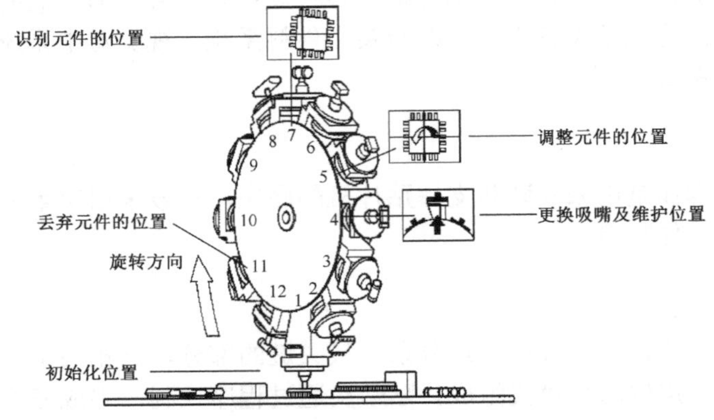

图 5-6　转盘式贴装头工作示意图

④ 水平旋转/转塔式。转塔的概念是将多个贴装头组装成一个整体，贴装头有的在一个圆环内呈环形分布，也有的呈星形放射状分布。工作时这一贴装头组合在水平方向顺时针旋转，故此称为转塔，如图 5-7 所示。

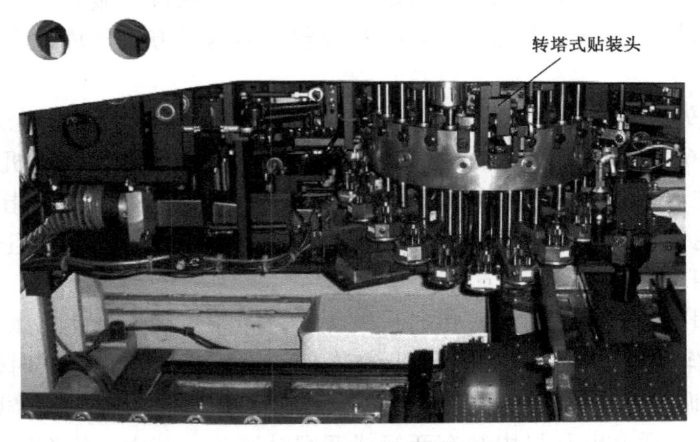

图 5-7　水平旋转/转塔式贴装头

转塔式贴片机的转塔一般有 12～24 个贴装头，每个头上有 5～6 个吸嘴，可以吸放多种大小不同的元件。贴片头固定安装在转塔上，只能做水平方向旋转。旋转头各位置的功能做了明确的分工，贴片头在 1 号位从供料器上吸取元器件，然后在运动过程中完成校正、测试、直至 7 号位完成贴片工序。由于贴片头是固定旋转的，不能移动，元件的供给只能靠供料器在水平方向的运动来完成，贴放位置则由 PCB 工作台的 *X*/*Y* 高速运动来实现。在贴片头的旋转过程中，供料器以及 PCB 也在同步运行。由于拾取元件和贴片动作同时进行，使得贴片速度大幅度提高。

如图 5-8 所示为松下公司 MSR 型水平旋转/转塔式贴片机的工作示意图，它由料架、*X*-*Y* 工作台、具有 16 个贴片头的旋转头组成。每个贴片头各有 6 种吸嘴，可分别吸取不同尺寸的元器件，贴片速度为 4.5 万片/h。工作时，16 个贴片头仅做圆周运动，贴片机工作时贴片头在位号①处吸取元件，所吸取的元件由仅做 *Y* 方向来回运动的料架提供，当贴片头吸取元件后，在位号②处检测被吸起元件高度 Δt，接着在位号③处，根据②位检测出元件的高度进行自动调焦，并通过 CCD 识别检测元件的状态 ΔX、ΔY 和 $\Delta\theta$，在运动过程中于④位校正转动-修正 $\Delta\theta$，当贴片头运行到位⑤时，*X*-*Y* 工作台控制系统根据检测出的 ΔX、ΔY 和 Δt，进行位置校正，并瞬间完成贴片过程，然后贴片头继续运行，完成不良元件的排除（在③位判别不合格的元件将不贴装）和更换吸嘴，并为吸取第 2 元件做准备，此时料架将第 2 种元件的带状供料器（Feeder）送到①号位。通常一个贴片周期仅为 0.08s，在这时间内，*X*-*Y* 工作完成定位，料架完成送料的准备过程。

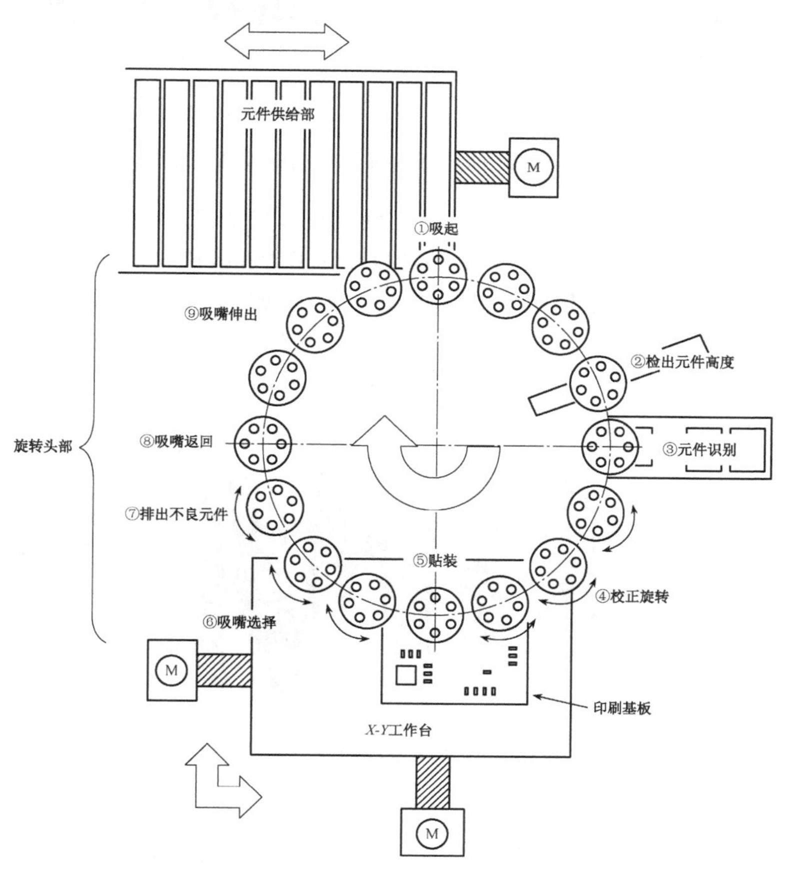

图 5-8　MSR 型水平旋转/转塔式贴片机的工作示意图

（2）贴装头的吸嘴。贴装头的端部有一个用真空泵控制的贴装工具（吸嘴），不同形状、不同大小的元器件要采用不同的吸嘴拾放：一般元器件采用真空吸嘴，异形元件（例如没有吸取平面的连接器等）用机械爪结构拾放。当换向阀门打开时，吸嘴的负压把 SMT 元器件从供料系统中吸上来；当换向阀门关闭时，吸盘把元器件释放到电路基板上。贴装头通过上述两种模式的组合，完成拾取—贴放元器件的动作。

由于吸嘴频繁、高速与元器件接触，其磨损是非常严重的。早期吸嘴采用合金材料，后又改为碳纤维耐磨塑料材料，更先进的吸嘴则采用陶瓷材料及金刚石，使吸嘴更耐用。同时为了防止静电损坏元件或在取料过程中带走其他元件，吸嘴材料需要抗静电。如图 5-9 所示为吸嘴结构与几种不同材料的吸嘴头外形。

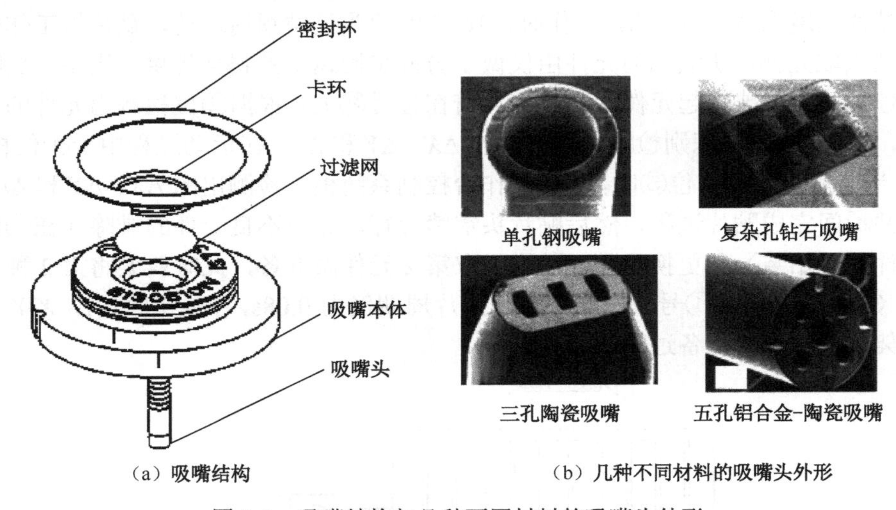

图 5-9　吸嘴结构与几种不同材料的吸嘴头外形

为了尽量降低吸料过程中元件侧立，保证足够的真空度和元件被吸起之后的平衡，在吸嘴头部需要设计 2 个或 3 个孔。考虑到贴装密度小于 0.25mm 的情况，吸嘴头部要足够的细，它上面的孔也相应地较细。对 0201 的吸嘴而言，最小的孔径会达 0.127mm，而 01005 元件的吸嘴更细，达 0.1mm。这不仅给制造带来了难度，也需提高这些吸嘴的清洁保养频度。对吸嘴清洁保养的要求比其他类型的吸嘴要高，需要利用清洁溶剂和超声波来清洗。

如图 5-10 所示为松下机型的吸嘴实物图。

图 5-10　松下机型的吸嘴实物图

3. 供料系统

供料器也称送料器或喂料器，其作用是将片式的 SMC/SMD 按照一定的规律和顺序提供给贴片头，以方便贴片头吸嘴准确拾取，为贴片机提供元件进行贴片。如果某种 PCB 上需要贴装

10 种元件，这时就需要 10 个供料器为贴片机供料。供料器按机器品牌及型号区分，一般来说不同品牌的贴片机所使用的供料器是不相同的，但相同品牌不同型号的一般都可以通用。

供料器按照驱动方式的不同可以分为电驱动、空气压力驱动和机械打击式驱动，其中电驱动的振动小，噪声低，控制精度高，因此目前高端贴片机中供料器的驱动基本上都是采用电驱动，而中低档贴片机一般采用空气压力驱动和机械打击式驱动。根据 SMC/SMD 包装的不同，供料器通常有带状供料器、管状供料器、盘状供料器和散装供料器等几种。

（1）带状供料器。带状供料器在 SMT 业界被称为“飞达”（Feeder 的音译），如图 5-11 所示。带状供料器用于编带包装的各种元器件。由于带状供料器的包装数量比较大，小元件每盘可以装 5000 个，甚至更多，大的 IC 每盘也能装几百个以上，不需要经常续料，人工操作量少，出现差错的概率小，因此带状供料器的用途最广泛。贴装前，将带状供料器安装到相应的供料器支架上，贴装时，编带包装元器件的带盘随编带架垂直旋转，将元器件源源不断地输送到贴片头吸嘴吸取的地方。

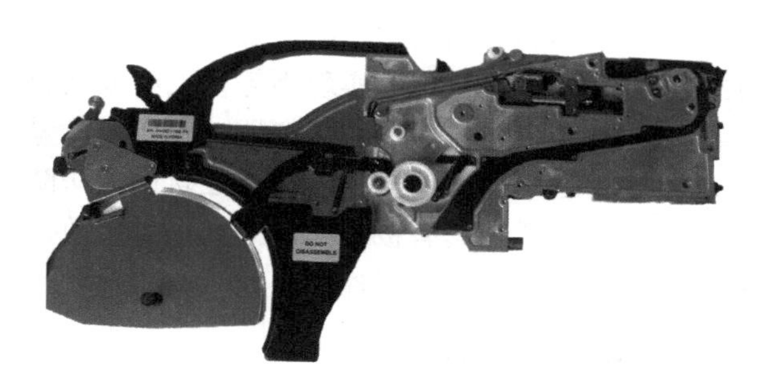

图 5-11　带状供料器

如图 5-12 所示为带状供料器的外形及编带在供料器上的情况。从图中可以看出，编带轮固定在供料器的轴上，编带通过压带装置进入供料槽内；上带与编带基体通过分离板分离，固定到收带轮上，编带基体的上同步孔装入同步棘轮齿上，编带头直至供料器的外端。供料器装入供料站后，贴装头按程序吸取元件并通过进给滚轮给手柄一个机械信号，驱动同步轮转一个角度，使下一个元件送到供料位置上；上带则通过皮带轮机构将其收回卷紧，废基带通过废带通道排除并定时处理。

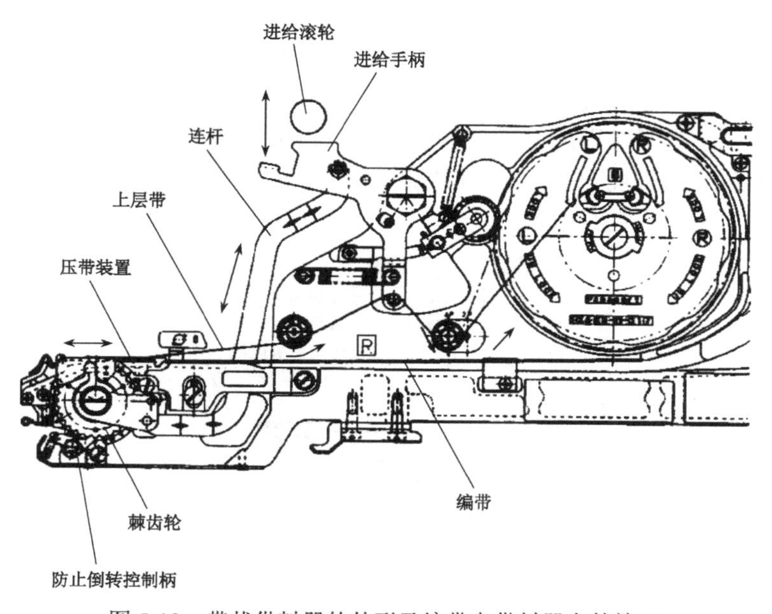

图 5-12　带状供料器的外形及编带在供料器上的情况

（2）管状供料器。管状供料器的作用就是把包装管内的元器件按顺序送到吸片位置以供贴片头吸取。管状供料器基本上都是采用加电的方式产生机械振动来驱动元器件，使得元器件缓慢移动到窗口位置，通过调节料架振幅来控制进料的速度。

管状供料器的规格有单通道、多通道之分。单通道管状供料器的规格有 8mm、12mm、16mm、24mm、32mm 和 44mm；多通道管状供料器有 2～7 个通道不等，通道的宽度有的是固定的，有的是可以任意调整的。工作时，管状供料器定位料斗在水平面上二维移动，为贴装头提供新的待取元件。

（3）盘状供料器。又称为华夫盘供料器，它主要用于 QFP、BGA、CSP、PLCC 等器件。盘状供料器的结构形式有单盘式和多盘式。单盘式续料的概率大，影响生产效率，一般只适合于简单产品或 IC 比较少的产品，以及小批量生产。多盘专用供料器现在被广泛采用。盘状供料器有手动和自动两种，自动盘状供料器一般有 10、20、40、80 和 120 层之分。自动盘状供料器更换器件时，可以实现不停机上料或换料。

（4）散装供料器。散装供料器一般在小批量的生产中应用。散装供料器带有一套线性的振动轨道，随着导轨的振动，元件在轨道上排队前进。这种供料器只适合于矩形和圆柱形的片式元件，不适合具有极性的片式元件。目前，已开发出多轨道式的散装供料器，不同的轨道可以驱动不同的片式元件。

4．视觉对中系统

机器视觉系统是影响元件组装精度的主要因素。机器视觉系统在工作过程中首先是对 PCB 的位置进行确认，当 PCB 输送至贴片位置上时，安装在贴片机头部的 CCD，首先通过对 PCB 上定位标识的识别，实现对 PCB 位置的确认；CCD 对定位标识确认后，通过 BUS（总线）反馈给计算机，计算出贴片圆点位置误差（ΔX，ΔY），同时反馈给控制系统，以实现 PCB 识别过程并被精确定位，使贴装头能把元器件准确地释放到一定的位置上。在确认 PCB 位置后，接着是对元器件的确认，包括元件的外形是否与程序一致，元件的中心是否居中，元件引脚的共面性和形变。其中，元器件对中过程为：贴片头吸取元器件后，视觉系统对元器件成像，并转化成数字图像信号，经计算机分析出元器件的几何中心和几何尺寸，并与控制程序中的数据进行比较，计算出吸嘴中心与元器件中心在 ΔX，ΔY 和 $\Delta\theta$ 的误差，并及时反馈至控制系统进行修正，保证元器件引脚与 PCB 焊盘重合。

视觉系统一般分为俯视、仰视、头部或激光对齐，视位置或摄像机的类型而定。如图 5-13 所示为一个典型的贴片视觉对中系统。

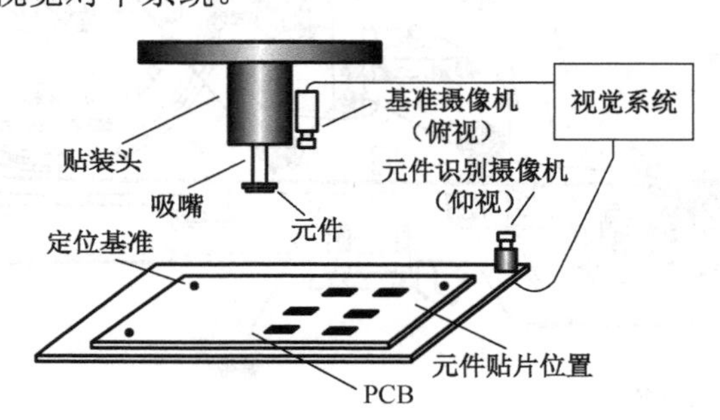

图 5-13　贴片视觉对中系统

（1）俯视摄像机安装在贴装头上，用来在电路板上搜寻目标（称作基准），以便在贴装前将电路板置于正确位置。

（2）仰视摄像机用于在固定位置检测元件，在贴装之前，元件必须移过摄像机上方，以便做视觉对中处理。由于贴装头必须移至供料器吸取元件，摄像机安装在拾取位置（送料处）和安装位置（板上）之间，视像的获取和处理便可在贴装头移动的过程中同时进行，从而缩短贴装时间。

（3）头部摄像机直接安装在贴装头上，在拾取元件移到指定位置的过程中完成对元件的检测，这种技术又称为“飞行对中技术”，它可以大幅度提高贴装效率。该系统由2个模块组成：一个模块是由光源与散射透镜组成的光源模块，光源采用LED发光二极管。另一个模块为接收模块，采用Line CCD及一组光学镜头组成。此两个模块分别装在贴装头主轴的两边，与主轴及其他组件组成贴装头，如图5-14所示。贴片机有几个贴装头，就会有相应的几套系统。

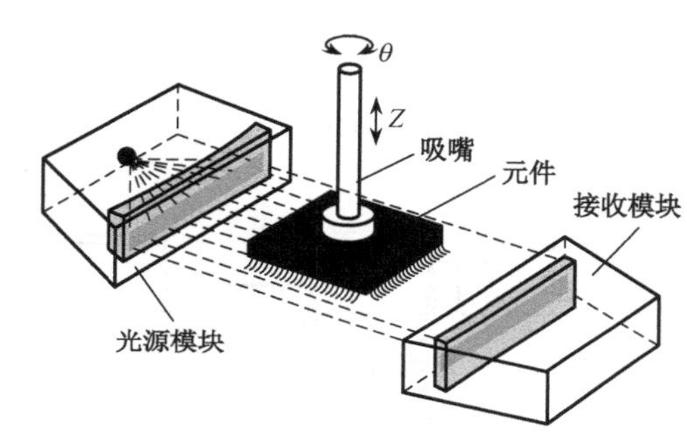

图5-14　“飞行对中系统”工作示意图

5. 定位系统

（1）*X*-*Y*定位系统。*X*-*Y*定位系统包括*X*-*Y*传动机构和*X*-*Y*伺服系统。它的功能有两种：一种是支撑贴装头，即贴装头安装在*X*导轨上，*X*导轨沿*Y*方向运动，从而实现在*X*/*Y*方向贴片的全过程；另一种是支撑PCB承载平台，并实现PCB在*X*/*Y*方向上移动，这类结构常见于转塔式旋转头类的贴片机中。在这类高速机中，其贴装头仅做旋转运动，而依靠供料器的水平移动和PCB承载平面的运动完成贴片过程。还有一类贴片机，贴装头安装在*X*的导轨上，并仅做*X*方向运动，而PCB的承载台仅做*Y*方向运动，工作时两者配合完成贴片过程。

X-*Y*定位系统是由*X*-*Y*伺服系统来保证的，伺服系统由计算机控制系统、位移传感器和交流伺服电动机组成。在位移传感器及控制系统指挥下，由交流伺服电动机驱动*X*-*Y*传动机构，实现精确定位。

（2）*Z*轴定位系统。在通用型贴片机中，支撑贴片头的基座固定在*X*导轨上，基座本身不做“*Z*”方向的运动。这里的*Z*轴控制系统，特指贴片头的吸嘴在运动过程中的定位，其目的是适应不同厚度PCB与不同高度元器件贴片的需要。

（3）*Z*轴的旋转定位。早期贴片机的*Z*轴/吸嘴的旋转控制是采用气缸和挡块来实现的，只能做到0°和90°控制，现在的贴片机已直接将微型脉冲电动机安装在贴片头内部，以实现θ方向高精度的控制。松下MSR型贴片机微型脉冲电动机的分辨率为0.072/脉冲，它通过高精度的谐波驱动器（减速比为30:1），直接驱动吸嘴装置。由于谐波驱动器具有输入轴与输出轴同心度高、间隙小、振动低等优点，故吸嘴θ方向的实际分辨率可高达0.0024/脉冲，确保了贴片精度的提高。

6．传感系统

贴片机中安装有多种传感器，贴片机运行过程中，所有这些传感器时刻监视机器的正常运转。传感器应用越多，说明机器的智能化水平越高。

（1）压力传感器。贴片机的压力系统包括各种气缸的工作压力和真空发生器，这些发生器均对空气压力有一定的要求，低于设备规定的压力时，机器就不能正常运转。压力传感器始终监视压力的变化，一旦机器异常，将会立即报警，提醒操作人员及时处理。

（2）负压传感器。吸嘴靠负压吸取元器件，吸片时，必须达到一定的真空度方能判别所拾元器件是否正常。因此，负压的变化反映了吸嘴吸取元器件的情况。如果供料器没有元器件，或元件过大卡在供料器上，或负压不够，吸嘴都将吸不到元器件；或者吸嘴虽然吸到元器件，但是元器件吸着错误，或者在贴片头运动过程中，由于受到运动力的作用而掉下，都会使吸嘴压力发生变化；这些情况都由负压传感器进行监视。通过检测压力变化，贴片机就可以控制贴装情况，并在异常情况时发出报警信号，提醒操作者及时处理，如图 5-15 所示。

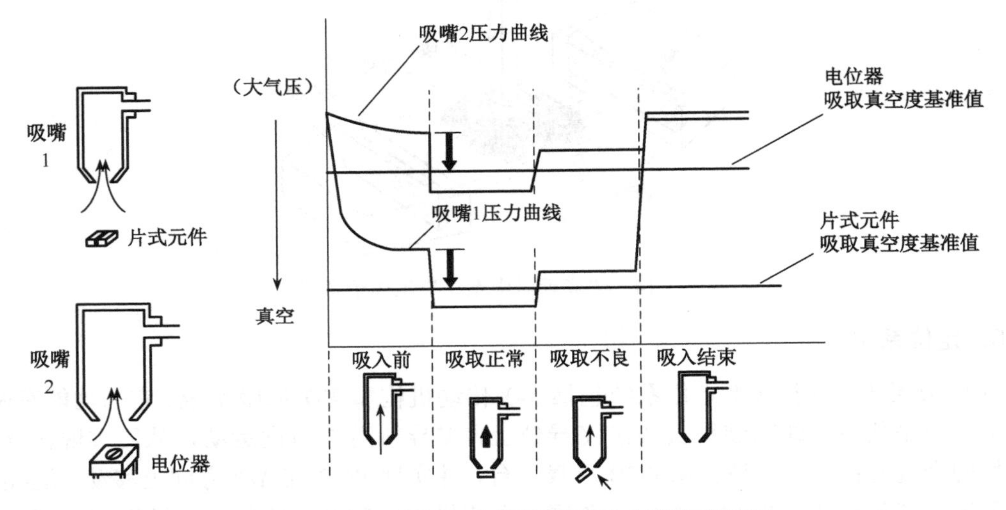

图 5-15　负压的变化反映了吸嘴吸取元器件的情况

目前新型负压传感器已经实现微小型化，负压传感器与转换和处理电路集成在一起，形成一体化部件，称为负压变送器。变送器输出标准电信号（0～5V 电压或 4～20mA 电流）。小型负压传感器重量可小于 70g，因而可以直接装到贴片头上，如图 5-16 所示。

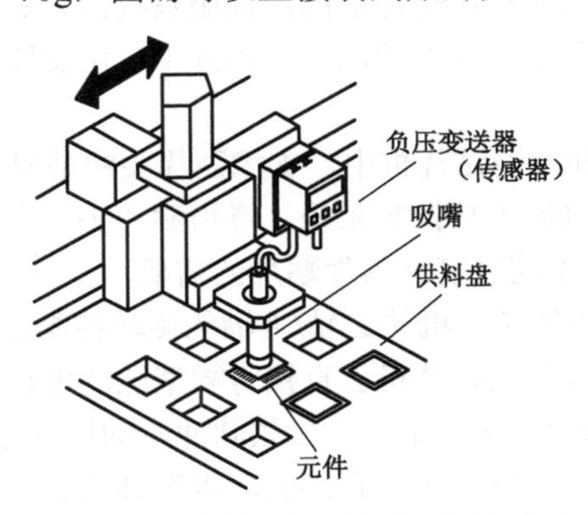

图 5-16　负压传感器直接装到贴片头上

（3）位置传感器。PCB 的传输定位、记数，贴片头和工作台的实时监测，辅助机构的运动等，都对位置有严格的要求，这些位置要求通过各种形式的位置传感器来实现。

大部分贴片机的轨道上有 4 个位置传感器，如图 5-17 所示，在前置 A 轨道上，一般有两个传感器，在 PCB 入口处的传感器主要检测 PCB 是否导入，一旦检测到 PCB，前置 A 轨道上的传送皮带便运行起来，如果中间 B 轨道上有 PCB 等待或正在贴片，入口处的 PCB 便运行到前置 A 轨道的第二个传感器位置处停止运行，等待中间 B 轨道上的 PCB 导出后，再传送到中间 B 轨道上准备贴片。如果前置 A 轨道第二个传感器位置处有 PCB 等待，即使 PCB 入口处传感器检测到有 PCB，前置 A 轨道上的传送皮带也会停止运行，处于等待状态。中间 B 轨道上的传感器主要检测是否有 PCB 等待贴装，如果检测到 PCB，贴片程序便会迅速运行起来，元器件会按照指令被贴装到 PCB 的各个位置。PCB 上的元器件被组装完成后，被快速导入到后端的 C 轨道上，C 轨道上的传送皮带就会运行，把 PCB 导出到下一个工序。如果后端轨道出口处发生 PCB 阻塞，即使中间 B 轨道上的 PCB 完成贴装，PCB 也不会被导出。

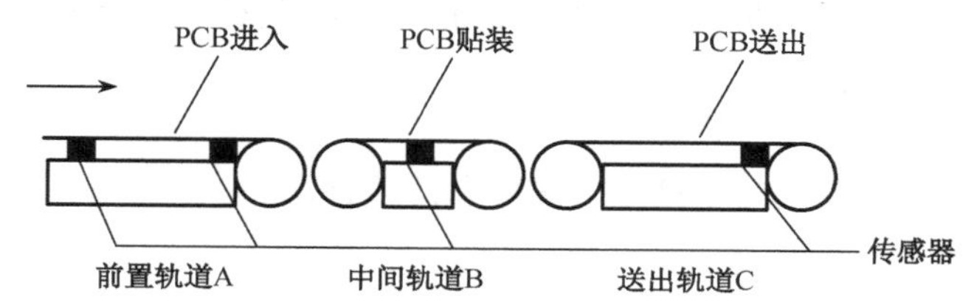

图 5-17　贴片机轨道上的位置传感器

贴片机在贴片过程中，贴片头都是沿着 X 轴与 Y 轴方向高速移动的，为了防止贴片头撞击机器的臂杆，在贴片机的 X 轴和 Y 轴方向分别有两个限位传感器，如图 5-18 所示。贴片头一旦到达限位传感器，机器便会立即停止运行。由此可见，限位传感器主要对贴片头起保护的作用。

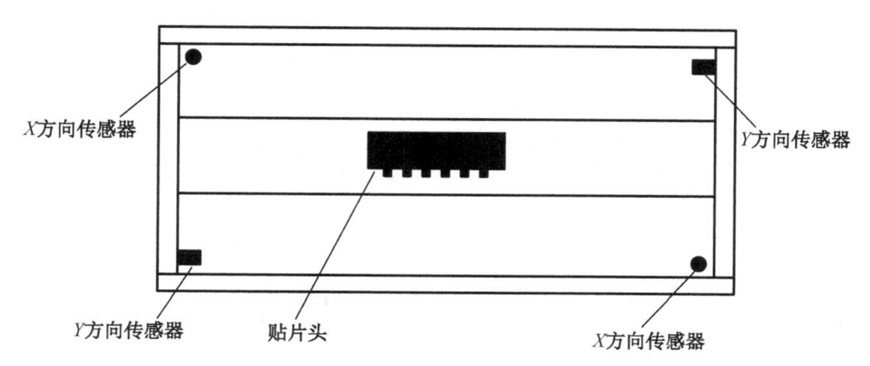

图 5-18　贴片机 X 轴和 Y 轴方向的限位传感器

（4）激光传感器。激光现在已经被广泛应用到贴片机上，它能帮助判别器件引脚的共面性。当被测试的器件运行到激光传感器的监测位置时，激光发出的光束照射到 IC 引脚并反射到激光读取器上，若反射回来的光束与发射光束相同，则器件共面性合格，当不相同时，则器件由于引脚变形，使发射光光束变长，激光传感器从而识别出该器件引脚有缺陷。同样道理，激光传感器还能识别器件的高度。

（5）区域传感器。贴片机在工作时，为了贴片头安全运行，通常在贴片头的运动区域内设有传感器，利用光电原理监控运行空间，以防外来物体带来伤害。

（6）贴片头压力传感器。随着贴片头速度和精度的提高，对贴片头将元器件放到PCB上的智能性要求越来越高，这就是通常所说的“Z 轴软着陆”功能，它是通过压力传感器及伺服电机的负载特性来实现的。当元器件放置到PCB上的瞬间受到震动时，其震动力能及时传送到控制系统，通过控制系统的调控再反馈到贴片头，从而实现Z轴软着陆功能。具有该功能的贴片头在工作时，给人的感觉是平稳轻巧，若进一步观察，则元器件贴装到PCB上，浸入的焊膏深度大体相同，这对防止后续焊接时出现立碑、错位和飞片等焊接缺陷也是非常有利的。

7．计算机控制系统

计算机控制系统是指挥贴片机进行准确有序操作的核心，目前大多数贴片机的计算机控制系统采用Windows界面。可以通过高级语言软件或硬件开关，在线或离线编制计算机程序并自动进行优化，控制贴片机的自动工作步骤。每个片状元器件的精确位置，都要编程输入计算机。具有视觉检测系统的贴片机，也是通过计算机实现对电路板上贴片位置的图形识别。

5.1.3 贴片机的主要技术指标

衡量贴片机的三个重要指标是精度、速度和适应性。

1．精度

精度是贴片机主要的技术指标之一。不同厂家制造的贴片机，使用不同的精度体系。精度与贴片机的对中方式有关，其中以全视觉对中的精度最高。一般来说，贴片的精度体系应该包含三个项目：贴片精度、分辨率、重复精度，三者之间有一定的相关关系。

（1）贴片精度是指元器件贴装后相对于PCB上标准位置的偏移量大小，被定义为元器件焊端距离指定位置的综合误差的最大值。贴片精度由两种误差组成，即平移误差和旋转误差，如图5-19所示。平移误差主要因为“X-Y”定位系统不够精确，旋转误差主要因为元器件对中机构不够精确和贴装工具存在旋转误差。定量地说，贴装SMC要求精度达到±0.01 mm，贴装高密度、窄间距的SMD至少要求精度达到±0.06 mm。

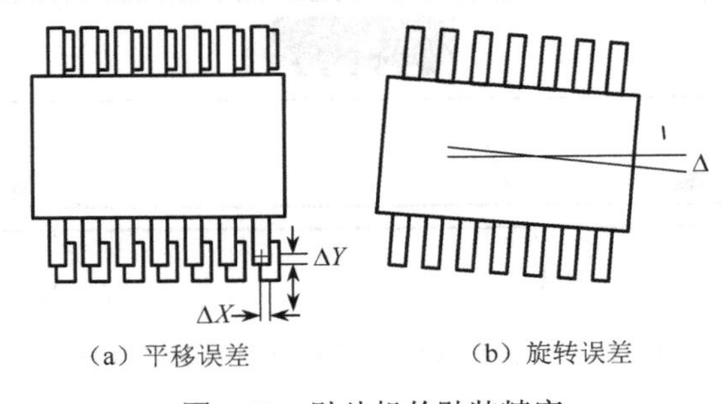

（a）平移误差　　（b）旋转误差

图5-19　贴片机的贴装精度

（2）分辨率是贴片机分辨空间连续点的能力，它是贴片机能够分辨的最近两点之间的距离。贴片机的分辨率取决于两个因素：一是定位驱动电动机的分辨率，二是传动轴驱动机构上的旋转位置或线性位置检测装置的分辨率。贴片机的分辨率用来度量贴片机运行时的最小增量，是衡量机器本身精度的重要指标。例如，丝杠的每个步进长度为0.01 mm，那么该贴片机的分辨率为0.01 mm。

（3）重复精度是贴装头重复返回标定点的能力。通常采用双向重复精度的概念，它定义为“在一系列试验中，从两个方向接近任一给定点时离开平均值的偏差”，如图5-20所示。

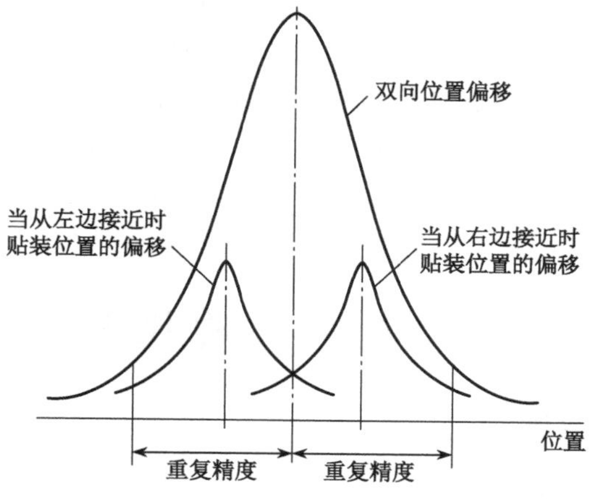

图5-20　贴片机的重复精度

2. 贴片速度

有许多因素会影响贴片机的贴片速度，如PCB板的设计质量、元器件供料器的数量和位置等。一般高速机的贴片速度高于5Pcs/s，目前最高的贴片速度已经达到20Pcs/s以上；高精度、多功能贴片机一般都是中速机，贴片速度为2～3Pcs /s左右。贴片机的速度主要用以下3个指标来衡量。

（1）贴装周期。指完成一个贴装过程所用的时间，它包括从拾取元器件→元器件定位→检测→贴放→返回到拾取元器件的位置，这一过程所用的时间。

（2）贴装率。指在一小时内完成的贴片周期。测算时，先测出贴片机在50 mm×250 mm的电路板上贴装均匀分布的150只片状元器件的时间，然后计算出贴装一只元器件的平均时间，最后计算出一小时贴装的元器件数量，即贴装率。目前高速贴片机的贴装率可达每小时数万片。

（3）生产量。理论上每班的生产量可以根据贴装率来计算，但由于实际的生产量会受到许多因素的影响，与理论值有较大的差距，影响生产量的因素有生产时停机，更换供料器或重新调整电路板位置的时间等因素。

3. 适应性

适应性是贴片机适应不同贴装要求的能力，包括以下内容：

（1）能贴装的元器件种类。贴装元器件种类广泛的贴片机，比仅能贴装SMC或少量SMD类型的贴片机的适应性好。影响贴装元器件类型的主要因素是贴片精度、贴装工具、定位机构与元器件的相容性，以及贴片机能够容纳供料器的数目和种类。高速贴片机主要可以贴装各种SMC元件和较小的SMD器件（最大约25mm×30mm）；多功能机可以贴装从1.0 mm×0.5mm至54mm×54mm的SMD器件（目前可贴装的元器件尺寸已经达到最小0.6mm×0.3mm，最大60mm×60mm），还可以贴装连接器等异形元器件，连接器的最大长度可达150mm以上。

（2）贴片机能够容纳供料器的数目和种类。贴片机上供料器的容纳量通常用能装到贴片机上的8 mm编带供料器的最多数目来衡量。一般高速贴片机的供料器位置大于120个，多功能贴片机的供料器位置在60～120个之间。由于并不是所有元器件都能包装在8 mm编带中，所以贴片机的实际容量将随着元器件的类型而变化。

（3）贴装面积。由贴片机传送轨道以及贴装头的运动范围决定。一般可贴装的电路板尺寸，最小为 50 mm×50 mm，最大应大于 250 mm×300 mm。

（4）贴片机的调整。当贴片机从组装一种类型的电路板转换到组装另一种类型的电路板时，需要进行贴片机的再编程，供料器的更换，电路板传送机构和定位工作台的调整，贴装头的调整和更换等工作。高档贴片机一般采用计算机编程方式进行调整，低档贴片机多采用人工方式进行调整。

任务 2 贴片质量的控制与要求

5.2.1 对贴片质量的要求

1．贴片工序对贴装元器件的要求

（1）元器件的类型、型号、标称值和极性等特征标记，都应该符合产品装配图和明细表的要求。

（2）被贴装元器件的焊端或引脚至少要有厚度的 1/2 浸入焊锡膏。一般元器件贴片时，焊锡膏挤出量应小于 0.2 mm；窄间距元器件的焊锡膏挤出量应小于 0.1 mm。

（3）元器件的焊端或引脚都应该尽量和焊盘图形对齐、居中。回流焊时，熔融的焊料使元器件具有自定位效应，允许元器件的贴装位置有一定的偏差。

2．元器件贴装偏差

（1）矩形元器件允许的贴装偏差范围。如图 5-21（a）所示的元器件贴装优良，元器件的焊端居中位于焊盘上。如图 5-21（b）所示的元件在贴装时发生横向移位（规定元器件的长度方向为“纵向”），合格的标准是：焊端宽度的 3/4 以上在焊盘上，即 D_1≥焊端宽度的 75%，否则为不合格。如图 5-21（c）所示的元器件在贴装时发生纵向移位，合格的标准是：焊端与焊盘必须交叠，即 D_2≥0，否则为不合格。如图 5-21（d）所示的元器件在贴装时发生旋转偏移，合格的标准是：D_3≥焊端宽度的 75%，否则为不合格。如图 5-21（e）所示为元器件在贴装时与焊锡膏图形的关系，合格的标准是：元件焊端必须接触锡膏图形，否则为不合格。

（2）小外形晶体管（SOT）允许的贴装偏差范围。允许有旋转偏差，但引脚必须全部在焊盘上。

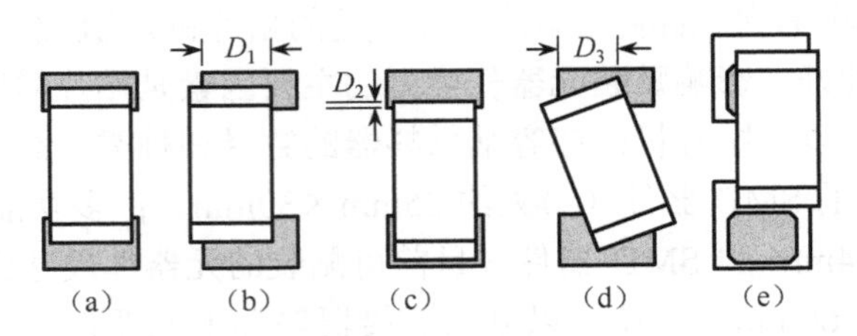

图 5-21 矩形元器件贴装偏差

（3）小外形集成电路（SOIC）允许的贴装偏差范围。允许有平移或旋转偏差，但必须保证引脚宽度的 3/4 在焊盘上，如图 5-22 所示。

（4）四边扁平封装器件和超小型器件（QFP，包括 PLCC 器件）允许的贴装偏差范围要保证引脚宽度的 3/4 在焊盘上，允许有旋转偏差，但必须保证引脚长度的 3/4 在焊盘上。

（5）BGA 器件允许的贴装偏差范围。焊球中心与焊盘中心的最大偏移量小于焊球半径，如图 5-23 所示。

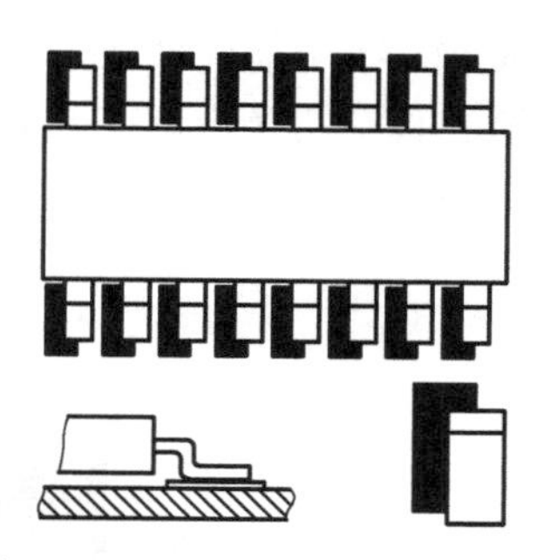
图 5-22　SOIC 集成电路贴装偏差

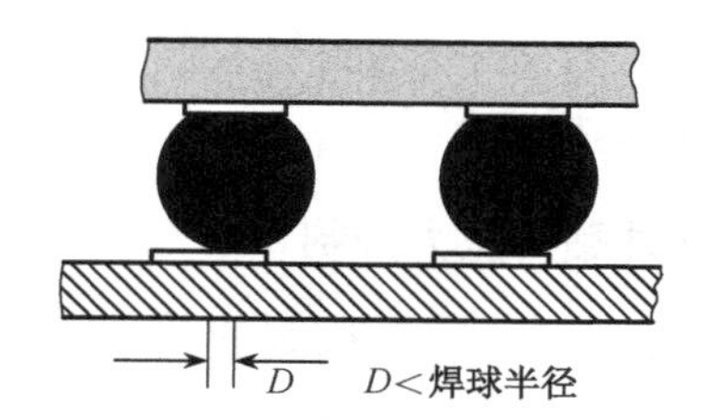

图 5-23　BGA 集成电路贴装偏差

5.2.2　贴片过程质量控制

在贴片过程中的关键控制因素有基板的平整支撑，真空关闭转为吹气的控制，贴片压力的控制以及贴片的精度和稳定性。

1．基板的平整支撑

基板进入贴片机后，传输导轨将基板两边夹住，同时支撑平台上升将基板支撑住并继续上升到贴片高度。在此过程中，由于外力的作用，容易导致基板变形，加上基板来料可能存在的变形，会严重影响贴片的质量。特别是薄型基板的应用，更容易出现“弹簧床”效应。薄板随着贴装头的下压而下凹，并随着贴片压力的消失而恢复变形，如此反复，将造成元件在基板上移动而出现贴片缺陷。所以在支撑平台上需要安排支撑装置，保证基板在贴片过程中平整稳定。这种装置可以采用真空将基板吸住，也可采用具有吸能作用的特殊橡胶顶针，以消除在贴片过程中的震动并保证基板平整，如图 5-24 所示的支撑装置。这类装置能根据不同的应用来设计相应的支撑结构，确保有效的平整支撑，并使平台在上升和下降过程中稳定顺畅且可控。

2．真空关闭转为吹气的控制

吸嘴拾起元器件并将其贴放到 PCB 上，一般有两种方式：一是根据元器件的高度，即事先输入元器件的厚度，当吸嘴下降到此高度时，真空释放并将元器件贴放到焊盘上，采用这种方法有时会因元器件厚度的误差，出现贴放过早或过迟现象，严重时会引起元器件移位或飞片的缺陷；另一种方法是吸嘴根据元器件与 PCB 接触瞬间产生的反作用力，在压力传感器的作用下实现贴放的软着陆，又称为 *Z* 轴的软着陆，其工作过程如下：

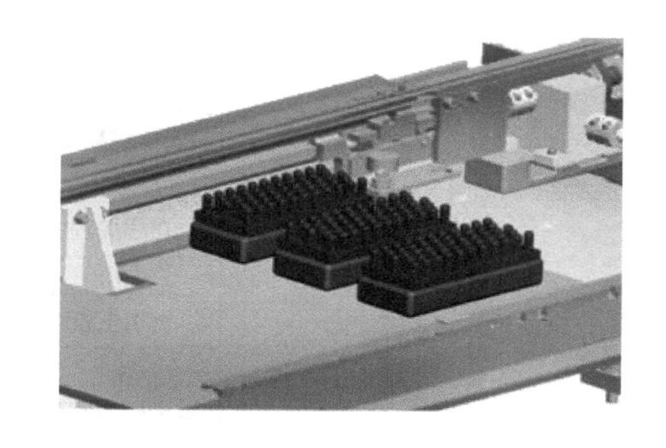
图 5-24　具有吸能作用的特殊橡胶支撑装置

贴装头将元件拾取后，CCD 对元件照相对中并将元件移至 PCB 贴片位置上方。贴装头 Z 轴加速下降到贴片高度，这时候 Z 轴继续减速下降，同时轴内真空关闭，转化为吹气。元件接触到 PCB 上的锡膏，贴片轴感应到设定的压力后上升并移开，完成单个元件的贴片过程。在这个过程中真空的灵敏快速切换和吹气的时间和强度控制很关键。真空关闭太慢，吹气动作也会延迟，在贴片轴上升过程中会将元件带走，或导致元件偏移。同时，如果在元件被压至最低点时吹气，容易将焊锡膏吹散，回流焊接之后出现锡珠等焊接缺陷。 真空关闭太快，吹气动作也会提前，有可能元件还未接触到焊锡膏便被吹飞，导致焊锡膏被吹散，吸嘴被焊锡膏污染。灵敏的真空切换应该在 5ms 内在 50mm 的轴内完成。对于基板变形的情况，贴片轴必须能够感应小到 25.4μm 的变形所对应的压力变化，以补偿基板变形。

3．元器件贴片压力控制

贴片压力是另一需要控制的关键因素。贴片压力过大，会导致元件损坏，焊锡膏塌陷，焊接后元件下出现锡珠或元件桥连，如图 5-25 所示。同时过大的压力会导致在下压过程中元件上出现一个水平力，而使元件产生滑动偏移。如果压力过小，元器件焊端或引脚就会浮放在焊锡膏表面，焊锡膏就不能黏住元器件，在电路板传送和焊接过程中，未黏住的元器件可能移动位置或掉落。

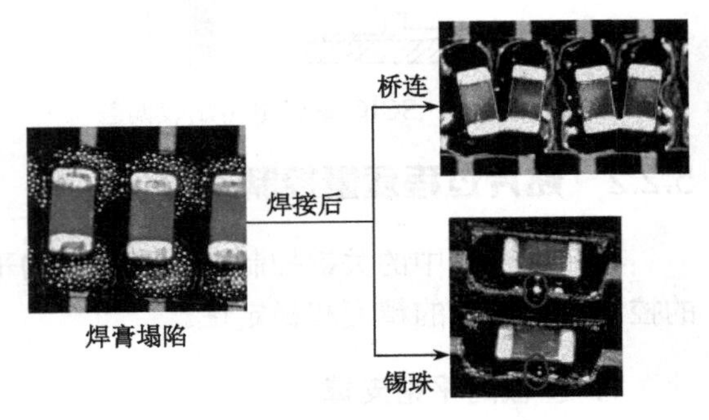

图 5-25　焊锡膏塌陷造成焊接缺陷

5.2.3　全自动贴片机操作指导

1．贴片作业工艺流程

全自动贴片机贴片工艺流程如图 5-26 所示。

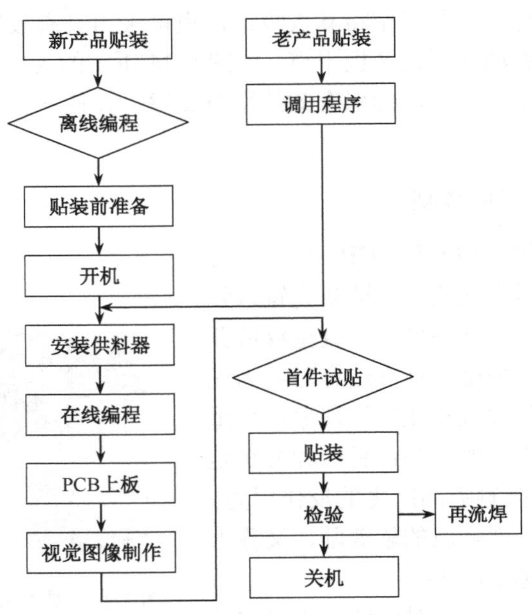

图 5-26　全自动贴片机贴片工艺流程

2．贴片作业准备

贴片作业准备工作主要包括：

（1）贴装工艺文件准备。

（2）元器件类型、包装、数量与规格稽核。

（3）PCB 焊盘表面焊膏涂敷稽核。

（4）料站的组件规格核对。

（5）是否有手补件或临时不贴件、加贴件。

（6）贴片编程。

3．贴片机开机

（1）操作前检查。

① 电源。检查电源是否正常。

② 气源。检查气压是否达到贴片机规定的供气需求，通常为 0.55 MPa。

③ 安全盖。检查前后安全盖是否已盖好。

④ 供料器。检查每个供料器是否安全地安装在供料台上且没有翘起、无杂物或散料在供料器上。

⑤ 传送部分。检查有无杂物在传送带上，各传送带部件运动时有无相互妨碍。根据 PCB 宽度调整传送轨道宽度，轨道宽度一般应大于 PCB 宽度 1cm，要保证 PCB 在轨道上运动流畅。

⑥ 贴装头。检查每个头的吸嘴是否归位。

⑦ 吸嘴。检查每个吸嘴是否有堵塞或缺口现象。

⑧ 顶针。开机前须严格检查顶针的高度是否满足支撑 PCB 的需求，根据 PCB 厚度和外形尺寸安装顶针数量和位置。

（2）打开主电源开关，启动贴片机。打开位于贴片机前面右下角的主电源开关，贴片机会自动启动至初始化界面。

（3）执行回原点操作。初始化完毕后，会显示执行回原点的对话框，单击“确定”按钮，贴片机开始回原点。注意：当执行回原点操作时机器的每个轴都会移动，操作人员要确保身体处于贴片头移动范围之外。将身体的任一部分伸入贴片机头部移动范围都是危险的。

（4）预热。在较长时间停机或寒冷环境下使用时，须在接通电源后立即进行预热。选择预热对象（“轴”、“传送”、“MTC”中选择一项，初始设置为“轴”）→选择预热结束条件[可选择时间或次数，按“时间（min）”或“次数”按钮即可，初始设定为“时间”]→设置时间或次数→设置速度。

（5）进入在线编程或调用程序准备生产。

3. 贴片机关机

（1）停止贴片机运行。有 4 种方法可以停止贴片机运行。

① 紧急停止按钮。按下该按钮，触发紧急停止。在正常运行状态下不要用这种方式停止贴片机运行。

②【STOP】键（操作面板上）。按下【STOP】键立即停止贴片机运行，回到待机状态，在操作面板上按【START】键。

③【Cycle Stop】键。按下该键，则贴片机在贴装完当前这块 PCB 后停止。

④【Convey Out Stop】键。如果想在贴装完当前传送带的 PCB 后停止运行，按下这个键。所有在传送带上的 PCB 在贴装完后都会被传出，但新放置在入口处的 PCB 不会被传进。

【注意】除紧急情况外，不要在贴片机运行状态按下紧急停止按钮。

（2）复位。按下操作面板上的【RESET】键，贴片机会立即停止运行，回到等待生产状态。

（3）按下屏幕上的【OFF】键。

① 当检查窗口出现时按下【YES】键。

② 当回原点对话框出现后按下【OK】键。

③ 当关机对话框出现后按下【OK】键。

④ 按下紧急停止按钮。当紧急停止对话框出现后，按下紧急停止按钮，然后按【OK】键。

（4）关闭主电源开关。当显示“Ready to shut down”时，按下【OK】键并关闭右下方的主电源开关。

【注意】如果不遵循以上步骤关机，有可能会对系统软件或数据造成损害。

由于机型不同和软件版本的关系，如果实际界面和本操作指导有区别，请以实际显示界面和该机型配套的说明书为准。

5.2.4 贴片缺陷分析

SMT 贴片常见的品质问题有：漏件、侧件、翻件、偏位、元器件损坏等。在表面组装产品的生产中，假设有 1 个元器件为不合格品或贴装不良，在贴装过程的现工序中发现，其检查修复成本为 1；那么，在后工序中的检查修复成本则为 10；如果在产品投入市场后进行返修，那么其检查修复成本将高达 100。所以，尽快尽早地发现不良现象，把住生产中每一个环节的质量关，已成为 SMT 生产的重要原则。

1. 导致贴片漏件的主要因素

导致贴片漏件的主要因素有以下几个方面。

（1）元器件供料架（Feeder）送料不到位。

（2）元件吸嘴的气路堵塞、吸嘴损坏、吸嘴高度不正确。

（3）设备的真空气路故障，发生堵塞。

（4）电路板进货不良，产生变形。

（5）电路板的焊盘上没有焊锡膏或焊锡膏过少。

（6）元器件质量问题，同一品种的厚度不一致。

（7）贴片机调用程序有错漏，或者编程时对元器件厚度参数的选择有误。

（8）人为因素不慎碰掉。

2. 导致 SMC 电阻器贴片时翻件、侧件的主要因素

导致 SMC 电阻器贴片时翻件、侧件的主要因素有以下几个方面。

（1）元器件供料架（Feeder）送料异常。

（2）贴装头的吸嘴高度不对。

（3）贴装头抓料的高度不对。

（4）元件编带的装料孔尺寸过大，元件因振动翻转。

（5）散料放入编带时方向弄反。

3. 导致元器件贴片偏位的主要因素

导致元器件贴片偏位的主要因素可能有如下 2 个方面。

（1）贴片机编程时，元器件的 *X-Y* 轴坐标不正确。

（2）贴片吸嘴原因，使吸料不稳。

4. 导致元器件贴片时损坏的主要因素

导致元器件贴片时损坏的主要因素可能有如下 3 个方面。

（1）定位顶针过高，使电路板的位置过高，元器件在贴装时被挤压。

（2）贴片机编程时，元器件的 *Z* 轴坐标不正确。

（3）贴装头的吸嘴弹簧被卡死。

任务 3　手工贴装 SMT 元器件实训

5.3.1　全手工贴装

手工贴装 SMT 元器件，俗称手工贴片。除了因为条件限制需要手工贴片焊接以外，在具备自动生产设备的企业里，假如元器件是散装的或有引脚变形的情况，也可以进行手工贴片，作为机器贴装的补充手段。

1. 操作准备

（1）手工贴片的设备和工具。不锈钢镊子（图 5-27）、电动真空吸笔（图 5-28）、3～5 倍台灯放大镜（图 5-29）、5～20 倍立体显微镜或三维视频显微镜（图 5-30）、防静电工作台、防静电腕带等。

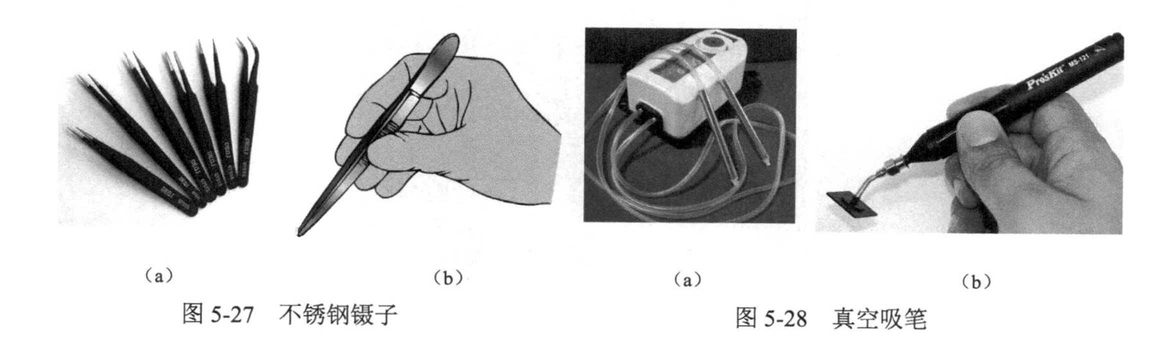

（a）　（b）

图 5-27　不锈钢镊子

（a）　（b）

图 5-28　真空吸笔

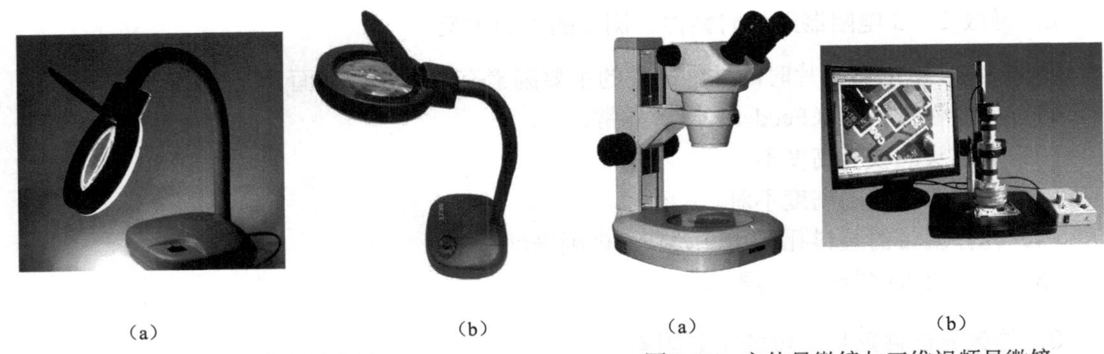

（a）　（b）

图 5-29　台灯放大镜

（a）　（b）

图 5-30　立体显微镜与三维视频显微镜

如图 5-31 所示为一款应用于手动贴片机的吸嘴，产品采用人体学设计，手感好，操作简单，吸嘴可以灵活转动。适用于散料贴片和料盘架贴片，贴片速度可达到 900Pcs/h。操作时拇指和中指捏住贴片器，食指控制气阀，无名指控制吸嘴转轮。

手工贴片式可以采用这种吸嘴，以提高贴片效率。

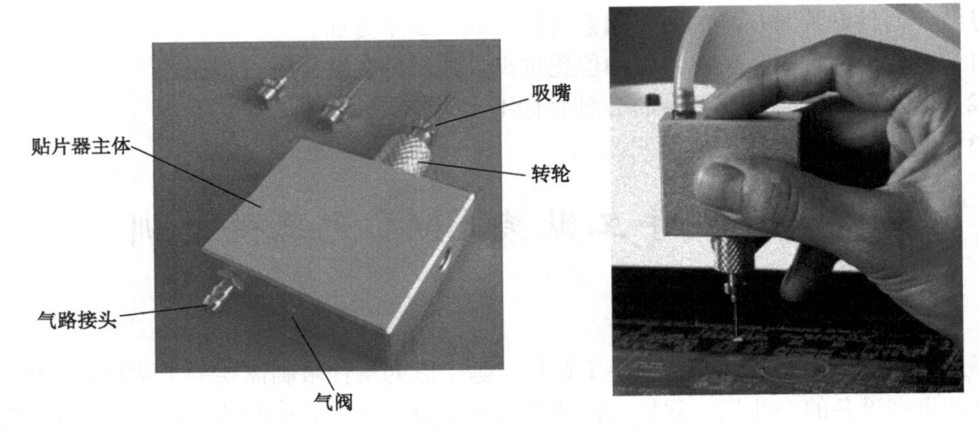

图 5-31　手动贴片机的吸嘴

（2）现场准备贴片练习板一块。贴片练习板样式如图 5-32 所示，可以在电子元件商店或网上选购，也可以自行设计制作。要求练习板上应具备 0805、0603 电阻、0805 电容、3216 二极管、SOT-23 晶体管、SO-14 集成块、QFP-24 等集成电路焊盘。

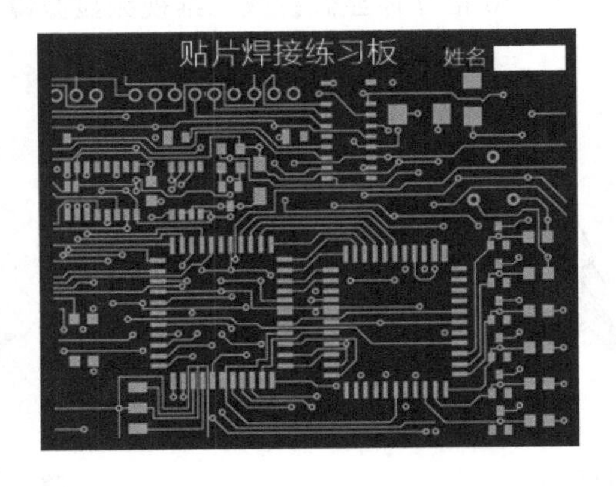

图 5-32　贴片练习板样式

（3）现场准备焊锡膏印刷设备或焊锡膏滴涂设备及焊锡膏若干。

2．操作流程

（1）手工贴片之前需要先在电路板的焊接部位涂抹助焊剂和焊锡膏。可以用刷子把助焊剂直接刷涂到焊盘上，也可以采用简易印刷工装手工印刷焊锡膏或手动滴涂焊锡膏。

（2）手工贴片的操作方法。

① 贴装 SMC 片状元件。用镊子夹持元件，把元件焊端对齐两端焊盘，居中贴放在焊锡膏上，用镊子轻轻按压，使焊端浸入焊锡膏。

② 贴装 SOT。用镊子夹持 SOT 元件体，对准方向，对齐焊盘，居中贴放在焊锡膏上，确认后用镊子轻轻按压元件体，使浸入焊锡膏中的引脚不小于引脚厚度的 1/2。

③ 贴装 SOP、QFP。器件 1 脚或前端标识对准印制板上的定位标识，用镊子夹持或吸笔吸取器件，对齐两端或四边焊盘，居中贴放在焊锡膏上，用镊子轻轻按压器件封装的顶面，使浸入焊锡膏中的引脚不小于引脚厚度的 1/2。贴装引脚间距在 0.65mm 以下的窄间距器件时，可在 3～20 倍的放大镜或显微镜下操作。

如图 5-33 所示为用吸笔从元件编带上吸取片式元件以及在 PCB 上贴装的情况。

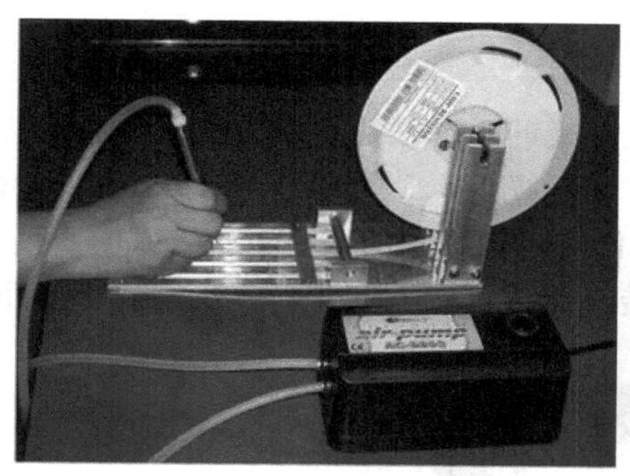

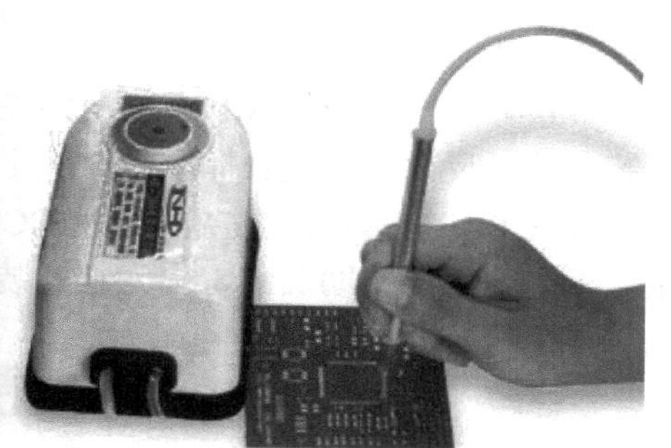

图 5-33　用吸笔手工贴装片式元器件

④ 贴装 SOJ、PLCC。与贴装 SOP、QFP 的方法相同，只是由于 SOJ、PLCC 的引脚在器件四周的底部，需要把印制板倾斜 45° 角来检查芯片是否对中、引脚是否与焊盘对齐。

（3）贴装元器件以后，用手工、半自动或自动的方法进行焊接。

（4）在手工贴片前必须保证焊盘清洁。新电路板上的焊盘都比较干净，但返修的电路板在拆掉旧元件以后，焊盘上就会有残留的焊料。贴换元器件到返修位置上之前，必须先用手工或半自动的方法清除残留在焊盘上的焊料，如使用电烙铁、吸锡线、手动吸锡器或用真空吸锡泵把焊料吸走。清理返修的电路板时要特别小心，在组装密度越来越大的情况下，操作比较困难并且容易损坏其他元器件及线路板。

5.3.2　利用手动贴片机贴片

1．手动贴片机

手动贴片也可以利用手动贴片机进行，这类贴片机的机头有一套简易的手动支架，手动贴片头安装在 Y 轴头部，X，Y，θ 定位可以靠人手的移动和旋转来校正位置，如图 5-34 所示。有时还可以采用配套光学系统来帮助定位，手动贴片机具有多功能、高精度的特点，主要用于新产品开发，适合中小企业与科研单位小批量生产使用。

手动贴片机整套系统配合不同的吸嘴，能拾放各种不同的贴片元器件，如片式电阻、电容，二极管、晶体管，SOT，SOP，PLCC，QFP 等各种元器件。内置真空泵，不需外接气源，可以方便地拾取各种 IC 元器件；一般均具有机械 4 维自由度，配有 *X*、*Y* 轴高精密导轨，贴片头可进行 *X* 向、*Y* 向、*Z* 向平滑移动，贴片头还可进行 0～360° 的自由旋转；贴片速度约 300～600Pcs/h。

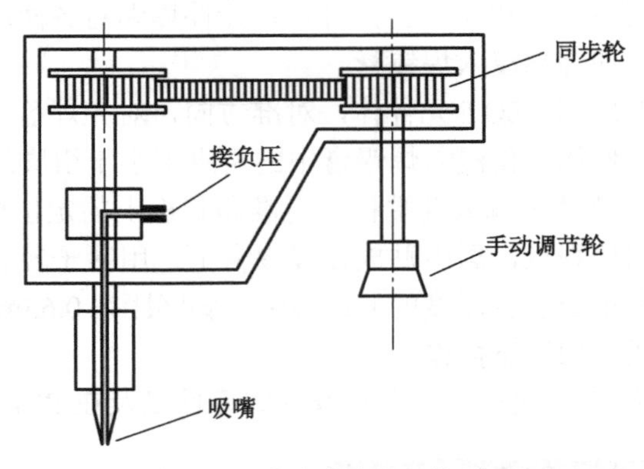

图 5-34 手动贴片头工作原理

如图 5-35 所示为一款带有双微型视频摄像机的手动贴片机实物图。这两个视频自动切换，观察芯片的正反面，以便在印制线路板上精确摆放，适用于 QFP、PLCC、BGA、SMT 电阻和电容等在 PCB 上的精确贴装。彩色 CCD 视频摄像机有 6 倍放大，以便清晰观察器件。但视频摄像机无法直接帮助贴装，因为它安装在旁边，有一定倾角，无法直上直下观察。

图 5-35 带有双微型视频摄像机的手动贴片机

技术参数

* 允许倾斜偏差小于 0.5mm。
* 最大工作范围：370×300（mm）。
* 最大 *X* 轴行程：500 mm。
* 最大 *Y* 轴行程：300 mm。
* 最大 *Z* 轴行程：10 mm，360° 转动。

* 选配附加的喂料盘架（系统配备 1 个喂料盘架），机器构架可容纳 6 个喂料盘架。每个喂料盘架能装 5 个圆盘喂料器，配有脚踏真空开关，电动真空拾取工具用于方便的、精确的操作。贴片头中有一个移动传感器与真空针相连。当真空管上移或器件触碰 PCB 时，触发传感器，打开或关闭真空泵阀门，对应拾取或释放器件。

2．操作流程

手动贴片机的设计仅用作研发试制或少量 PCB 装配。贴片头的移动全靠手动，可以沿 X、Y、Z 轴方向移动及绕 Z 轴转动（θ 向）。摆放速度和精度取决于操作者的技巧。

（1）拖拽贴片头下的手柄沿 X、Y 方向移动，也可以转动及下拉。

（2）将贴片头移到圆盘喂料器，或在平台料盘上的器件上，下拉手柄。真空工具可以吸附器件。

（3）将贴片头移到印制线路板需要贴装的焊盘位置，沿几个方向对准并下拉。在器件触碰 PCB 的时候，会自动释放。

摆放倾斜较大的器件时，先对准，再下移到尽量靠近线路板，但不接触。断开脚踏控制开关，让器件自己坠落。

（4）轻轻提起手柄回复原始位置。对其他器件重复上述流程。芯片或其他散件只能放在 PCB 之外的平台料盘上。

（5）完成贴片任务后，填写考核评价表，见表 5-1。

表 5-1 考核评价表

序号	项 目	配分	评 价 要 点	自评	互评	教师评价	平均分
1	手动贴片机的操作与设定	70 分	贴片机的安放正确（20 分） 贴片机的操作正确（30 分） 吸嘴的选择正确（20 分）				
2	手动贴片	30 分	元器件的位置合格（15 分） 所贴的数量合格（15 分）				
材料、工具、仪表			每损坏或者丢失一件扣 10 分 材料、工具、仪表没有放整齐扣 10 分				
环保节能意识			视情况扣 10～20 分				
安全文明操作			违反安全文明操作（视其情况进行扣分）				
额定时间			每超过 5min（扣 5 分）				
开始时间		结束时间		实际时间		综合成绩	
综合评议意见（教师）							
评议教师				日期			
自评学生				互评学生			

【注意】(1) 将器件放到线路板上后，尽量缓慢地提起手柄，让真空管路有一定时间泄放残存的空气压力。如果提起过快，可能把刚放下的器件吸起一点，造成贴放不准。

(2) 机器内置一个真空泵，与分开销售的电动真空笔配套的真空泵相同。真空泵有两个出口，一个连到贴片头，另一个可用于手工拾取器件。两个气动输出可以用 T 形连接器并成一路，以增强真空吸力，但在大多数场合并不需要。

任务 4　贴片机的日常维护保养

5.4.1　保养项目与周期

1．日保养

日保养作业方法如下。

（1）每天上班前用白布擦拭机器表面，直到用手触摸无灰尘沾手为止，如图 5-36（a）所示。

（2）开始生产时检查机器活动范围内是否有异物、灰尘。

（3）收集和整理料台上及抛料盒里的散料。

（4）检查气压供气是否正常。标准气压在 0.45～0.6MPa 之间，如图 5-36（b）所示。

（5）检查机器开启后电源灯是否点亮，如图 5-36（c）所示。

（6）生产前须检查传送轨道上有无异物，并用白布清扫上面的灰尘。

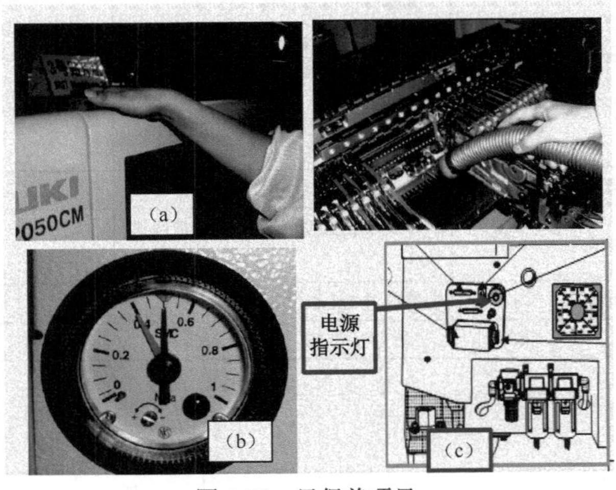

图 5-36　日保养项目

作业注意事项

（1）保养时要先关电、关气。

（2）清洁时严禁用气枪吹机器内部。

（3）保养后要填写相关的保养记录。

（4）日保养为每天生产前5min进行，周保养为每周5执行，月保养每月25日前后三天执行。

（5）日保养由机台操作员负责，技术员和组长监督，周保养由技术员负责，工程师监督。

2．周保养

周保养作业方法如下。

（1）检查各气路、气管接头是否有漏气、爆裂的现象，如图5-37（a）所示。

（2）检查各单元气缸是否漏气，动作是否灵活，如图5-37（b）所示。

（3）检查传送带和滑轮是否转动灵活，如图5-37（c）所示。

（4）激光校准传感器清洁，每周用洁净的无尘布沿传感器边缘擦拭，如图5-37（d）所示。

（5）每周将吸嘴放到盛有酒精的器皿里浸泡10min后，再用气枪吹干净。

（6）用无尘布清洁CAL校准块和ATC托架，如图5-37（e）和图5-37（f）所示。

作业注意事项：同“日保养”。

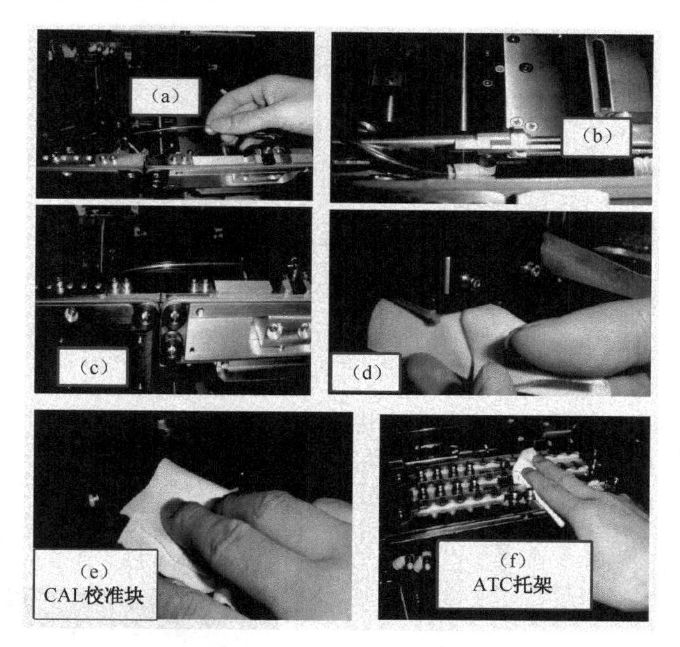

图5-37　周保养项目

3．月保养

月保养作业方法如下。

（1）贴片头真空过滤器的清洁，方法及步骤如下。

a．用1.0的六角扳手将螺丝②拧下；

b．将吸嘴外轴③从真空管①上轻轻取下；

c．将过滤器④从真空管①上轻轻取下，放在有酒精的器皿中浸泡十分钟，再用风枪吹干净，如图5-38所示。

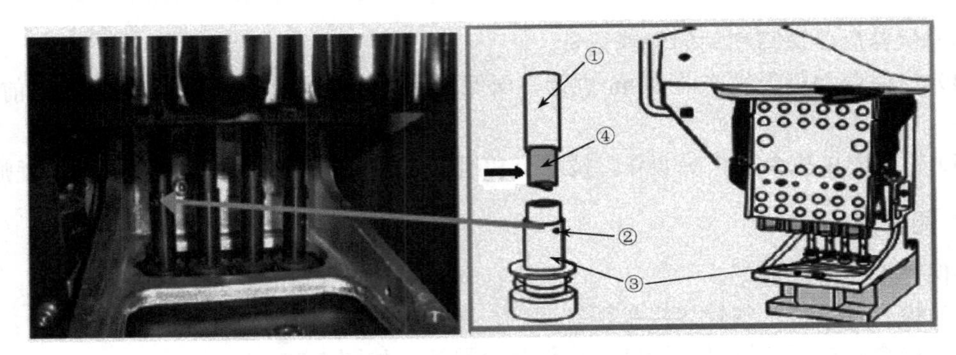

图 5-38　贴片头真空过滤器的清洁

（2）先将 X、Y 直动单元上的旧油擦掉，再均匀地涂上一层薄薄的新黄油，如图 5-39 所示。

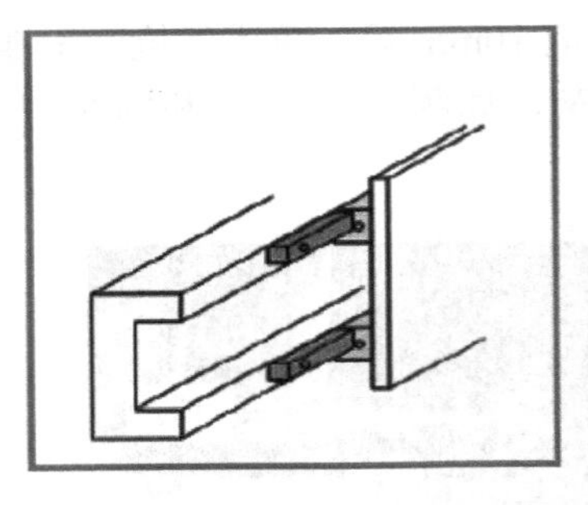

（a）X 轴直动单元

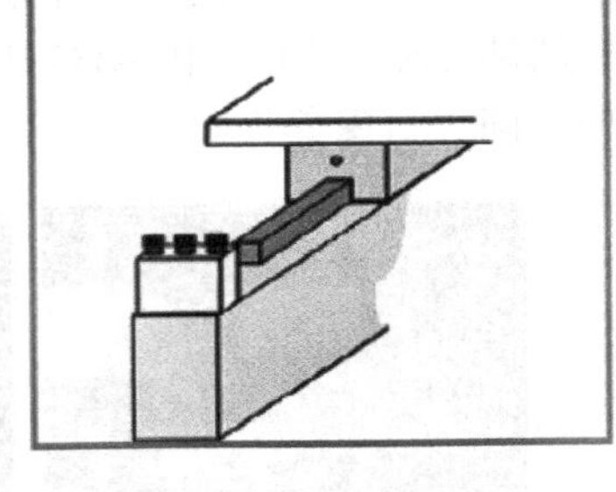

（b）Y 轴直动单元

图 5-39　X/Y 轴的清洁

（3）吸嘴外轴的清洁方法如下。

① 先将吸嘴外轴取下（方法参照真空过滤器），放到装有酒精的器皿里浸泡 10min，然后用风枪吹干净，如图 5-40 所示。

② 在吸嘴外轴压力弹簧的地方加上少许的润滑油。

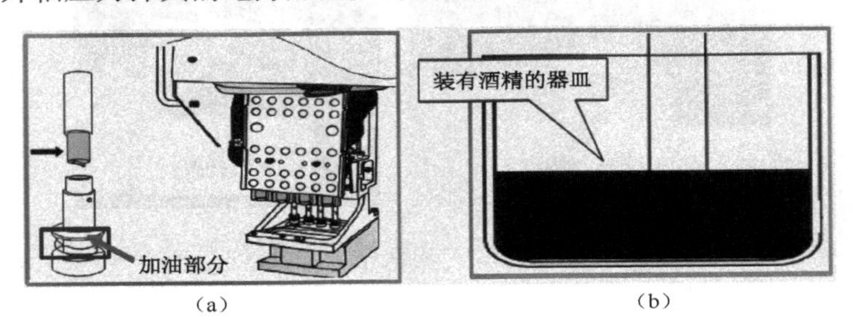

（a）　　（b）

图 5-40　吸嘴外轴的清洁

（4）跟踪球的清洁方法如下。

① 请将环按逆时针方向（箭头方向）旋转。

② 拆下环和跟踪球，将球放在白布上或球不会滚动的地方。

③ 使用软布擦拭与跟踪球接触的部分和跟踪球本体上的污垢。

（5）传送导轨各轴的保养方法如下。

① 用干净的白布将导轨螺旋轴和导轴上的污油擦拭干净。

② 在各轴上加上少许的润滑油。

（6）基板挡块部分清洁保养方法如下，如图 5-41 所示。

① 用白布将挡块的活动部位和气缸杆上的污油擦掉；

② 在挡块的活动部位上擦上少许润滑油，在气缸杆上注上几滴液体油。

图 5-41　基板挡块部分

作业注意事项

（1）保养时需关电、关气。

（2）取下真空管和过滤器时动作要轻，直上直下，防止刮花激光校准器。

（3）锁紧螺丝时不能用力太大，以防螺丝滑牙。

（4）吸嘴外不能加油过多，防止污染激光校准器。

（5）保养后要填写相关的保养记录。

（6）日保养为每天生产前 5min 进行，月保养为每周 5 执行，月保养每月 25 日前后三天执行。

（7）日保养由机台操作员负责，技术员和组长监督，周保养由技术员负责，工程师监督。

4. 季度保养

季度保养作业方法如下。

（1）散热风扇的保养。在机器正面右侧有两个散热风扇，每季度需清洁一次，方法如下，如图 5-42（a）所示。

① 将风扇外罩取下，用干净的白布将外罩上的灰尘擦拭干净。

② 再将隔尘网取下，用风枪吹干净上面的灰尘，同时用白布将风扇扇叶上的灰尘擦干净。

③ 依次将清洁干净后的隔尘网、外罩装回风扇上。

（2）头部保养。

① 用干净的白布依次将头部丝杆①、滑杆②、校准轴③的污油及污垢擦干净，如图 5-42（b）所示。

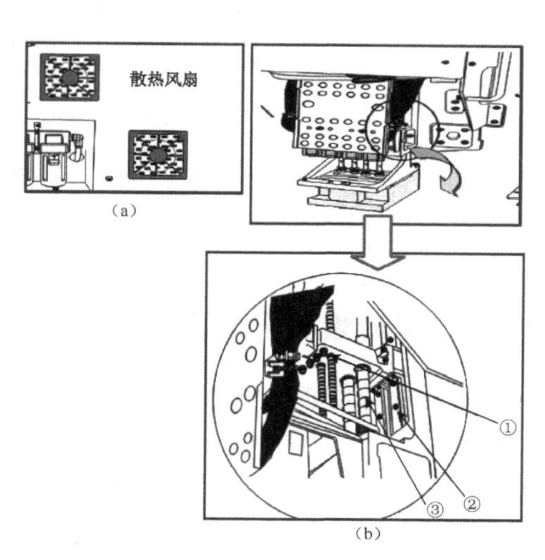

图 5-42　散热风扇及头部保养

② 用美工毛笔将丝杆、滑杆和校准轴涂上一

层薄薄的白油。

③ 上下滑动吸嘴外轴，感觉滑动流畅后，再将上面多余的白油用白布擦掉。

作业注意事项：同“日保养”。

5. 年度保养

年度保养作业方法如下。

（1）滤油滤水元件的更换。

① 将设备的供给气压切断，如图 5-43（a）所示。

② 将排水管的滑动部向下按住不放，同时转动排水管约 90℃，直至能将排水管取下。

③ 再将过滤器元件 A、B 和树脂元件取下，如图 5-43（b）所示。

④ 安装上新的过滤器元件，再用白布将树脂元件擦拭干净后安装上。

⑤ 用白布将排水管内壁清洁干净，再装回过滤器上，然后供气即可。

（2）每年度保养时要用手感应 *X*/*Y* 轴皮带（共 3 根），感应其是否松弛，如图 5-43（c）所示。

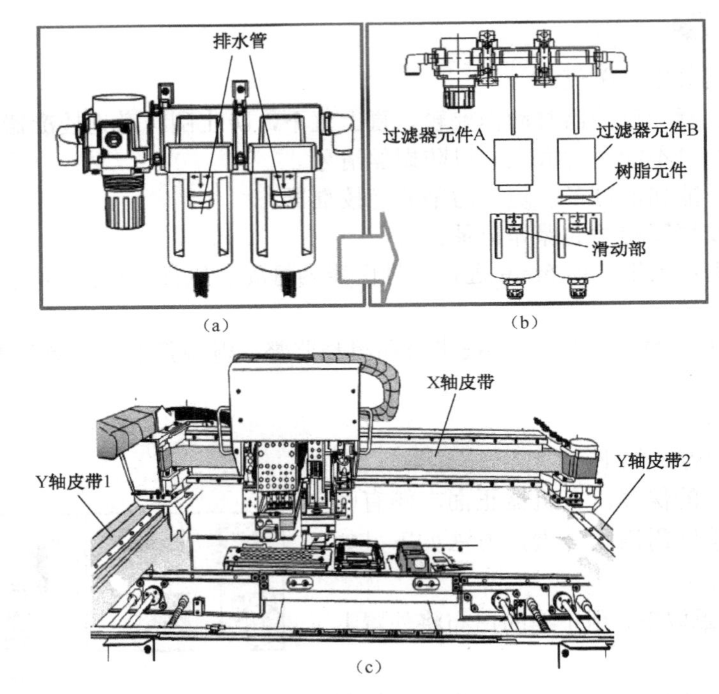

图 5-43　滤油滤水元件的更换

5.4.2　保养维护记录表

执行保养维护作业后，必须及时填写保养维护记录表。日/周保养为作业员保养后签名，组长确认；月保养为设备技术员保养后签字，设备工程负责人确认。

日常点检及保养在记录框中用符号填写：正常（√），休假及停机（O），故障（×），维修（△）。其他栏目注明保养日期及保养情况。

以上内容还应记录在《设备履历表》中，供设备工程部门进行维护时使用。

全自动贴片机点检及维护记录表见表 5-2。

表 5-2　全自动贴片机点检及保养记录表

序号	检查及保养项目		日期																														
			1	2	3	4	5	6	7	8	9	10	11	12	13	14	15	16	17	18	19	20	21	22	23	24	25	26	27	28	29	30	31
1	日常检查及保养	机器表面清洁																															
2		检查输入气压是否正常（0.5～0.8MPa）																															
3		各 SENSOR（传感器）表面清洁																															
4		检查各吸嘴是否堵塞																															
5		检查活动部分接触是否良好，螺丝是否有松脱现象																															
6	周保养	机器内部清洁、抛料盒清空																															
7		吸嘴真空检测及清洁																															
8		接地线是否牢固																															
9		激光头、相机镜头检测及清洁																															
10	月保养	机器头部清洁及头部活动轴更换润滑油																															
11		清洁活动部分污渍																															
12		*X*、*Y* 轴更换润滑油																															
13	机器运行异常及维修记录																																
14	点检/保养人																																

注：日常点检及保养栏目中用符号填写：“√”表示正常，“×”表示异常，“△”表示维修，“○”表示停机。其他栏目注明保养日期及保养情况。

思考与练习题

1．自动贴片机是怎样分类的？简述每种工作类型贴片机的工作原理与过程。

2．说明 SMT 工艺中自动贴片机的主要结构。

3．简述各种贴装头的类型与特点。

4．贴片机的主要技术指标有哪些？

5．对贴片质量有哪些具体要求？SMT 贴片常见的品质问题有哪些？如何解决？

6．画出全自动贴片机贴片工艺流程图。

7．叙述 MSR 型水平旋转/转塔式贴片机的贴片过程。

8．叙述手工贴装片式元器件的操作方法。

9．如何进行自动贴片机的日常维护保养？分别叙述日保养、周保养、季度保养及年度保养的内容与保养方法。

项目 6

表面贴装焊接工艺及焊接设备

任务 1　焊接原理与表面贴装焊接特点

6.1.1　电子产品焊接工艺

1．焊接的分类

现代焊接技术的类型主要有以下几种。

（1）加压焊。加压焊又分为加热与不加热两种方式，如冷压焊、超声波焊等，属于不加热方式；而加热方式中，一种是加热到塑性，另一种是加热到局部熔化。

（2）熔焊。焊接过程中母材和焊料均熔化的焊接方式称为熔焊，如等离子焊、电子束焊、气焊等。

（3）钎焊。所谓钎焊，是指在焊接过程中母材不熔化，而焊料熔化的焊接方式。钎焊又分为软钎焊和硬钎焊；软钎焊：焊料熔点＜450℃，硬钎焊：焊料熔点＞450℃。

软钎焊中最重要的一种方式是锡焊，常用的锡焊方式有如下 5 种。

① 手工烙铁焊。

② 手工热风焊。

③ 浸焊。

④ 波峰焊。

⑤ 回流焊。

2．锡焊原理及条件

在电子产品制造过程中，应用最普遍、最有代表性的是锡焊。锡焊能够完成机械的连接，对两个金属部件起到结合、固定的作用；锡焊同时实现电气的连接，让两个金属部件电气导通，这种电气的连接是电子产品焊接作业的特征，是黏合剂所不能替代的。

锡焊方法简便，只需要使用简单的工具（如电烙铁）即可完成焊接、焊点整修以及元器件拆换等工艺过程。此外，锡焊还具有成本低、容易实现自动化等优点，在电子工程技术里，它是使用最早、最广、占比重最大的焊接方法。

锡焊是将焊件和焊料共同加热到锡焊温度，在焊件不熔化的情况下，焊料熔化并润湿焊接面，形成焊件的连接。其主要特征有以下三点。

① 焊料熔点低于焊件。

② 焊接时将焊料与焊件共同加热到锡焊温度，焊料熔化而焊件不熔化。

③ 焊接的形成依靠熔化状态的焊料润湿焊接面，由毛细作用力使焊料进入焊件的间隙，依靠二者原子的扩散，形成一个合金层，从而实现焊件的结合。

进行锡焊，必须具备以下条件。

（1）焊件必须具有良好的可焊性。所谓可焊性是指在适当温度下，被焊金属材料与焊锡能形成良好结合的合金的性能。并不是所有的金属都具有好的可焊性，有些金属如铬、钼、钨等的可焊性就非常差；有些金属的可焊性比较好，如紫铜、黄铜等。在焊接时，由于高温使金属表面会产生氧化膜，从而影响材料的可焊性。为了提高可焊性，可以采用表面镀锡、镀银等措施来防止材料表面的氧化。

（2）焊件表面必须保持清洁与干燥。为了使焊锡和焊件达到良好的结合，焊接表面一定要保持清洁与干燥。即使是可焊性良好的焊件，由于储存或被污染，都可能在焊件表面产生对润湿有害的氧化膜和油污，在焊接前务必把污垢和氧化膜清除干净，否则无法保证焊接质量。金属表面轻微的氧化，可以通过助焊剂作用来清除；氧化程度严重的金属表面，则必须采用机械或化学方法清除，如进行刮除或酸洗等；当储存和加工环境湿度较大，或焊件表面有水渍时，就要对焊件进行烘干处理，否则会造成焊点润湿不良。

（3）要使用合适的助焊剂。助焊剂也叫焊剂，助焊剂的作用是清除焊件表面的氧化膜。不同的焊接工艺，应该选择不同的助焊剂，如镍铬合金、不锈钢、铝等材料，没有专用的特殊助焊剂是很难实施锡焊的。在焊接印制电路板等精密电子产品时，为使焊接可靠稳定，通常采用以松香为主的助焊剂。

（4）焊件要加热到适当的温度。焊接时，热能的作用是熔化焊锡和加热焊接对象，使锡、铅原子获得足够的能量渗透到被焊金属表面的晶格中形成合金。焊接温度过低，对焊料原子渗透不利，无法形成合金，极易形成虚焊；焊接温度过高，会使焊料处于非共晶状态，加速助焊剂分解和挥发，使焊料品质下降，严重时还会导致 PCB 的焊盘脱落或被焊接的元器件损坏。

需要强调的是，不但焊锡要加热到熔化，还应该同时将焊件加热到能够熔化焊锡的温度。

（5）合适的焊接时间。焊接时间是指在焊接全过程中，进行物理和化学变化所需要的时间。它包括被焊金属达到焊接温度的时间、焊锡的熔化时间、助焊剂发挥作用及生成金属合金的时间几个部分。当焊接温度确定后，就应根据被焊件的形状、性质、特点等确定合适的焊接时间。焊接时间过长，容易损坏元器件或焊接部位；过短，则达不到焊接要求。对于电子元器件的焊接，除了特殊焊点以外，一般每个焊点加热焊接一次的时间不超过 2s。

6.1.2　SMT 焊接技术特点

焊接是表面组装技术中的主要工艺技术之一。在一块 SMA（表面贴装组件）上少则有几十个、多则有成千上万个焊点，一个焊点不良就会导致整个 SMA 或 SMT 产品失效。焊接质量取决所用的焊接方法、焊接材料、焊接工艺技术和焊接设备。

根据熔融焊料的供给方式，在 SMT 中采用的软钎焊技术主要有波峰焊和回流焊。一般情况下，波峰焊用于混合组装（既有 THT 元器件，也有 SMC/SMD）方式，回流焊用于全表面组装方式或混合组装方式。波峰焊是通孔插装技术中使用的传统焊接工艺技术，根据波峰的形状不同有单波峰焊、双波峰焊等形式之分。根据提供热源的方式不同，回流焊有传导、对流、红外、激光、气相等方式。表 6-1 比较了在 SMT 中使用的各种软钎焊方法及其特性见表 6-1。

表 6-1　SMT 焊接方法及其特性

焊接方法		初始投资	操作费用	生产量	温度稳定性	适应性				
						温度曲线	双面装配	工装适应性	温度敏感元件	焊接误差率
回流焊接	传导	低	低	中高	好	极好	不能	差	影响小	很低
	对流	高	高	高	好	缓慢	不能	好	有损坏危险	很低
	红外	低	低	中	取决于吸收	尚可	能	好	要求屏蔽	低（a）
	激光	高	中	低	要求精确控制	要求试验	能	很好	极好	低
	气相	中高	高	中高	极好	（b）	能	很好	有损坏危险	中等
波峰焊接		高	高	高	好	难建立	（c）	不好	有损坏危险	高

注：（a）适当固定和夹紧；（b）改变停顿时间容易，改变温度困难；（c）一面插装普通元件，SMC 装在另一面

波峰焊与回流焊之间的基本区别在于热源与钎料的供给方式不同。在波峰焊中，钎料波峰有两个作用：一是供热，二是提供钎料。

就目前而言，回流焊技术与设备是 SMT 组装厂商组装 SMD/SMC 的首选技术与设备，但波峰焊仍不失为一种高效自动化、高产量、可在生产线上串联的焊接技术。因此，在今后相当长的一段时间内，波峰焊技术与回流焊技术仍然是电子组装的首选焊接技术。

由于 SMC/SMD 的微型化和 SMA 的高密度化，SMA 上元器件之间和元器件与 PCB 之间的间隔很小，因此，表面组装元器件的焊接与 THT 元器件的焊接相比，主要有以下几个特点。

（1）元器件本身受热冲击大。

（2）要求形成微细化的焊接连接。

（3）由于表面组装元器件的电极或引线的形状、结构和材料种类繁多，如图 6-1 所示，因此要求能对各种类型的电极或引线都能进行焊接。

（4）要求表面组装元器件与 PCB 上焊盘图形的接合强度和可靠性高。

除了波峰焊接和回流焊接技术之外，为了确保 SMA 的可靠性，对于一些热敏感性强的 SMD，常采用局部加热方式进行焊接。

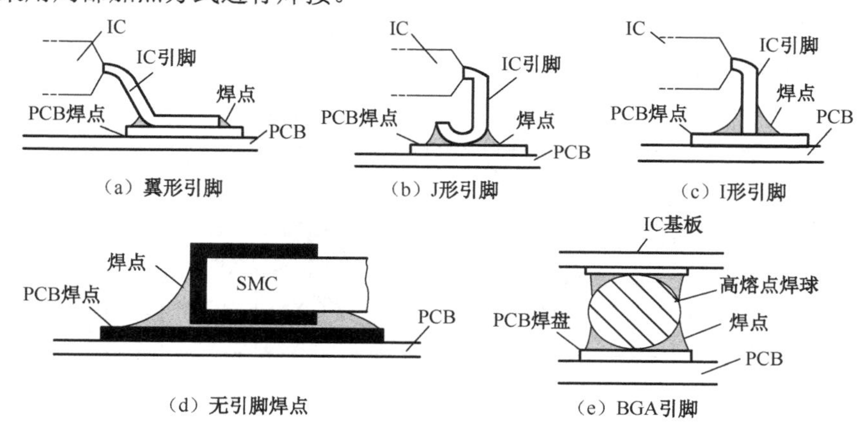

图 6-1　SMT 元器件的电极或引线形状

任务2　表面贴装的波峰焊

在工业化生产过程中，THT 工艺常用的自动焊接设备是浸焊机和波峰焊机，从焊接技术上说，这类焊接属于流动焊接，是熔融流动的液态焊料和焊件对象做相对运动，实现润湿而完成焊接。在表面贴装技术中，仍然使用这一焊接方式。

6.2.1　波峰焊机结构及其工作原理

波峰焊机是在浸焊机的基础上发展起来的自动焊接设备，两者最主要的区别在于设备的焊锡槽。波峰焊是利用焊锡槽内的机械式或电磁式离心泵，将熔融焊料压向喷嘴，形成一股向上平稳喷涌的焊料波峰并源源不断地从喷嘴中溢出。装有元器件的印制电路板以平面直线匀速运动的方式通过焊料波峰，在焊接面上形成润湿焊点而完成焊接。如图 6-2 所示为波峰焊机的焊锡槽示意图。

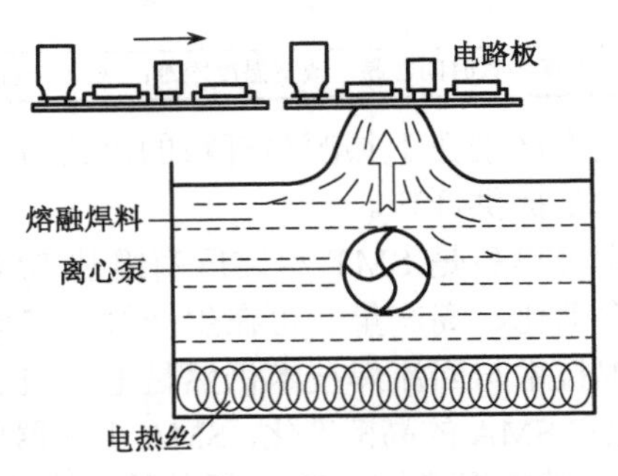

图 6-2　波峰焊机的焊锡槽示意图

与浸焊机相比，波峰焊设备具有如下优点。

（1）熔融焊料的表面漂浮一层抗氧化剂隔离空气，只有焊料波峰暴露在空气中，从而减少了氧化的机会，可以减少氧化渣带来的焊料浪费。

（2）电路板接触高温焊料时间短，可以减轻电路板的翘曲变形。

（3）浸焊机内的焊料相对静止，焊料中不同密度的金属会产生分层现象（下层富铅而上层富锡）。波峰焊机在焊料泵的作用下，整槽熔融焊料循环流动，使焊料成分均匀一致。

（4）波峰焊机的焊料充分流动，有利于提高焊点质量。

如图 6-3 所示为一般波峰焊机的内部结构示意图。

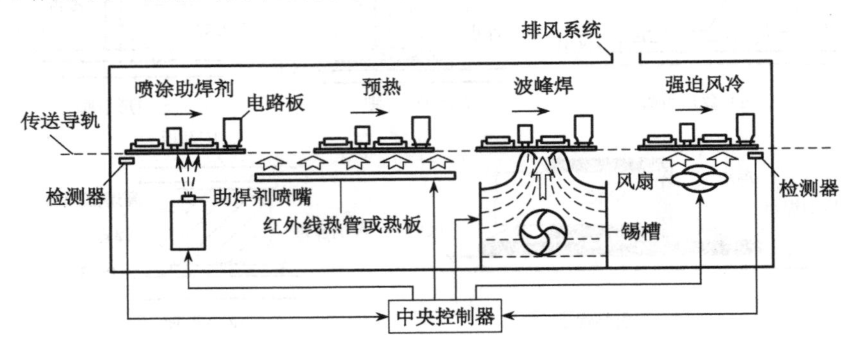

图 6-3　波峰焊机的内部结构示意图

在波峰焊机内部，焊锡槽被加热使焊锡熔融，机械泵根据焊接要求工作，使液态焊锡从喷口涌出，形成特定形态的、连续不断的锡波；已经完成插件或贴片胶贴片工序的电路板放在导轨上，以匀速直线运动的形式向前移动，顺序经过涂敷助焊剂和预热工序，进入焊锡槽上部，电路板的焊接面在通过焊锡波峰时进行焊接。然后，焊接面经冷却后完成焊接过程，被送出焊接区。冷却方式大都为强迫风冷，正确的冷却温度与时间，有利于改进焊点的外观与可靠性。

助焊剂喷嘴既可以实现连续喷涂，也可以被设置成检测到有电路板通过时才进行喷涂的经济模式；预热装置由热管组成，电路板在焊接前被预热，可以减小温差、避免热冲击。预热温度在 90℃～120℃之间，预热时间必须控制得当，预热使助焊剂干燥（蒸发掉其中的水分）并处于活化状态。焊料熔液在锡槽内始终处于流动状态，使喷涌的焊料波峰表面无氧化层，由于印制板和波峰之间处于相对运动状态，所以助焊剂容易挥发，焊点内不会出现气泡。

为了获得良好的焊接质量，焊接前应做好充分的准备工作，如保证产品的可焊性处理（预镀锡）等；焊接后的清洗、检验、返修等步骤也应按规定进行操作。

如图 6-4 所示为一款波峰焊机的外形。如图 6-5 所示为波峰焊机的内部结构示意图。

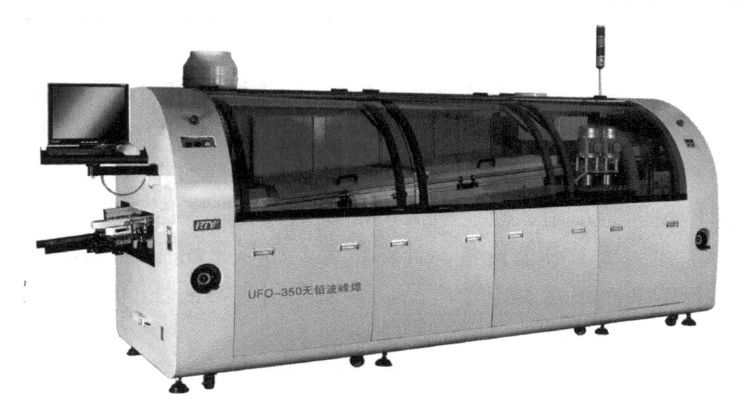

图 6-4　波峰焊机的外形

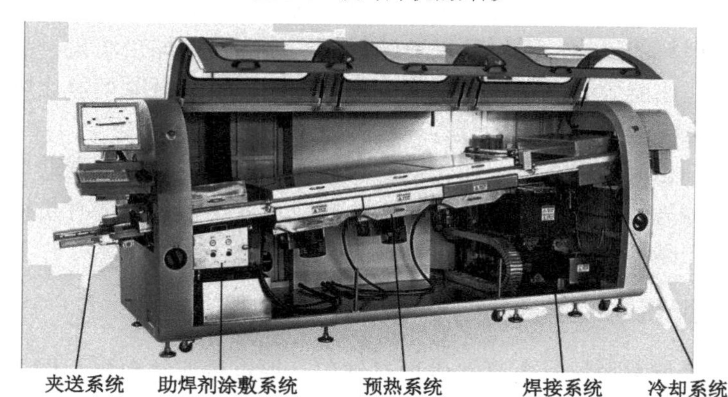

图 6-5　波峰焊机内部结构

6.2.2　波峰焊的工艺因素调整

在波峰焊机工作的过程中，焊料和助焊剂被不断消耗，需要经常对这些焊接材料进行监测，并根据监测结果进行必要的调整。

（1）焊料。波峰焊一般采用 Sn63Pb37 的共晶焊料，熔点为 183℃，Sn 的含量应该保持在 61.5%以上，并且 Sn、Pb 两者的含量比例误差不得超过±1%，主要金属杂质的最大含量范围见表 6-2。近年来，无铅焊料和适应无铅焊料的波峰焊机的应用越来越普遍。

表 6-2　波峰焊焊料中主要金属杂质的最大含量范围

金属杂质	铜 Cu	铝 Al	铁 Fe	铋 Bi	锌 Zn	锑 Sb	砷 As
最大含量范围/‰	0.8	0.05	0.2	1	0.02	0.2	0.5

对于 Sn63Pb37 共晶焊料来说，应该根据设备的使用频率，一周到一个月定期检测焊料的 Sn、Pb 比例和主要金属杂质含量，如果不符合要求，应该更换焊料或采取其他措施。如当 Sn 的含量低于标准时，可以添加纯 Sn 以保证含量比例。

焊料的温度与焊接时间、波峰的形状与强度决定焊接质量。焊接时，SnPb 焊料的温度一般设定为 245℃左右，焊接时间 3s 左右。

（2）助焊剂。波峰焊使用的助焊剂，要求表面张力小，扩展率大于 85%；黏度小于熔融焊料，容易被置换且焊接后容易清洗。一般助焊剂的密度为 0.82～0.84g/cm^3，可以用相应的溶剂来稀释调整。

假如采用免清洗助焊剂，要求密度小于 0.8g/cm^3，固体含量小于 2.0%，不含卤化物，焊接后残留物少，不产生腐蚀作用，绝缘性好，绝缘电阻大于 $1\times10^{11}\Omega$。

应该根据电子产品对清洁度和电性能的要求选择助焊剂的类型：卫星、飞机仪表、潜艇通信、微弱信号测量仪器等军用、航空航天产品或生命保障类医疗装置，必须采用免清洗助焊剂；通信设施、工业装置、办公设备、计算机等，可以采用免清洗助焊剂，或者用清洗型助焊剂，焊接后进行清洗；消费类电子产品，可以采用中等活性的松香助焊剂，焊接后不必清洗，也可以使用免清洗助焊剂。

应该根据设备的使用频率，每天或每周定期检测助焊剂的密度，如果不符合要求，应更换助焊剂或添加新助焊剂，以保证密度符合要求。

（3）焊料添加剂。在波峰焊的焊料中，还要根据需要添加或补充一些辅料：防氧化剂可以减少高温焊接时焊料的氧化，不仅可以节约焊料，还能提高焊接质量。防氧化剂由油类与还原剂组成，要求还原能力强，在焊接温度下不会碳化。锡渣减除剂能让熔融的铅锡焊料与锡渣分离，起到防止锡渣混入焊点、节省焊料的作用。

另外，波峰焊设备的传送系统，即传送链、传送带的速度也要依据助焊剂、焊料等因素与生产规模综合选定与调整。传送链、传送带的倾斜角度在设备制造时是根据焊料波形设计的，但有时也要随产品的改变而进行微量调整。

6.2.3　几种波峰焊机

旧式的单波峰焊机在焊接时容易造成焊料堆积、焊点桥连等现象，用人工修补焊点的工作量较大。并且，在采用一般的波峰焊机焊接 SMT 电路板时，有如下两个技术难点。

① 气泡遮蔽效应。在焊接过程中，助焊剂或 SMT 元器件的黏结剂受热分解所产生的气泡不易排出，遮蔽在焊点上，可能造成焊料无法接触焊接面而形成漏焊。

② 阴影效应。印制板在焊料熔液的波峰上通过时，较高的 SMT 元器件对它后面或相邻的较矮的 SMT 元器件周围的死角产生阻挡，形成阴影区，使焊料无法在焊接面上漫流而导致漏焊或焊接不良。

为克服这些 SMT 焊接缺陷，除了采用回流焊等焊接方法以外，已经研制出许多新型或改进型的波峰焊设备，有效地排除了原有波峰焊机的缺陷，创造出空心波、组合空心波、紊乱波等新的波峰形式。按波峰形式分类，可以分为单峰、双峰、三峰和复合峰四种类型。目前常见的新型波峰焊机有如下几种。

（1）斜坡式波峰焊机。这种波峰焊机的传送导轨以一定角度的斜坡方式安装，并且斜坡的角度可以调整，它的优点是增加了电路板焊接面与焊锡波峰接触的长度。假如电路板以同样速度通过波峰，等效增加了焊点润湿的时间，从而可以提高传送导轨的运行速度和焊接效率；不仅有利于焊点内的助焊剂挥发，避免形成夹气焊点，还能让多余的焊锡流下来。

（2）高波峰焊机。高波峰焊机适用于 THT 元器件“长脚插焊”工艺，它的焊锡槽及其锡波喷嘴的特点是，焊料离心泵的功率比较大，从喷嘴中喷出的锡波高度比较高，并且其高度 h 可以调节，保证元器件的引脚从锡波里顺利通过。一般，在高波峰焊机的后面配置剪腿机（也叫切脚机），用来剪短元器件的引脚。

（3）电磁泵喷射波峰焊机。在电磁泵喷射波峰焊接设备中，通过调节磁场与电流值，可以方便地调节特制电磁泵的压差和流量，从而调整焊接效果。这种泵控制灵活，每焊接完一块电路板后，自动停止喷射，减少了焊料与空气接触的氧化作用。这种焊接设备多用在焊接贴片/插装混合组装的电路板。

（4）双波峰焊机。双波峰焊机是 SMT 时代发展起来的改进型波峰焊设备，特别适合焊接那些 THT+SMT 混合元器件的电路板。使用这种设备焊接印制电路板时，THT 元器件要采用“短脚插焊”工艺。电路板的焊接面要经过两个熔融的铅锡焊料形成的波峰：这两个焊料波峰的形式不同，最常见的波形组合是“紊乱波”+“宽平波”，“空心波”+“宽平波”的波形组合也比较常见；焊料熔液的温度、波峰的高度和形状、电路板通过波峰的时间和速度这些工艺参数，都可以通过计算机伺服控制系统进行调整。

① 空心波。顾名思义，空心波的特点是在熔融铅锡焊料的喷嘴出口设置了指针形调节杆，让焊料熔液从喷嘴两边对称的窄缝中均匀地喷流出来，使两个波峰的中部形成一个空心的区域，并且两边焊料熔液喷流的方向相反。由于空心波产生的流体力学效应，它的波峰不会将元器件推离基板，相反却使元器件贴向基板。空心波的波形结构，可以从不同方向消除元器件的阴影效应，有极强的填充死角、消除桥接的效果。空心波焊料熔液喷流形成的波柱薄、截面积小，使 PCB 基板与焊料熔液的接触面减小，不仅有利于助焊剂热分解气体的排放，克服了气体遮蔽效应，还减少了印制板吸收的热量，降低了元器件损坏的概率。

② 紊乱波。在双波峰焊接机中，用一块多孔的平板去替换空心波喷口的指针形调节杆，就可以获得由很多小的子波构成的紊乱波。看起来像平面涌泉似的紊乱波，也能很好地克服一般波峰焊的遮蔽效应和阴影效应。

③ 宽平波。在焊料的喷嘴出口处安装了扩展器，熔融的铅锡熔液从倾斜的喷嘴喷流出来，形成偏向宽平波（也叫片波）。逆着印制板前进方向的宽平波的流速较大，对电路板有很好的擦洗作用；在设置扩展器的一侧，熔液的波面宽而平，流速较小，使焊接对象可以获得较好的后热效应，起到修整焊接面、消除桥接和拉尖、丰满焊点轮廓的效果。

4. 波峰焊的温度曲线及工艺参数控制

理想的双波峰焊的焊接温度曲线如图 6-6 所示。从图中可以看出，整个焊接过程被分为三个温度区域：预热、焊接、冷却。实际的焊接温度曲线可以通过对设备的控制系统编程进行调整。

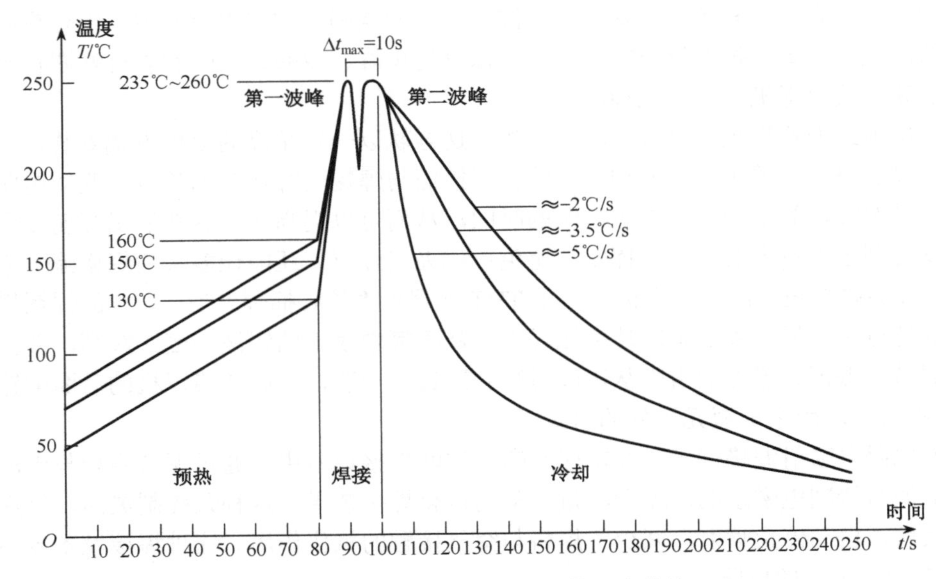

图 6-6　理想的双波峰焊的焊接温度曲线

在预热区内，电路板上喷涂的助焊剂中的水分和溶剂被挥发，可以减少焊接时产生的气体。同时，松香和活化剂开始分解活化，去除焊接面上的氧化层和其他污染物，并且防止金属表面在高温下再次氧化。印制电路板和元器件被充分预热，可以有效地避免焊接时急剧升温产生的热应力损坏。电路板的预热温度及时间，要根据印制板的大小、厚度、元器件的尺寸和数量，以及贴装元器件的多少而确定。在 PCB 表面测量的预热温度应该在 90℃～130℃之间，多层板或贴片元器件较多时，预热温度取上限。预热时间由传送带的速度来控制。如果预热温度偏低或预热时间过短，助焊剂中的溶剂挥发不充分，焊接时就会产生气体引起气孔、锡珠等焊接缺陷；如预热温度偏高或预热时间过长，焊剂被提前分解，使焊剂失去活性，同样会引起毛刺、桥接等焊接缺陷。

为恰当控制预热温度和时间，达到最佳的预热温度，可以参考表 6-3 内的数据，也可以从波峰焊前涂敷在 PCB 底面的助焊剂是否有黏性来进行经验性判断。

表 6-3　不同印制电路板在波峰焊时的预热温度

PCB 类型	元器件种类	预热温度 / °C
单面板	THC+SMD	90～100
双面板	THC	90～110
双面板	THC ＋ SMD	100～110
多层板	THC	100～125
多层板	THC+SMD	110～130

焊接过程是被焊接金属表面、熔融焊料和空气等之间相互作用的复杂过程，同样必须控制好温度和时间。如果焊接温度偏低，液体焊料的黏性大，不能很好地在金属表面润湿和扩散，就容易产生拉尖、桥接、焊点表面粗糙等缺陷；如果焊接温度过高，则容易损坏元器件，还会由于助焊剂被碳化而失去活性、焊点氧化速度加快，致使焊点失去光泽、不饱满。因此，波峰表面温度一般应该在（250±5）℃的范围之内。

因为热量、温度是时间的函数，在一定温度下，焊点和元件的受热量随时间而增加。波峰焊的焊接时间可以通过调整传送系统的速度来控制，传送带的速度要根据不同波峰焊机的长度、预热温度、焊接温度等因素统筹考虑，进行调整。以每个焊点接触波峰的时间来表示焊接时间，一般焊接时间约为 2～4s。

合适的焊接温度和时间，是形成良好焊点的首要条件。焊接温度和时间与预热温度、焊料波峰的温度、导轨的倾斜角度、传输速度都有关系。综合调整控制工艺参数，对提高波峰焊质量非常重要。

任务 3　回流焊与回流焊设备

1．回流焊工艺概述

回流焊，也称为再流焊，是英文 Reflow Soldering 的直译，回流焊工艺是通过重新熔化预先分配到印制板焊盘上的膏状软钎焊料，实现表面组装元器件焊端或引脚与印制板焊盘之间机械与电气连接的软钎焊。

回流焊是伴随微型化电子产品的出现而发展起来的锡焊技术，主要应用于各类表面贴装元器件的焊接，目前已经成为 SMT 电路板组装技术的主流。

经过焊锡膏印刷和元器件贴装的电路板进入回流焊设备。传送系统带动电路板通过设备里各个设定的温度区域，焊锡膏经过干燥、预热、熔化、润湿、冷却，将元器件焊接到印制板上。回流焊的核心环节是利用外部热源加热，使焊料熔化而再次流动润湿，从而完成电路板的焊接过程。

由于回流焊工艺有“再流动”及“自定位效应”的特点，使回流焊工艺对贴装精度的要求比较宽松，容易实现焊接的高度自动化与高速度。同时也正因为再流动及自定位效应的特点，回流焊工艺对焊盘设计、元器件标准化、元器件端头与印制板质量、焊料质量以及工艺参数的设置有更严格的要求。

回流焊操作方法简单，效率高、质量好、一致性好，节省焊料（仅在元器件的引脚下有很薄的一层焊料），是一种适合自动化生产的电子产品装配技术。

回流焊技术的一般工艺流程如图 6-7 所示。

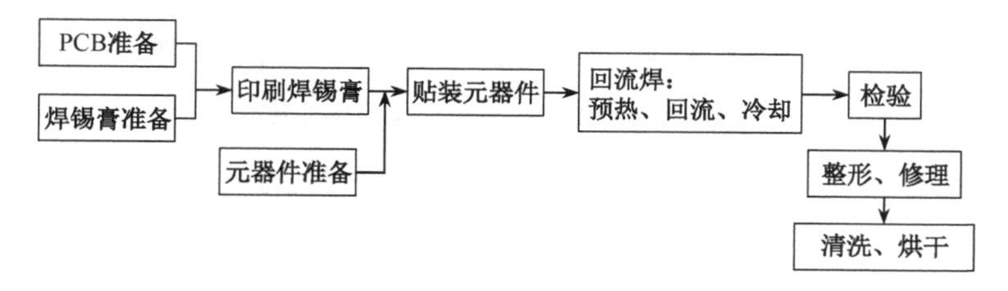

图 6-7　回流焊技术的一般工艺流程

2．回流焊工艺的特点

与波峰焊技术相比，回流焊工艺具有以下技术特点。

（1）元件不直接浸渍在熔融的焊料中，所以元件受到的热冲击小（由于加热方式不同，有些情况下施加给元器件的热应力也会比较大）。

（2）能在前导工序里控制焊料的施加量，减少了虚焊、桥接等焊接缺陷，所以焊接质量好，焊点的一致性好，可靠性高。

（3）假如前导工序在 PCB 上施放焊料的位置正确而贴放元器件的位置有一定偏离，在回流焊过程中，当元器件的全部焊端、引脚及其相应的焊盘同时润湿时，由于熔融焊料表面张力的作用，产生自定位效应，能够自动校正偏差，把元器件拉回到近似准确的位置。

（4）回流焊的焊料是商品化的焊锡膏，能够保证正确的组分，一般不会混入杂质。

（5）可以采用局部加热的热源，因此能在同一基板上采用不同的焊接方法进行焊接。

（6）工艺简单，返修的工作量很小。

3．回流焊工艺的焊接温度曲线

控制与调整回流焊设备内焊接对象在加热过程中的时间—温度参数关系（常简称为焊接温度曲线），是决定回流焊效果与质量的关键。各类设备的演变与改善，其目的也是更加便于精确调整温度曲线。

回流焊的加热过程可以分成预热、焊接（再流）和冷却三个最基本的温度区域，主要有两种实现方法：一种是沿着传送系统的运行方向，让电路板顺序通过隧道式炉内的各个温度区域；另一种是把电路板停放在某一固定位置上，在控制系统的作用下，按照各个温度区域的梯度规律调节、控制温度的变化。温度曲线主要反映电路板组件的受热状态，常规回流焊的理想焊接温度曲线如图 6-8 所示。

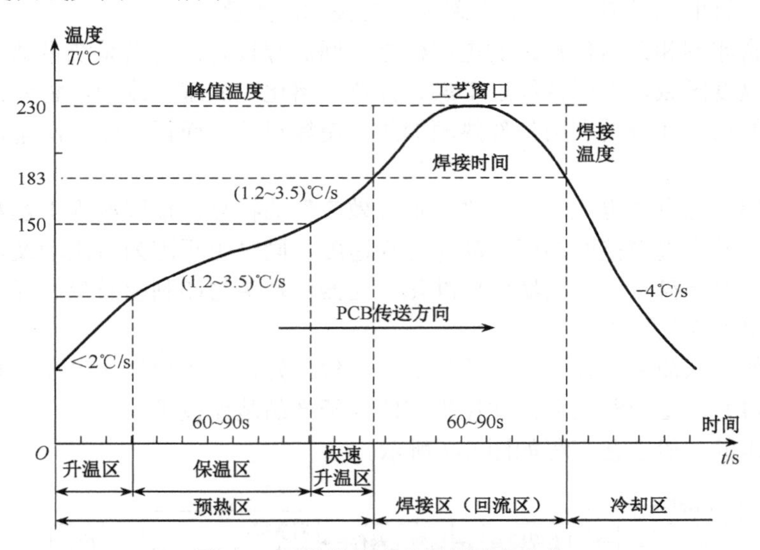

图 6-8 回流焊的理想焊接温度曲线

典型的温度变化过程通常由四个温区组成，分别为预热区、保温区、回流区与冷却区。

（1）预热区。焊接对象从室温逐步加热至 150℃左右的区域，缩小与回流焊过程的温差，焊锡膏中的溶剂被挥发。

（2）保温区。温度维持在 150℃～160℃，焊锡膏中的活性剂开始作用，去除焊接对象表面的氧化层。

（3）回流区。温度逐步上升，超过焊锡膏熔点温度 30%～40%（一般 Sn/Pb 焊锡的熔点为 183℃，比熔点高约 47℃～50℃），峰值温度达到 220℃～230℃的时间短于 10s，焊锡膏完全熔化并润湿元器件焊端与焊盘。这个范围一般称为工艺窗口。

（4）冷却区。焊接对象迅速降温，形成焊点，完成焊接。

由于元器件的品种、大小与数量不同以及电路板尺寸等诸多因素的影响，要获得理想而一致的曲线并不容易，需要反复调整设备各温区的加热器，才能达到最佳温度曲线。

4．回流焊的工艺要求

（1）要设置合理的温度曲线。回流焊是 SMT 生产中的关键工序，假如温度曲线设置不当，会引起焊接不完全、虚焊、元件翘立（“立碑”现象）、锡珠飞溅等焊接缺陷，影响产品质量。

（2）SMT 电路板在设计时就要确定焊接方向，并应当按照设计方向进行焊接。一般，应该保证主要元器件的长轴方向与电路板的运行方向垂直。

（3）在焊接过程中，要严格防止传送带振动。

（4）必须对第一块印制电路板的焊接效果进行判断，施行首件检查制。检查焊接是否完全、有无焊锡膏熔化不充分或虚焊和桥接的痕迹、焊点表面是否光亮、焊点形状是否向内凹陷、是否有锡珠飞溅和残留物等现象，还要检查 PCB 的表面颜色是否改变。在批量生产过程中，要定时检查焊接质量，及时对温度曲线进行修正。

6.3.1 回流焊炉的工作方式和结构

1．回流焊炉的工作过程

回流焊的核心环节是将预敷的焊料熔融、再流、润湿。回流焊对焊料加热有不同的方法，就热量的传导来说，主要有辐射和对流两种方式；按照加热区域，可以分为对 PCB 整体加热和局部加热两大类：整体加热的方法主要有红外线加热法、气相加热法、热风加热法、热板加热法；局部加热的方法主要有激光加热法、红外线聚焦加热法、热气流加热法、光束加热法。

如图 6-9 所示为一款红外热风焊炉的实物图。

图 6-9　红外热风焊炉实物图

回流焊炉的结构主体是一个热源受控的隧道式炉膛，涂敷了膏状焊料并贴装了元器件的电路板随传动机构直线匀速进入炉膛，顺序通过预热、回流（焊接）和冷却这三个基本温度区域。

在预热区内，电路板在 100℃～160℃的温度下均匀预热 2～3 min，焊锡膏中的低沸点溶剂和抗氧化剂挥发，化成烟气排出；同时，焊锡膏中的助焊剂润湿，焊锡膏软化塌落，覆盖了焊盘和元器件的焊端或引脚，使它们与氧气隔离；并且，电路板和元器件得到充分预热，以免它们进入焊接区因温度突然升高而损坏。在焊接区，温度迅速上升，比焊料合金的熔点高 20℃～50℃，膏状焊料在热空气中再次熔融，润湿焊接面，时间大约 30～90 s。当焊接对象从炉膛内的冷却区通过，使焊料冷却凝固以后，全部焊点同时完成焊接。

回流焊设备还可以用来焊接电路板的两面：先在电路板的 A 面漏印焊锡膏，黏结 SMT 元器件后入炉完成焊接；然后在 B 面漏印焊锡膏，黏结元器件后再次入炉焊接。这时，电路板的 B 面朝上，在正常的温度控制下完成焊接；A 面朝下，受热温度较低，已经焊好的元器件不会从板上脱落下来。这种工作状态如图 6-10 所示。

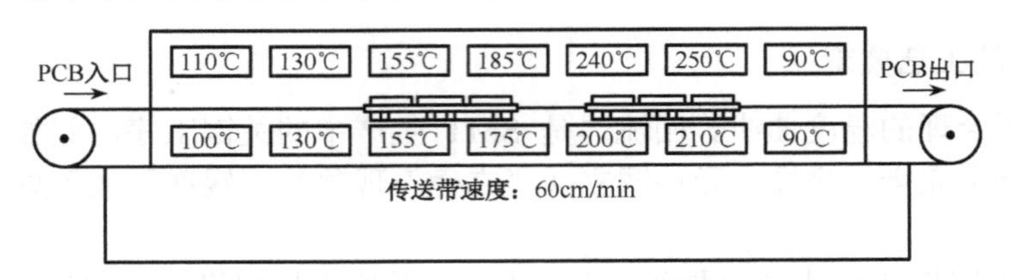

图 6-10　回流焊时电路板两面的温度不同

2. 回流焊炉的结构

热风回流焊是目前应用较广的一种回流焊类型，现以此为例介绍回流焊炉的结构。

回流焊炉主要由炉体、上下加热源、PCB 传送装置、空气循环装置、冷却装置、排风装置、温度控制装置以及计算机控制系统等组成。

（1）外部结构。

① 电源开关。主电源来源，一般为 380V 三相四线制电源。

② PCB 传输部件，一般有传输链和传输网两种。

③ 信号指示灯。指示设备当前状态，共有三种颜色。绿色灯亮表示设备各项检测值与设定值一致，可以正常使用；黄色灯亮表示设备正在设定中或尚未启动；红色灯亮表示设备有故障。

④ 生产过程中将助焊剂烟雾等废气抽出，以保证炉内再流气体干净。

⑤ 显示器、键盘、设备操作接口。

⑥ 散热风扇。

⑦ 紧急开关。按下紧急开关，可关闭各电动机电源，同时关闭发热器电源，设备进入紧急停止状态。

（2）内部结构。热风回流焊炉内部结构如图 6-11 所示。

① 加热器。一般为石英发热管组，提供炉温所必需的热量。

② 热风电动机。驱动风泵将热量传输至 PCB 表面，保持炉内热量均匀。

③ 冷却风扇。用来冷却焊后的 PCB。

④ 传输带驱动电动机。给传输带提供驱动动力。

⑤ 传输带驱动轮。传输带驱动轮起传动网链作用。

⑥ UPS。在主电源突然停电时，UPS 会自动将存于蓄电池内的电量释放，驱动网链运动，将 PCB 运输出炉。

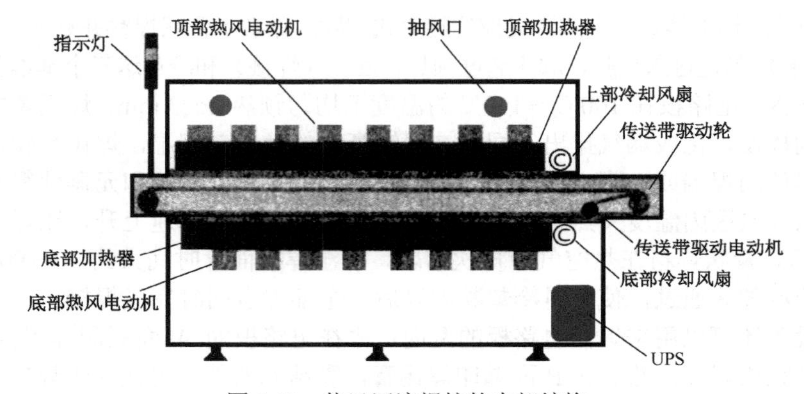

图 6-11　热风回流焊炉的内部结构

3．回流焊炉的主要技术指标

① 温度控制精度（指传感器灵敏度）：应该达到±0.1℃～0.2℃。

② 温度均匀度：±1℃～2℃，炉膛内不同点的温差应该尽可能小。

③ 传输带横向温差：要求±5℃以下。

④ 温度曲线调试功能：如果设备无此装置，要外购温度曲线采集器。

⑤ 最高加热温度：一般为 300℃～350℃，如果考虑温度更高的无铅焊接或金属基板焊接，应该选择 350℃以上。

⑥ 加热区数量和长度：加热区数量越多、长度越长，越容易调整和控制温度曲线。一般中小批量生产，选择 4～5 个温区，加热长度 1.8 m 左右的设备，即能满足要求。

⑦ 焊接工件尺寸：根据传送带宽度确定，一般为 30～400mm。

6.3.2 回流焊炉的类型

根据加热方式的不同，回流焊炉一般分为以下几种类型。

1．热板传导回流焊

利用热板传导来加热的焊接方法称为热板回流焊。热板回流焊的工作原理如图 6-12 所示。

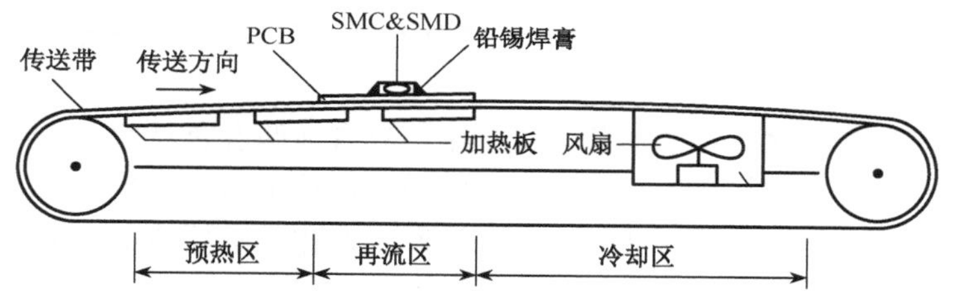

图 6-12 热板回流焊的工作原理

热板传导回流焊的发热器件为板形，放置在薄薄的传送带下，传送带由导热性能良好的聚四氟乙烯材料制成。待焊电路板放在传送带上，热量先传送到电路板上，再传至焊锡膏与 SMC/SMD 元器件，焊锡膏熔化以后，再通过风冷降温，完成电路板焊接。这种回流焊的热板表面温度不能大于 300℃，早期用于导热性好的高纯度氧化铝基板、陶瓷基板等厚膜电路单面焊接，随后也用于焊接初级 SMT 产品的单面电路板。其优点是结构简单，操作方便；缺点是热效率低，温度不均匀，电路板若导热不良或稍厚就无法适应，对普通敷铜箔电路板的焊接效果不好，故很快被其他形式的回流焊炉取代。

2．红外线辐射回流焊

这种加热方法的主要工作原理是：在设备内部，通电的陶瓷发热板（或石英发热管）辐射出远红外线，电路板通过数个温区，接受辐射转化为热能，达到回流焊所需的温度，焊料润湿完成焊接，然后冷却。红外线辐射加热法是最早、最广泛使用的 SMT 焊接方法之一。其原理示意图如图 6-13 所示。

红外线回流焊炉设备成本低，适用于低组装密度产品的批量生产，调节温度范围较宽的炉子也能在点胶贴片后固化贴片胶。炉内有远红外线与近红外线两种热源，一般，前者多用于预热，后者多用于再流加热。整个加热炉可以分成几段温区，分别控制温度。

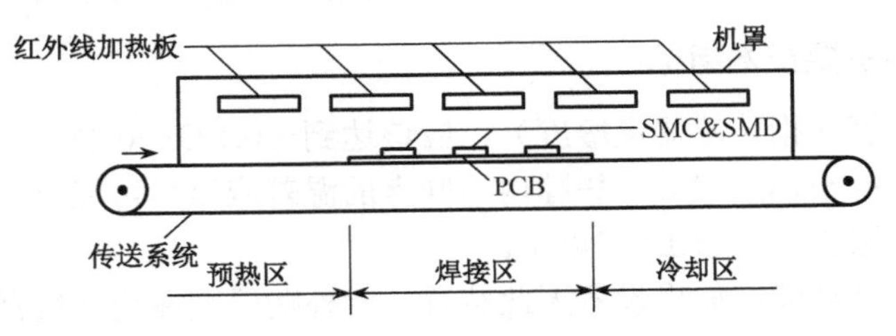

图 6-13　红外线辐射回流焊的原理示意图

红外线辐射回流焊炉的优点是热效率高，温度变化梯度大，温度曲线容易控制，焊接双面电路板时，上、下温度差别大。缺点是电路板同一面上的元器件受热不够均匀，温度设定难以兼顾周全，阴影效应较明显；当元器件的封装、颜色深浅、材质差异不同时，各焊点所吸收的热量不同；体积大的元器件会对小元的器件造成阴影使之受热不足。

3. 红外线热风回流焊

20 世纪 90 年代后，元器件进一步小型化，SMT 的应用不断扩大。为使不同颜色、不同体积的元器件（如 QFP、PLCC 和 BGA 封装的集成电路）能同时完成焊接，必须改善回流焊设备的热传导效率，减少元器件之间的峰值温度差别，在电路板通过温度隧道的过程中维持稳定一致的温度曲线，设备制造商开发了新一代回流焊设备，改进加热器的分布、空气的循环流向，增加温区划分，使之能进一步精确控制炉内各部位的温度分布，便于温度曲线的理想调节。

在对流、辐射和传导这三种热的传导机制中，只有前两者容易控制。红外线辐射加热的效率高，而强制对流可以使加热更均匀。先进的回流焊技术结合了热风对流与红外线辐射两者的优点，用波长稳定的红外线（波长约 8μm）发生器作为主要热源，利用对流的均衡加热特性以减少元器件与电路板之间的温度差别。

改进型的红外线热风回流焊是按一定热量比例和空间分布，同时混合红外线辐射和热风循环对流加热的方式，也叫热风对流红外线辐射回流焊。目前多数大批量 SMT 生产中的回流焊炉都是采用这种大容量循环强制对流加热的工作方式。

在炉体内，热空气不停流动，均匀加热，有极高的热传递效率，并不依靠红外线直接辐射加温。这种方法的特点是，各温区独立调节热量，减小热风对流，还可以在电路板下面采取制冷措施，从而保证加热温度均匀稳定，电路板表面和元器件之间的温差小，温度曲线容易控制。红外热风回流焊设备的生产能力高，操作成本低。

现在，随着温度控制技术的进步，高档的强制对流热风回流焊设备的温度隧道更多地细分了不同的温度区域，例如，把预热区细分为升温区、保温区和快速升温区等。在国内设备条件好的企业里，已经能够见到 7～10 个温区的回流焊设备。当然，回流焊炉的强制对流加热方式和加热器形式，也在不断改进，使传导对流热量给电路板的效率更高，加热更均匀。

4. 气相回流焊

这是美国西屋公司于 1974 年首创的焊接方法，曾经在美国的 SMT 焊接中占有很高比例，其工作原理是：加热传热介质氟氯烷系溶剂，使之沸腾产生饱和蒸气；在焊接设备内，介质的饱和蒸气遇到温度低的待焊电路组件，转变成为相同温度下的液体，释放出气化潜热，使膏状焊料熔融润湿，从而使电路板上的所有焊点同时完成焊接。这种焊接方法的介质液体需要较高的沸点（高于铅锡焊料的熔点），有良好的热稳定性，不自燃。美国 3M 公司配制的介质液体见表 6-4。

表 6-4　3M 公司配制的介质液体

介　质	FC-70（沸点 215℃）	FC-71（沸点 253℃）
用　途	Sn / Pb 焊料的回流焊	纯 Sn 焊料的回流焊
全　称	（C，F11），N 全氟戊胺	

气相法的特点是整体加热，饱和蒸气能到达设备里的每个角落，热传导均匀，可形成与产品形状无关的焊接。

气相回流焊能精确地控制温度（取决于熔剂沸点），热转化效率高，焊接温度均匀、不会发生过热现象；并且蒸气中含氧量低，焊接对象不会氧化；能获得高精度、高质量的焊点。

气相回流焊的缺点是介质液体及设备的价格高，介质液体是典型的臭氧层损耗物质，在工作时会产生少量有毒的全氟异丁烯（PFIB）气体，因此在应用上受到极大限制。如图 6-14 所示为气相回流焊设备的工作原理示意图。溶剂在加热器作用下沸腾产生饱和蒸气，电路板从左向右进入炉膛受热进行焊接。炉子上方与左右都有冷凝管，将蒸气限制在炉膛内。

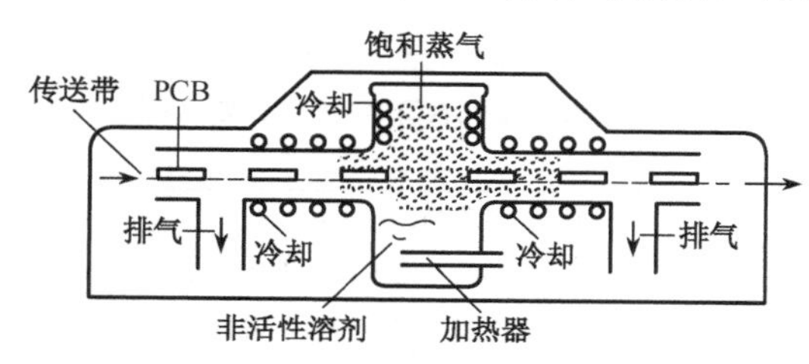

图 6-14　气相回流焊的工作原理示意图

5．激光回流焊

激光回流焊是利用激光束良好的方向性及功率密度高的特点，通过光学系统将 CO_2 或 YAG 激光束聚集在很小的区域内，在很短的时间内使焊接对象形成一个局部加热区，如图 6-15 所示为激光加热回流焊的工作原理示意图。

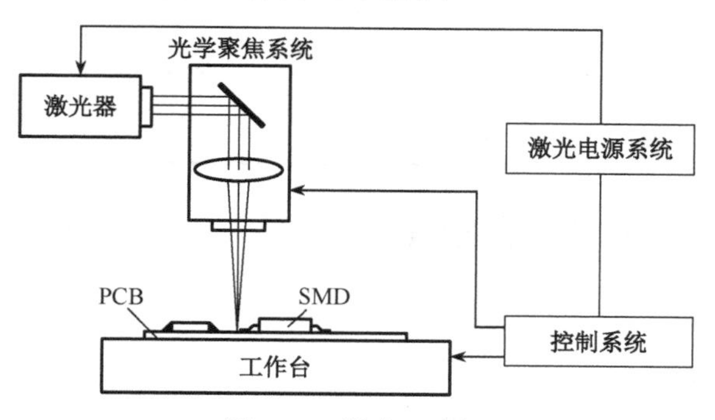

图 6-15　激光回流焊

激光回流焊的加热具有高度局部化的特点，不产生热应力，热冲击小，热敏元器件不易损坏，但是设备投资大，维护成本高。

另外，回流焊炉还可以按温区分类。回流焊炉的温区长度一般为 45～50cm，温区数量可以有 3、4、5、6、7、8、9、10、12、15 甚至更多温区，从焊接的角度，回流焊至少有 3 个温区，即预热区、焊接区和冷却区。温区多，工作曲线就能方便调节，生产能力大，但费用及占场地也大。很多炉子在计算温区时通常将冷却区排除在外，即只计算升温区、保温区和焊接区。

除了上述几种焊接方法以外，在微电子器件组装中，超声波焊、热超声金丝球焊、机械热脉冲焊都有各自的特点。

随着计算机技术的发展，在电子焊接中使用微处理器控制的焊接设备已经普及。例如，微电脑控制电子束焊接已在我国研制成功。还有一种光焊技术，已经应用在 CMOS 集成电路的全自动生产线上，其特点是采用光敏导电胶代替焊剂，将电路芯片黏在印制板上，再用紫外线固化焊接。

6.3.3　各种回流焊工艺主要加热方法比较

各种回流焊工艺主要加热方法的优缺点见表 6-5。

表 6-5　回流焊各种加热方法的主要优缺点

加热方式	原　理	优　点	缺　点
热板	利用热板的热传导加热	1. 减少对元器件的热冲击 2. 设备结构简单，操作方便，价格低	1. 受基板热传导性能影响大 2. 不适用于大型基板、大型元器件 3. 温度分布不均匀
气相	利用惰性溶剂的蒸气凝聚时释放的潜热加热	1. 加热均匀，热冲击小 2. 升温快，温度控制准确 3. 在无氧环境下焊接，氧化少	1. 设备和介质费用高 2. 不利于环保
红外	吸收红外线辐射加热	1. 设备结构简单，价格低 2. 加热效率高，温度可调范围宽 3. 减少焊料飞溅、虚焊及桥接	元器件材料、颜色与体积不同，热吸收不同，温度控制不够均匀
热风	高温加热的气体在炉内循环加热	1. 加热均匀 2. 温度控制容易	1. 容易产生氧化 2. 能耗大
激光	利用激光的热能加热	1. 聚光性好，适用于高精度焊接 2. 非接触加热 3. 用光纤传送能量	1. 激光在焊接面上反射率大 2. 设备昂贵
红外+热风	强制对流加热	1. 温度分布均匀 2. 热传递效率高	设备价格高

6.3.4　全自动热风回流焊炉作业指导

1. 开机

（1）开机前检查准备。

① 检查电源供给（三相五线制电源）是否为本机额定电源。

② 检查设备是否良好接地。

③ 检查紧急停止按钮（机器前电箱上面左右各有一个红色按钮）是否弹开。

④ 查看炉体是否关闭紧密。

⑤ 查看运输链条及网带是否有刮、碰现象。

（2）合上主机电源开关。按下控制面板的电源延时开关 2s 以上，电源指示灯亮，同时听到“哗”的声音，即为开启，计算机自动进入回流焊主操作界面。

（3）待机器加热温度达到设定值 10 min 后，装配好的 PCB 才能过炉焊接或固化。

2．回流焊接编程

回流焊接编程需设定的主要参数见表 6-6。

表 6-6　回流焊接参数设置

项　目	参　　数		功　　能
设置	参数设定	炉温参数	设定各温区的炉温参数
		基板传送速度	设定基板过炉的速度
		上、下风机速度	设定风机速度大小，改善每个温区热量分布均匀程度
	温度报警设定		设定各温区控温偏差上、下限值
	定时设定		设定系统在一周内每天五个时间段开关机时间
	运输速度补偿值		若运输实际速度大于显示速度，则减少运输系数；若运输实际速度小于显示速度，则增加运输系数
	机器参数设定		设定运输方向、加油周期、产量检测、自动调宽窄等参数
操作	宽度调节		手动或自动进行导轨宽度值调节
	面板操作		选择系统在自动或手动状态下运行。选择手动运行时，依次单击“开机”“加热打开”“打开热风机”及“运输启动”按钮；选择自动运行时，先在“定时器”按钮中设定好系统运行的开关机时间后，单击“自动”即可启动整个系统自动运行。单击加热区“开关”按钮，可单独控制每一加热区加热状态
	I/O 检测		可进行 I/O 检测
	产量清零		清除炉子当前生产记录

3．回流焊接首件检验

（1）目的。首件检验的目的是为确保在无品质异常的情况下投入生产，防止批量性品质问题的发生。

（2）内容。

① 取最先加工完成的组件（SMA）1～5 件，由检验员进行外观、尺寸、性能等方面的检查和测试。

② 依照标准对组件焊接效果进行检查。

③ 要检查 IC 和有极性的组件，判断极性方向是否正确。

④ 要检查是否有偏移、缺件、错件、多件、锡多、锡少、连锡、立碑、假焊、冷焊等缺陷。

⑤ 预检人员依外观图或样本作为首件检查及检验依据。

⑥ 从输送带上拿 1 件半成品进行目视检验，如目视不良不能判定时，应在放大镜下进行确认或上报组长。

⑦ 确认 Chip Set 品名、规格等是否正确，并检查有无短路、偏移、空焊等不良。

⑧ 针对 0.5Pitch 零件脚表面，利用拨棒以 45° 倾角、0.7m/min 的速度、不超过 0.5～1kg 的压力，于零件四边进行轻拨动作，注意脚位不能有脱落及松动现象。

⑨ 检查板面是否有异物残留、多件、缺件、PCB 刮伤等不良现象。

⑩ 检查 SMD 组件移位是否超出了标准。

4. 关机

手动状态下，关闭加热，20min 后关闭运输风机，退出主界面，关闭电源；自动状态下，关闭自动运行，20min 后关闭冷却指示，退出主界面，关闭电源。

5. 操作注意事项

（1）UPS 应处于常开状态。

（2）若遇紧急情况，可以按机器两端“应急开关”。

（3）控制用计算机禁止用于其他用途。

（4）在开启炉体进行操作时，务必要用支撑杆支撑上下炉体。

（5）在安装程序完毕后，对所有支持文件不要随意删改，以防止程序运行出现不必要的故障。

（6）同机种的 PCB，要求一天测试一次温度曲线。不同机种的 PCB 在转线时，必须测试一次温度曲线。

任务 4　台式回流焊炉的使用与操作

如图 6-16 所示为台式红外热风回流焊炉的照片。它是内部只有一个温区的小加热炉，能够焊接的电路板最大面积为 400 mm×400 mm（小型设备的有效焊接面积会小一些）。炉内的加热器和风扇受单片机控制，温度随时间变化，电路板在炉内处于静止状态。使用时打开炉门，放入待焊的电路板，按下启动按钮，电路板连续经历预热、回流和冷却的温度过程，完成焊接。控制面板上装有温度调整按键和 LCD 显示屏，焊接过程中可以监测温度变化情况。

这种简易设备的价格比隧道炉膛式红外热风回流焊设备的价格低很多，适用于生产批量不大的小型企业。

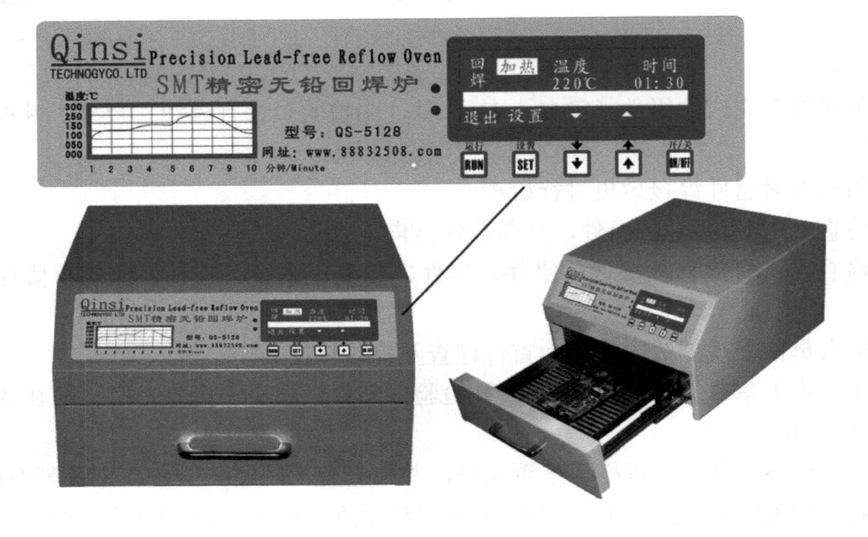

图 6-16　台式红外热风回流焊机

任务描述

现场提供 Create-SMT500 型台式回流焊机一台，贴好元器件的 PCB 2 块。请在认识台式回流焊机的基础上完成以下操作。

① 认识 Create-SMT500 型台式回流焊机。
② 对照实物讲解机器结构，并熟悉各操作按钮。
③ 会选用已设置好的参数组进行焊接。
④ 设置常规焊接参数。
⑤ 能熟练使用台式回流焊机进行回流焊。

实际操作

1．认识 Create-SMT500 型台式回流焊机

Create-SMT500 型台式回流焊机是一款微型化回流焊机，如图 6-17 和图 6-18 所示。它具有简单的人机对话界面，240×128 LCD 显示屏，能显示汉字菜单和实时升温曲线，具有温度、时间等多种参数的设置，并具有掉电保护功能，可完成 0402、0603、0805、1206、PLCC、SOJ、SOT、SOP/SSOP/TSSOP、QFP/MQFP/LQFP/TQFP/HQFP 等多种表面封装元器件的单双面印制电路板的焊接。

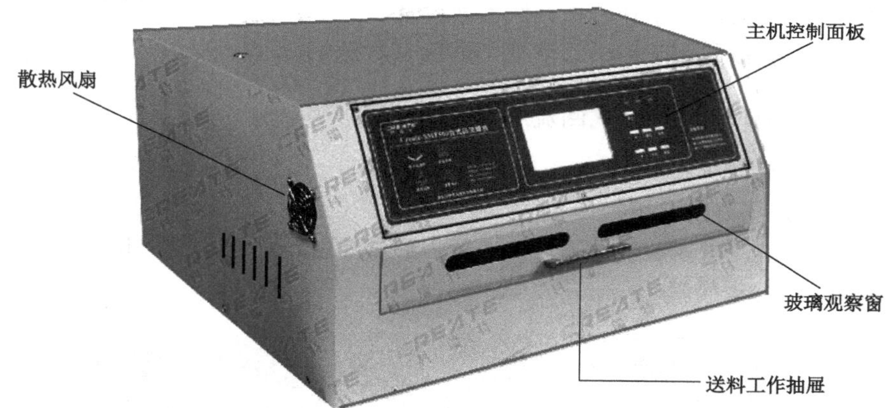

图 6-17　设备侧视图

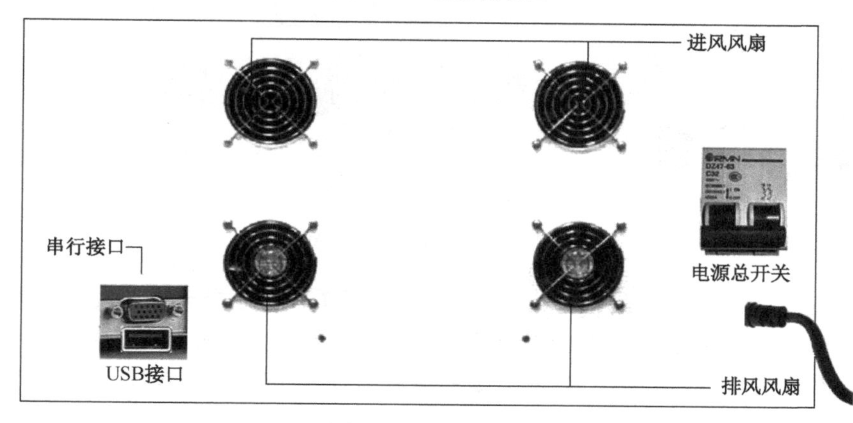

图 6-18　设备后视图

Create-SMT500 型台式回流焊机部件结构介绍如下。

（1）功能说明。

① 主机控制面板。用于设备工艺流程控制、工艺参数设置及工作状态显示。

② 玻璃观察窗。方便在焊接过程中实时观察设备工作状态。

③ 送料工作抽屉。手动控制进、出仓，用于送、取料。

④ 散热风扇。对电气元件以及控制面板区域散热。

⑤/⑥ 进风风扇/排风风扇。用于进风/焊接仓降温，速度可调。

⑦ 电源开关。设备总电源开关。

⑧ USB 接口。与 PC 建立联机接口。

⑨ 串行接口。与 PC 建立联机接口。

（2）按键功能说明。

① 焊接操作键。

在送料盘回位后，按“焊接”键，即按照选定焊接方式进入自动焊接过程。

按“停止”键终止当前操作，如停止焊接等。

② 设置键。

按“设置”键进入参数设置功能选项，再次按键则退出。

按“▲”/“▼”键在设置参数时用于选择子功能选项或修改参数（顺序或数值加/减）。按“确定”键进入所选的子功能选项或参数确认。

按“取消”键退回到上一级功能选项或取消参数的修改。

2. Create-SMT500 型台式回流焊机操作说明

（1）常规焊接操作说明。

① 选用已设置好的参数组焊接。

按“设置”键，进入参数设置功能选项，通过“▲”/“▼”键，选中“常规焊接”，如图 6-19 所示。

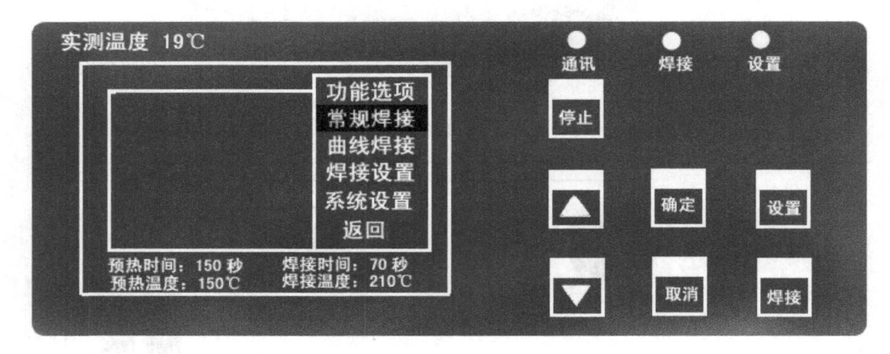

图 6-19　常规焊接选择

再按“确定”键，进入子功能选项，通过“▲”/“▼”键选择一组预设的参数，例如“参数 1”。按“确定”键即选中，再按“焊接”键，设备即按照该参数组参数进行焊接。

② 重新设置常规焊接参数。常规焊接参数包括预热时间、预热温度、焊接时间、焊接温度。设置方法如下。

按“设置”键，进入参数设置功能选项，通过“▲”/“▼”键，选中“焊接设置”。

按“确定”键，进入子功能选项，再通过“▲”/“▼”键选择需重设的参数（如预热温度、预热时间、焊接温度、焊接时间）。

按“确定”键，再通过“▲”/“▼”键修改具体值。

修改完毕按“确定”键，再通过“▲”/“▼”键来选择“返回”或“保存参数”，若选择“返回”，则保存为当前焊接参数，掉电后会丢失；若选择“保存参数”，按“确定”键，则进入“保存参数”子功能选项。通过“▲”/“▼”键选择参数组别，再按“确定”键即将当前设置参数保存在此组并返回上一级菜单，此时该组参数已保存到常规焊接参数组中，掉电后不会丢失。

（2）虚拟曲线焊接操作说明。虚拟曲线焊接是指采用按预定的时间间隔逐点控制温度的焊接方法，注意：这里的控制温度曲线与所需的焊接温度曲线不一定相同，但存在一个对应关系。选用方法如下。

按“设置”键，再通过“▲”/“▼”键，选中“曲线焊接”，按“确定”键选择曲线。

通过“▲”/“▼”键选择一组曲线，按“确定”键确认后，再按“焊接”键即开始按照选定曲线参数进行焊接。

本机可预存 4 条自定义的控制温度曲线供用户根据特殊的工艺要求进行焊接。若有需要，还可以通过上位机软件重新设置虚拟曲线。

（3）系统参数设置。

按“设置”键，进入参数设置功能选项，通过“▲”/“▼”键，选中“系统设置”。

按“确定”键，进入系统参数设置。系统参数包括风扇速度、声音报警、温度校准、参数恢复。

① 风扇速度设置。通过“▲”/“▼”键，选中“风扇速度”，按“确定”键。再通过“▲”/“▼”键，选择需修改速度的阶段，每个阶段均有进风、排风、散热 3 组风扇，进风、排风风速均可单独设置，有 0～7 共 8 挡，其中“0”为关闭，“7”为速度最高。

② 声音报警。可设定有无声音报警。

③ 温度校准。厂家调试设备保留。

④ 参数恢复。可恢复出厂设置。

3．用 Create-SMT500 型台式回流焊机进行回流焊接

（1）参数设置。为达到最佳焊接效果，可以根据某一批电路板的实际情况，设定最佳的参数并保存起来供后续调用，焊接参考参数：有铅焊接参考参数为预热时间 200s、预热温度 150℃、焊接时间 160s、焊接温度 220℃；无铅焊接参考参数为预热时间 200s、预热温度 180℃、焊接时间 160s、焊接温度 255℃，根据电路板和元器件的不同而稍有差异。其中，预热段与焊接段，会根据设定时间和温度双重判断，只有两者都符合时方进入下一段。

（2）回流焊接。通过台式回流焊机，将锡膏熔化，使表面安装元器件与 PCB 牢固黏结在一起。

（3）用台式回流焊机进行回流焊接练习。

（4）考核评价。实训结束，填写考核评价表，见表 6-7。

表 6-7　考核评价

序号	项　目	配分	评 价 要 点	自评	互评	教师评价	平均分
1	焊接操作键熟悉	10 分	熟悉焊接操作键（10 分）				
2	正确选用已设置好的参数组进行焊接	30 分	能正确选用已设置好的参数组进行焊接（30 分）				
3	重新设置常规焊接参数	30 分	能重新设置常规焊接参数（30 分）				
4	回流焊熟练	30 分	能熟练用台式回流焊机回流焊（30 分）				
材料、工具、仪表			每损坏或者丢失一件扣 10 分 材料、工具、仪表没有放整齐扣 10 分				
环保节能意识			视情况扣 10～20 分				
安全文明操作			违反安全文明操作视其情况进行扣分				
额定时间			每超过 5min 扣 5 分				
开始时间		结束时间		实际时间		综合成绩	
综合评议意见（教师）							
评议教师				日期			
自评学生				互评学生			

任务 5　回流焊炉保养指导

1. 日保养

用布蘸少量酒精清洁机器外表面。

2. 周保养

（1）用布清除链条齿轮上旧油及污垢，注意不要将布条卡入链条，在链条上涂新的高温油，注意不要弄到支撑引脚上，如图 6-20 所示。

（2）用布清除丝杠上旧油，涂新的高温油。

（3）用布清除导柱上的旧油，涂新的高温油。

（4）用布清洁进出口处感应器表面。

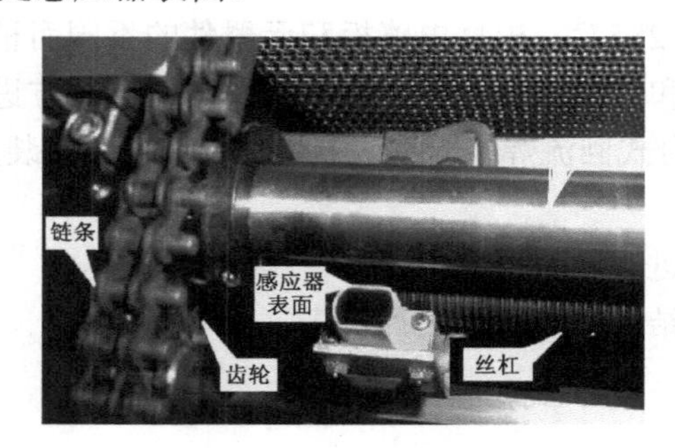

图 6-20　周保养内容一

保养指导：以上保养项目可以在开机状态下进行，注意在清洁感应器表面时不要使用酒精，否则会缩短传感器的寿命。

（5）用布蘸酒精清洁机器出口处（包括导轨）的助焊剂残留物，执行本项保养须在链条停止转动的情况下进行。

（6）清洁助焊剂收集装置（仅适用于 PARAGON98）如图 6-21 所示。

步 骤

① 用六角扳手打开助焊剂收集箱门。

② 如果回流焊炉处于运行状态，关掉助焊剂箱的进气阀门，此时机器会发出低声报警。

③ 松开夹紧装置，卸下冷凝箱外盖。

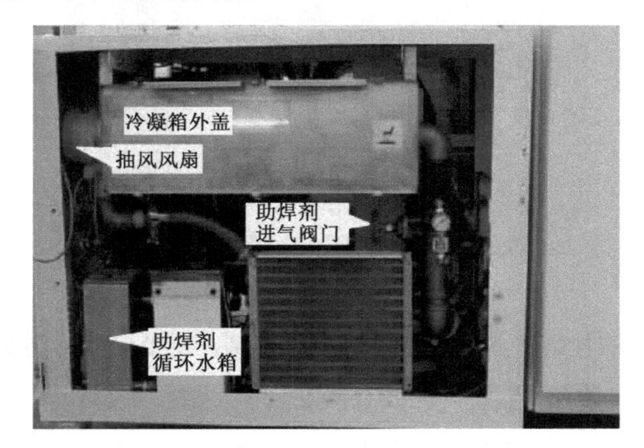

图 6-21 周保养内容二

④ 检查和更换过滤海绵。更换最右边的一块过滤海绵，并将剩下的 2 块顺序右移，将一块新的过滤海绵放在最左边，如图 6-22 所示。

⑤ 拿出下面的托盘并清洁。

⑥ 检查风扇是否运行正常。

⑦ 装上冷凝箱外盖。

⑧ 打开助焊剂箱的进气阀门，关上助焊剂收集箱门；

⑨ 在操作屏上清除报警信息，将蓝色【RESET】键按灭。

图 6-22 周保养内容三

3. 月保养

（1）执行周保养。

（2）检查冷却区循环水水箱，将水箱中的水位加至距箱高 1～2cm 高度的地方（仅适用于 VIP98-N 和 Paragon98），如图 6-23 所示。

（3）检查助焊剂处理系统循环水水箱，将水箱中的水位加至距箱高 1～2cm 高度的地方（仅适用于 Paragon98）。

（4）对冷却区抽风风扇过滤网、金属过滤网、冷却风扇进行清洁 （仅适用于 VIP98-N 和 Paragon98）。

图 6-23　月保养内容一

① 将过滤网固定铁片拆去，取出抽风风扇过滤网，用吸尘器清洁灰尘，如图 6-24 所示。

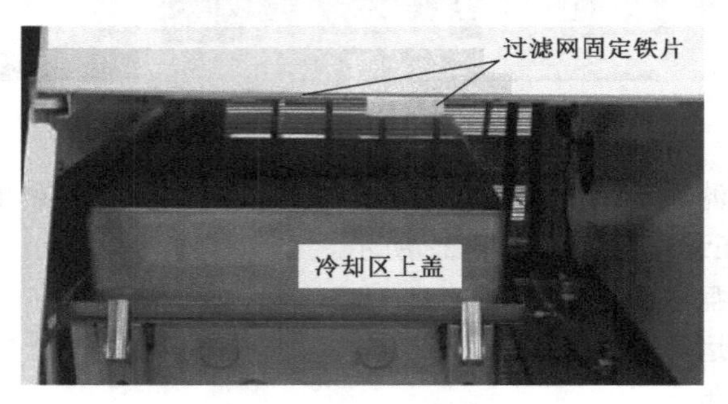

图 6-24　月保养内容二

② 将冷却盖打开，取出金属过滤网、冷凝器，放在容器里用酒精或洗板水进行浸泡和清洗，检查冷却风扇是否运转正常，如图 6-25 和图 6-26 所示。如松香过多，应拆下清洁。

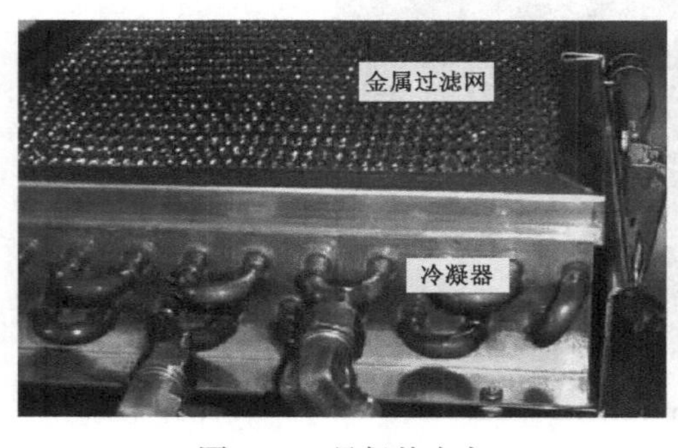

图 6-25　月保养内容三

图 6-26　月保养内容四

③ 各部分清洁后按顺序装回，注意冷凝器的水管接头要插好。

保养指导：冷却区上下对称各有一个，对于 VIP98-N，月保养对上下冷却区都要进行保养，对于 PARAGON98，由于下冷却区接有松香处理系统，因此月保养只进行上冷却区的保养。

（5）检查滑块、滑轨。用干布擦拭滑轨。如图 6-27 所示，检查滑块是否磨损明显，如果滑块磨损明显或三块滑块的磨损程度相差较大（一台炉有三套滑轨及滑块），应通知工程师进行调整。

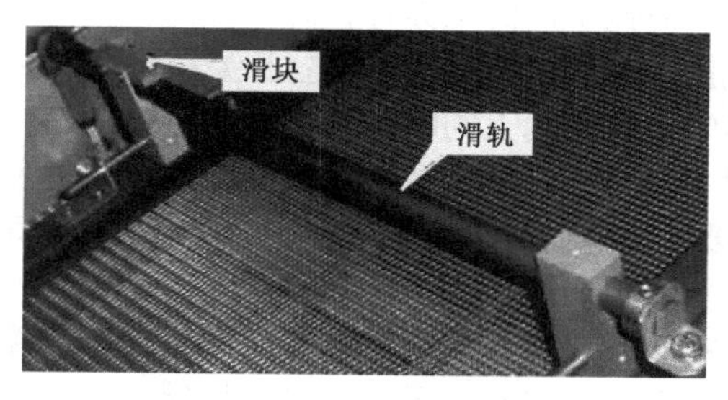

图 6-27　月保养内容五

（6）检查轨道宽度。对轨道回零，运行三组不同宽度 15cm、25cm、35cm，检查入口宽度，如果宽度与程序设置相差超过 0.5mm，通知确认人进行轨道宽度校准，校准后再运行三组不同宽度，直到结果达标，将调整前与调整后的测量结果填到《轨道宽度和链速监控表》，该表记录当前轨道宽度和链速测试结果。如果数据不合要求，再要求确认人进行校准，校准后合格的测试数据也要记录在《轨道宽度和链速监控表》。

保养指导：测量工具为大的游标卡尺，由于链条和轨道之间有间隙，测量时卡尺要与轨道垂直，且不要用力顶链条，测量时容易测量错误，因此测量时要仔细。

（7）检查链速。用一块标准板（280×235mm），将链速设为 75cm/min，板的后边与轨道入口边平齐时开始计时，如图 6-28 所示。到板的前边与轨道出口边平齐时停止计时，如图 6-29 所示。将时间记录下来。若时间不在范围内，通知确认人进行链速校准，再测量记录。PARAGON98 及 VIP98-N 范围为（314±5）s，VIP98-A 范围为（255±4）s，所有记录填写在《轨道宽度和链速监控表》中。

图 6-28　月保养内容六

图 6-29　月保养内容七

（8）检查 UPS。在机器正常运行 Cooldown 程序的情况下，将位于走线架上的开关用专用长杆拨下，检查 UPS 是否启动；正常情况 UPS 启动，炉子链条仍然运转，电脑仍然有电，UPS 发出嘀嘀声。

（9）在各项保养完成后，进行各部件复位检查，调用升温程序，检查焊炉是否正常升温，水循环是否正常启动。

4. 保养中的故障处理

在保养过程中出现设备故障时，需转至“故障维修流程”进行维修。

5. 工具及物品

手钳、扳手、六角扳手、扭矩扳手、D-321 润滑油、乙醇、毛刷、碎布、手套等。

6. 安全注意事项

（1）在保养时，机器上需挂明确的保养标识牌。
（2）除指导书中明确指出可以在设备开机状态下保养外，设备必须处于停机状态下保养。
（3）在开机保养过程中，严禁两人同时操作机器。
（4）在链条加油过程中要小心，防止烫伤和夹伤，防止加油刷卡住链条。
（5）加在链条上的油要适量，加油前和加油后需工程师确认，同时油不能加到支撑 Pin 上。
（6）保养过程中严格按照指导书要求使用正确的高温油。
（7）在机器内部操作前必须要求机器首先运行 Cooldown 程序冷却，在机器内部操作时需戴上手套，并且严禁一个人在保养时，另一人操作机器。

任务6　SMT 元器件的手工焊接实训

6.6.1　手工焊接 SMT 元器件的要求与设备

在生产企业里，焊接 SMT 元器件主要依靠自动焊接设备，但在维修电子产品或者研究单位制作样机的时候，检测、焊接 SMT 元器件都可能需要手工操作。

在高密度的 SMT 电路板上，对于微型贴片元器件，如 BGA、CSP、倒装芯片等，完全依靠手工已无法完成焊接任务，有时必须借助半自动的维修设备和工具。

1. 手工焊接 SMT 元器件与焊接 THT 元器件的几点不同

（1）焊接材料。焊锡丝更细，一般要使用直径 0.5～0.8mm 的活性焊锡丝，也可以使用膏状焊料（焊锡膏）。但要使用腐蚀性小、无残渣的免清洗助焊剂。

（2）工具设备。使用更小巧的专用镊子和电烙铁，电烙铁的功率不超过 20W，烙铁头是尖细的锥状，如图 6-30 所示；如果提高要求，最好备有热风工作台、SMT 维修工作站和专用工装。

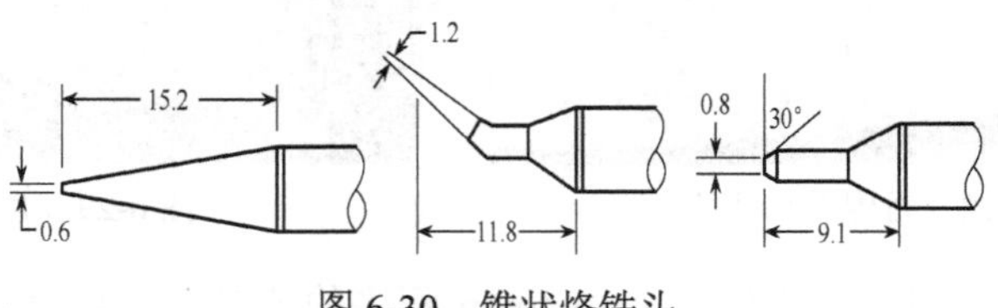

图 6-30　锥状烙铁头

（3）要求操作者熟练掌握 SMT 的检测、焊接技能，积累一定的工作经验。
（4）要有严密的操作规程。

2. 检修及手工焊接 SMT 元器件的常用工具及设备

（1）检测探针。一般测量仪器的表笔或探头不够细，可以配用检测探针，探针前端是针尖，末端是套筒，使用时将表笔或探头插入探针，用探针测量电路会比较方便、安全。探针外形如图 6-31（a）所示。

（2）电热镊子。电热镊子是一种专用于拆焊 SMC 的高档工具，相当于两把组装在一起的电烙铁，只是两个电热芯独立安装在两侧，接通电源以后，捏合电热镊子夹住 SMC 元件的两个焊端，用加热头的热量熔化焊点，就会很容易把元件取下来。电热镊子的示意图如图 6-31（b）所示。

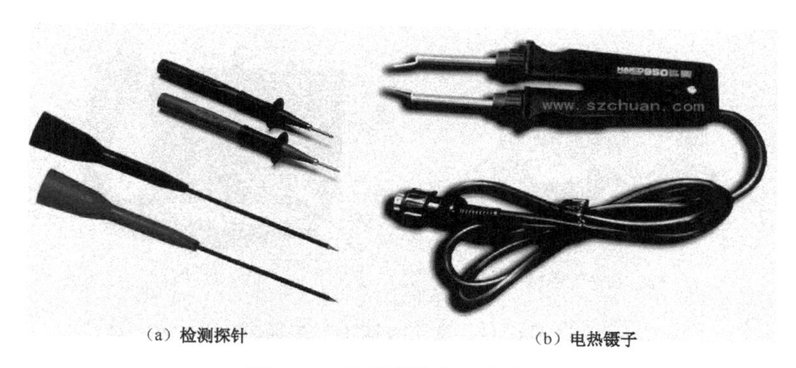

（a）检测探针　　（b）电热镊子

图 6-31　检测探针与电热镊子

（3）恒温焊台。SMT 元器件对温度比较敏感，维修时必须注意温度不能超过 390℃，所以最好使用恒温焊台，恒温焊台如图 6-32（a）所示。

恒温焊台的烙铁头温度可以控制，根据控制方式不同，分为电控恒温和磁控恒温两种。

因恒温焊台采用断续加热，它比普通电烙铁节电二分之一左右，并且升温速度快。由于烙铁头始终保持恒温，在焊接过程中焊锡不易氧化，可减少虚焊，提高焊接质量。烙铁头也不会产生过热现象，使用寿命较长。

由于片状元器件的体积小，烙铁头的尖端应该略小于焊接面，为防止感应电压损坏集成电路，电烙铁的金属外壳要可靠接地。

（4）电烙铁专用加热头。在电烙铁上配用各种不同规格的专用加热头后，可以用来拆焊引脚数目不同的 QFP 集成电路或 SO 封装的二极管、晶体管、集成电路等。加热头外形如图 6-32（b）所示。

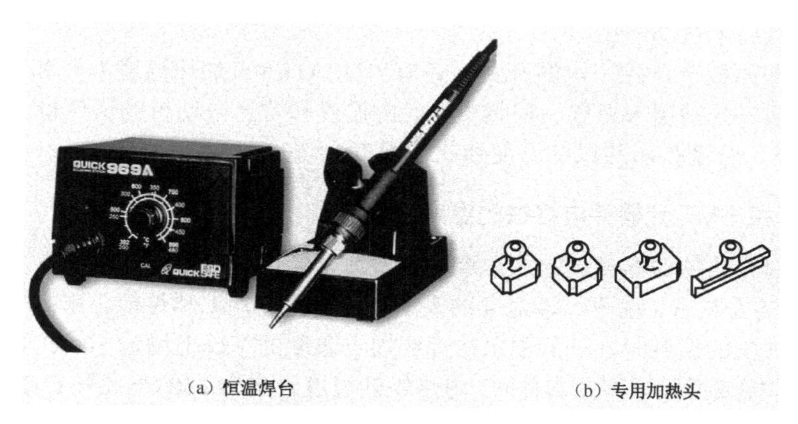

（a）恒温焊台　　（b）专用加热头

图 6-32　恒温焊台与专用加热头

（5）真空吸锡枪。真空吸锡枪主要由吸锡枪和真空泵两大部分构成。吸锡枪的前端是中间空心的烙铁头，带有加热功能。按动吸锡枪手柄上的开关，真空泵即通过烙铁头中间的孔，把熔化了的焊锡吸到后面的锡渣储罐中。取下锡渣储罐，可以清除锡渣。真空吸锡枪的外观如图 6-33（a）所示。

（6）热风台。如图 6-33（b）所示，热风台是一种用热风作为加热源的半自动设备，用热风台很容易拆焊 SMT 元器件，比使用电烙铁方便得多，而且能够拆焊更多种类的元器件，热风台也能够用于焊接。热风台附带的不同用途的热风嘴如图 6-34 所示。

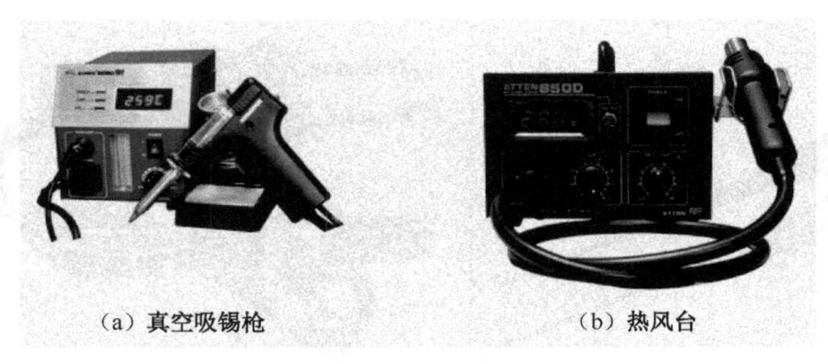

（a）真空吸锡枪　　（b）热风台

图 6-33　真空吸锡枪与热风台

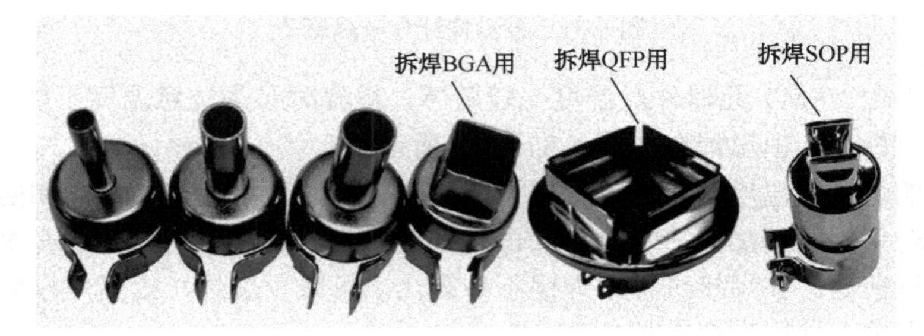

图 6-34　不同用途的热风嘴

热风台的热风筒内装有电热丝，软管连接热风筒和热风台内置的吹风电动机。按下热风台前面板上的电源开关，电热丝和吹风电动机同时开始工作，电热丝被加热，吹风电动机压缩空气，通过软管从热风筒前端吹出来，电热丝达到足够的温度后，就可以用热风进行焊接或拆焊；断开电源开关，电热丝停止加热，但吹风电动机还要继续工作一段时间，直到热风筒的温度降低以后才自动停止。

热风台的前面板上，除了电源开关，还有“HEATER（加热温度）”和“AIR（吹风强度）”两个旋钮，分别用来调整、控制电热丝的温度和吹风电动机的送风量。两个旋钮的刻度都是从 1 到 8，分别指示热风的温度和吹风强度。

3．手工焊接 SMT 元器件电烙铁的温度设定

焊接时，对电烙铁的温度设定非常重要。最适合的焊接温度，是让焊点上的焊锡温度比焊锡的熔点高 50℃左右。由于焊接对象的大小、电烙铁的功率和性能、焊料的种类和型号不同，在设定烙铁头的温度时，一般要求在焊锡熔点温度的基础上增加 100℃左右。

（1）手工焊接或拆除下列元器件时，电烙铁的温度设定为 250℃～270℃或（250±20）℃。

① 1206 以下所有 SMT 电阻、电容、电感元件。

② 所有电阻排、电感排、电容排元件。

③ 面积在 5 mm×5 mm（包含引脚长度）以下并且少于 8 脚的 SMD。

（2）除上述元器件，焊接温度设定为 350℃～370℃或（350±20）℃。在检修 SMT 电路板的时候，假如不具备好的焊接条件，也可用银浆导电胶黏结元器件的焊点，这种方法避免元器件受热，操作简单，但连接强度较差。

6.6.2 片式元器件在 PCB 上的焊接实训

任务描述

现场提供焊接练习板、0805、0603 电阻，0805 电容、0805 排阻、3216 二极管、SOT-23 晶体管，SO-14 及 QFP-44 等集成芯片，利用电烙铁或恒温焊台完成以下操作。

（1）利用电烙铁在焊接练习板上进行贴片元件手工焊接（点焊）。

（2）利用电烙铁在焊接练习板上进行贴片器件手工焊接（拖焊）。

任务所需器材、工具的要求。

（1）焊接练习板。焊接练习板样式如图 6-35 所示，可以在电子元件商店或网上选购，也可以自行设计制作。要求练习板上应具备 0805 电阻、0603 电阻、0805 电容、0805 排阻、3216 二极管、SOT23 晶体管、SO-14 集成块、QFP44 等集成电路焊盘，并设计测试孔。

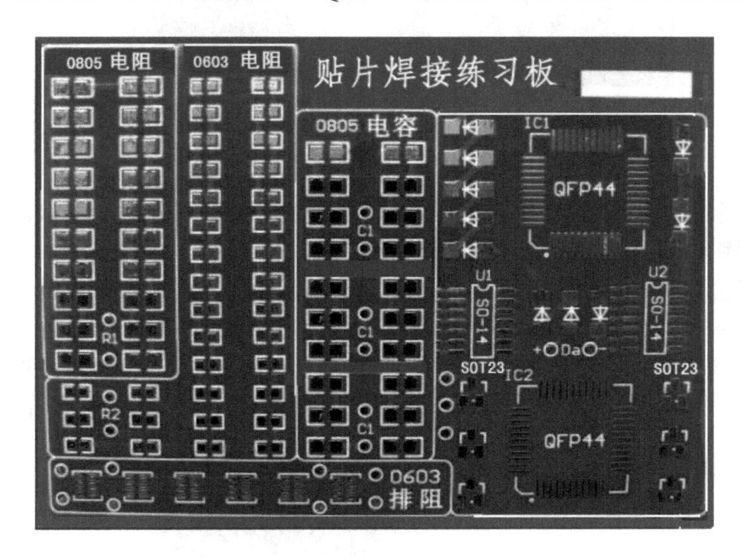

图 6-35　焊接练习板模板

（2）电烙铁和镊子。电烙铁和镊子是手工焊接贴片元器件的基本工具，有条件时尽量使用恒温焊台或恒温电烙铁，使用 I 形烙铁头，顶端要足够细。焊接温度一般控制在 300℃～350℃之间。尖嘴镊子最好是防静电的。

1．电烙铁手工焊接片式元器件

操作步骤

（1）清洁和固定 PCB。在焊接前应对要焊的 PCB 进行检查，确保其干净，对其表面的油性手印以及氧化物之类要进行清除，避免影响上锡。如果条件允许，可以用焊台之类的器具固定好 PCB，从而方便焊接，一般情况下用手固定即可。注意固定时避免手指接触 PCB 上的焊盘，否则会影响上锡。

（2）固定贴片元件。贴片元件的固定是非常重要的。根据贴片元件的引脚多少，其固定方法大体上可以分为两种——单脚固定法和多脚固定法。对于引脚数目少（一般为2～5个）的贴片元件如电阻、电容、二极管、晶体管等，一般采用单脚固定法。即先在板上对其中的一个焊盘上锡，如图6-36（a）所示。

然后左手拿镊子夹持元件放到安装位置并轻抵住电路板，右手拿烙铁靠近已镀锡焊盘，熔化焊锡，将该引脚焊好，如图6-36（b）所示。

焊好一个焊盘后元件已不会移动，此时镊子可以松开。而对于引脚多而且4面分布的贴片IC，单脚是难以将芯片固定好的，这时就需要多脚固定，一般可以采用对脚固定的方法。即焊接固定一个引脚后又对该引脚对面的引脚进行焊接固定，从而达到整个芯片被固定好的目的。对于引脚多且密集的贴片IC，精准地将引脚与焊盘对齐非常重要，应仔细检查核对。

（a）　　（b）

图6-36　固定元件

（3）焊接剩余的引脚。元件固定好之后，继续对剩余的引脚进行焊接。对于引脚少的元件，可左手拿焊锡，右手拿烙铁，依次点焊即可。

（4）清除多余焊锡。在焊接时所造成的引脚短路现象，可以拿吸锡带（线）将多余的焊锡吸掉。吸锡带的使用方法很简单，向吸锡带上加入适量助焊剂（如松香）然后紧贴焊盘，用干净的烙铁头放在吸锡带上，至吸锡带被加热到一定温度，使要吸附焊盘上的焊锡融化后，慢慢地从焊盘的一端向另一端轻压拖拉，焊锡即被吸入带中，如图6-37所示。

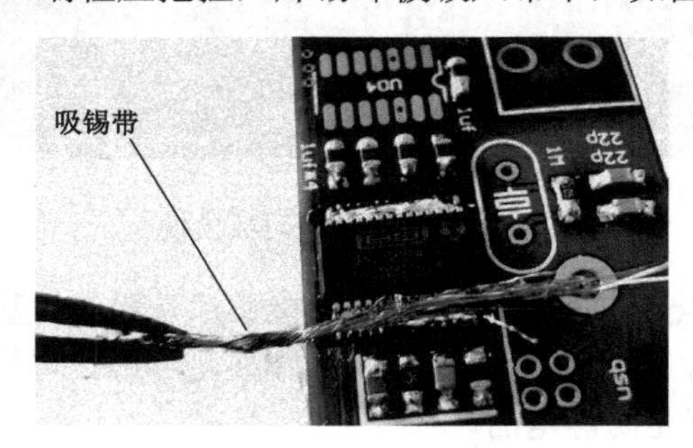

图6-37　用吸锡带（线）清除多余焊锡

吸锡结束后，应将烙铁头与吸上了锡的吸锡带同时撤离焊盘。此时如果吸锡带黏在焊盘上，千万不要用力拉，而是再向吸锡带上加助焊剂，或重新用烙铁头加热后再轻拉吸锡带，使其顺利脱离焊盘，并且要防止烫坏周围元器件。此外，如果对焊接结果不满意，可以重复使用吸锡带清除焊锡，再次焊接元件。

（5）清洗。焊接和清除多余的焊锡之后，芯片基本上就算焊接好了。但是由于使用松香助焊和吸锡线吸锡的缘故，板上芯片引脚的周围残留了一些松香，虽然并不影响芯片工作和正常使用，但不美观。而且有可能造成检查时不方便，因此要对这些残余物进行清理。常用的清理方法可以用洗板水或酒精清洗，清洗工具可以用棉签，如图 6-38 所示。也可以用镊子夹着卫生纸之类进行。

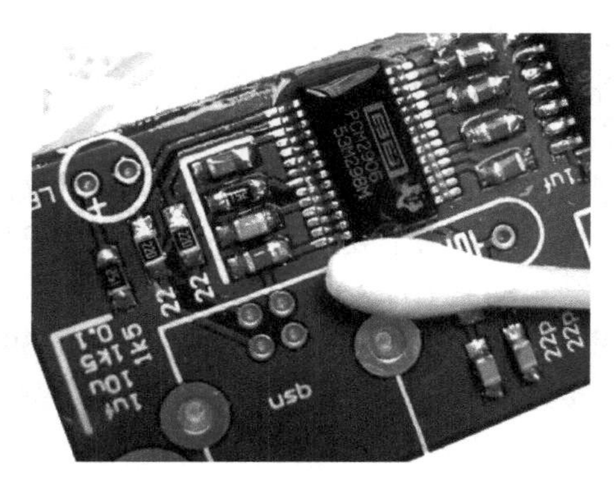

图 6-38　用酒精棉签清洗

清洗擦除时应该注意的是酒精要适量，其浓度最好较高，以快速溶解松香之类的残留物。其次，擦除的力道要控制好，不能太大，以免擦伤阻焊层以及伤到芯片引脚等。清洗完毕可以用烙铁或者热风枪对酒精擦洗位置进行适当加热，以让残余酒精快速挥发。

综上所述，焊接贴片元件总体而言是固定—焊接—清理这样一个过程。其中元件的固定是焊接好坏的前提，一定要有耐心，确保每个引脚和其所对应的焊盘对准精确。在焊接多引脚芯片时，对引脚被焊锡短路不用担心，可以用吸锡带进行吸焊，或者就只用烙铁，利用焊锡熔化后流动及表面张力等因素，将多余的焊锡去除。

2．拖焊法焊接四面引脚的 QFP 集成电路

对于引脚多而且密集的芯片，如 QFP 封装的片式集成电路，虽然也可以采取点焊，但却相当费力费时。实践中一般采取拖焊，具体做法是：用毛刷将适量的松香焊剂涂于引脚或焊盘上，适当倾斜线路板；在芯片引脚未固定那边，用电烙铁拉动焊锡球，沿芯片的引脚从上到下慢慢滚下，滚到头的时候将电烙铁提起，不让焊锡球黏到周围的焊盘上，由于熔化的焊锡可以流动，因此有时也可以将板子适当地倾斜，从而将多余的焊锡弄掉。

不论点焊还是拖焊，都很容易造成相邻的引脚被焊锡短路，但由于后续可以处理掉，焊接时不必过多顾忌，需要特别注意的是所有的引脚都与焊盘很好地连接在一起，不出现虚焊。

操作步骤

按如图 6-39 所示，用拖焊方法，逐步完成 QFP44 封装集成芯片的焊接。

（1）首先把 IC 平放在焊盘上，检查其共面性，如图 6-39（a）所示。

（2）将引脚与焊盘对齐，要注意 IC 的方向性，如图 6-39（b）所示。

（3）用手压住 IC，用电烙铁（最好使用斜口的刀嘴烙铁，考虑到以后实际焊接时有防静电的要求，建议有条件时使用恒温焊台）将 IC 每列引脚的任意几个引脚焊上（不必考虑连焊，因后续可以处理），使其定位，如图 6-39（c）所示。

（4）从右上角开始，在每列引脚的头部熔化焊锡，右上角上好后，再左下角，依次在四面全都上好锡，锡量要足够拖焊一列引脚所用，如图 6-39（d）所示。

如果引脚数量不多，也可在定位时只焊上对角的四个引脚，脱焊前只把烙铁头沾满焊锡（但不能滴下）即可。

（5）将焊油或松香溶液涂在所有引脚上（可以涂厚一些），如图6-39（e）所示。

（6）将PCB适当倾斜，烙铁头沾上助焊剂（松香溶液或焊油），甩掉多余的焊锡，把蘸有松香的烙铁头迅速放到斜着的PCB头部的焊锡部分，加热熔化已上好的焊锡，按如图6-39（f）所示的方向和手法进行拖焊。

从上端拖动烙铁往下走，烙铁头不能抵着引脚（因为那样可能造成引线弯曲，两脚相连），这就是为什么事先在引脚头部或烙铁头上要上满锡的原因。如果焊锡量不够，也可边走边上锡丝，多点也无所谓，多的会自动流下。

（7）完成一列后，再用同样的方法拖焊另外三面，如图6-39（g）所示为拖焊完成后的效果，可见四面引脚均已焊接好，但引脚周围有大量助焊剂残留物。

（8）用酒精清洗，如图6-39（h）所示。焊接完成。

手工拖焊贴片集成电路是一项十分重要而技术含量又较高的技能，不是经过一二次练习就能够熟练掌握的。建议教学时先用引脚数量较少的SOP器件（两面引脚）进行练习，初步掌握焊接手法与技巧后，再逐步对引脚数量多、间距密度大的器件进行拖焊练习，直至完全掌握。

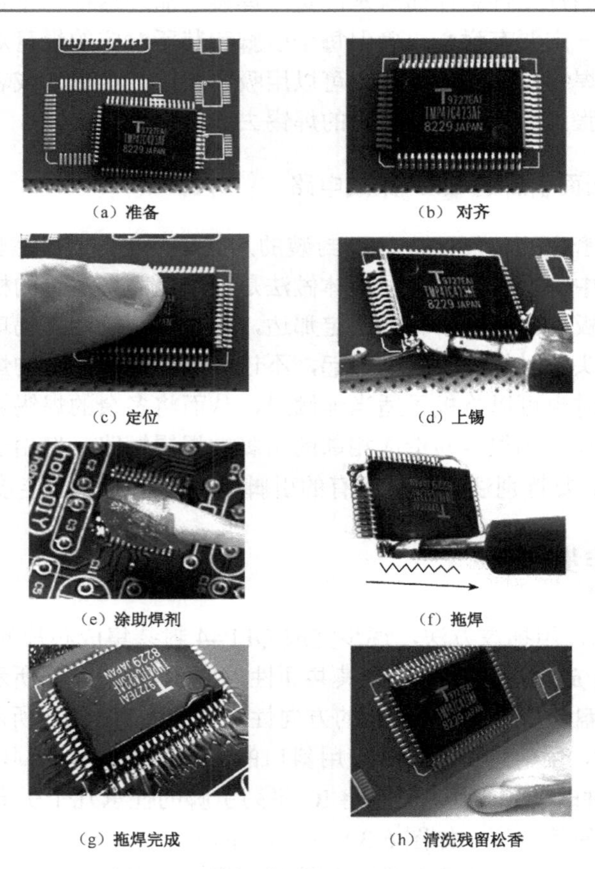

（a）准备　（b）对齐

（c）定位　（d）上锡

（e）涂助焊剂　（f）拖焊

（g）拖焊完成　（h）清洗残留松香

图6-39　拖焊法焊接QFP集成电路

6.6.3 片式元器件的拆焊与返修实训

任务描述

现场提供废旧计算机主板等 PCBA，利用电烙铁（恒温焊台）或热风台、电热镊子等工具完成以下操作。

（1）利用电烙铁和电热镊子在 PCB 上拆焊、焊接 Chip 元件，掌握返修 Chip 元件的技巧。

（2）利用热风台和电热镊子在 PCB 上拆焊、焊接 SOP、QFP、PLCC 元件。

1．Chip 元件的返修实训

片状电阻、电容、电感在 SMT 中通常被称为 Chip 元件，对于 Chip 元件的返修可以使用普通防静电电烙铁，也可以使用专用的电热镊子对两个端头同时加热。Chip 元件一般较小，所以在对其加热时，温度要控制得当，否则过高的温度将会使元件受热损坏。烙铁在加热时一般在焊盘上停留的时间不得超过 3s。具体的返修工艺流程是：清除涂敷层→涂敷助焊剂→加热焊点→拆除元件→焊盘清理→焊接。

在上述工艺流程中，其核心流程有三部分：片式元件的解焊拆卸、焊盘清理以及元件的重新焊接。

操作步骤

（1）片式元件的解焊拆卸，如图 6-40 所示。

① 元件上如有涂敷层，应先去除涂敷层，再清除工作表面的残留物。
② 在电热镊子上安装形状尺寸合适的热夹烙铁头。
③ 把烙铁头的温度设定在300℃左右，可以根据需要作适当改变。
④ 在片式元件的两个焊点上涂上助焊剂。
⑤ 用湿海绵清除烙铁头上的氧化物和残留物。
⑥ 把烙铁头放置在片式元件的上方，并夹住元件的两端与焊点相接触。
⑦ 当两端的焊点完全熔化时提起元件。
⑧ 把拆下的元件放置在耐热的容器中。

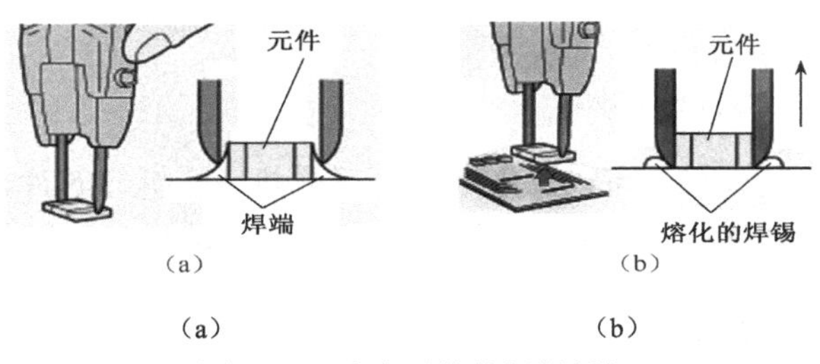

（a）　　（b）

图 6-40　片式元件的解焊拆卸

（2）清理焊盘。

① 选用 C 形烙铁头，并把烙铁头的温度设定在 300℃左右，可以根据需要作适当改变。
② 在电路板的焊盘上涂刷助焊剂。
③ 用湿海绵清除烙铁头上的氧化物和残留物。
④ 把具有良好可焊性的柔软的吸锡带放在焊盘上。

⑤ 将烙铁头轻轻压在吸锡带上，待焊盘上的焊锡熔化时，同时缓慢移动烙铁头和吸锡带，除去焊盘上的残留焊锡，如图 6-41 所示。

（3）片式元件的组装焊接。此步骤与片式元器件的焊接操作基本相同。

① 选用形状尺寸合适的烙铁头。

② 把烙铁头的温度设定在 280℃左右，可以根据需要作适当改变。

③ 在电路板的两个焊盘上涂刷助焊剂。

④ 用湿海绵清除烙铁头上的氧化物和残留物。

⑤ 用电烙铁在一个焊盘上施加适量的焊锡。

⑥ 用镊子夹住片式元件放在焊盘上，并用电烙铁加热已经上锡的焊盘，使元件的一端与焊盘连接，把元件固定。

⑦ 用电烙铁和焊锡丝把元件的另一端与焊盘焊好。

（a）吸锡带

（b）吸锡操作

图 6-41　吸锡带和吸锡操作

（1）当没有电热镊子时，对于电阻、电容、二极管等两端元件，也可以用两把普通电烙铁同时加热元件两端，待焊锡熔化后将元件夹下来。

（2）Chip 元件也可以使用热风枪拆焊，参考下节任务内容。

2．SOP、QFP、PLCC 器件的返修

SOP、QFP、PLCC 的返修，可以采用电热镊子或热风台拆卸芯片，然后将新的器件重新焊上；其操作流程是：电路板、芯片预热→拆除芯片→清洁焊盘→器件的安装焊接。

操作步骤

（1）电路板、芯片预热。

电路板、芯片预热的主要目的是将潮气去除，如果电路板和芯片内的潮气很小（如芯片刚拆封），这一步可以免除。预热可利用热风枪进行，将风嘴对准待拆元器件上方，左右移动加热，如图 6-42 所示。

（2）拆除芯片。

① 元件上如有涂敷层，应先去除涂敷层，再清除工作表面的残留物。

② 在电热镊子上安装形状尺寸合适的热夹烙铁头。

③ 把烙铁头的温度设定在 300℃左右，可以根据需要作适当改变。

④ 在 SOP、QFP、PLCC 器件两侧或四周的焊点上涂刷上助焊剂。

⑤ 将电烙铁和焊锡丝放在器件的引脚上，使焊锡丝熔化并把器件的所有引脚全部短路。

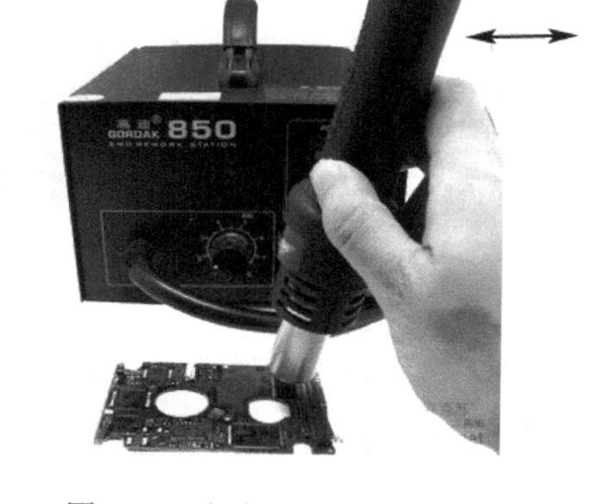

图 6-42　电路板、芯片预热

⑥ 在电热镊子头的底部和内侧镀上焊锡。

⑦ 用电热镊子轻轻夹住器件的两侧或四周的引脚，并与焊点相接触。

⑧ 当引脚的焊点完全熔化时提起元件。

⑨ 把拆下的器件放置在耐热的容器中。

（3）清洁焊盘。

清洁焊盘主要是将拆除芯片后留在 PCB 表面的助焊剂、焊锡清理掉。清理方法有 C 形烙铁头配吸锡线、刮刀、刮刀配吸锡线等。残锡清理干净后，用棉签蘸酒精清洗助焊剂，直至焊盘光亮如新。

（4）组装焊接。

① SOP、QFP 的组装焊接。

a．选用 I 型烙铁头，并把温度设定在 280℃左右，可以根据需要作适当改变。

b．用真空吸笔或镊子把 SOP 或 QFP 安放在印制电路板上，使器件的引脚和印制电路板上的焊盘对齐。

c．用焊锡把 SOP 或 QFP 对角的引脚与焊盘焊接以固定器件。

d．在 SOP 或 QFP 的引脚上涂刷助焊剂，如图 6-43 所示。

e．用湿海绵清除烙铁头上的氧化物和残留物。

f．用电烙铁逐个把引脚焊好。

② PLCC 的组装焊接。

a．选用合适的烙铁头，最好是刀形或铲子形的烙铁头（尖头也可），用湿海绵清除烙铁头上的氧化物和残留物。并把温度设定在 280℃左右，可以根据需要作适当改变。

b．用真空吸笔或镊子把 PLCC 安放在印制电路板上，使器件的引脚和印制电路板上的焊盘对齐。真空吸笔的使用如图 6-44 所示。

c．用焊锡把 PLCC 对角的一个或几个引脚与焊盘焊接以固定器件，如图 6-45 所示。

图 6-43　在 SOP 或 QFP 的引脚上涂刷助焊剂

图 6-44 使用真空吸笔取放元器件

图 6-45 固定器件

d. 在 PLCC 的引脚上涂刷助焊剂。

e. 用湿海绵清除烙铁头上的氧化物和残留物。

f. 采用点焊法用烙铁头和焊锡丝把 PLCC 四边的引脚与焊盘焊接好。

一般 SOP、QFP、PLCC 的引脚中心距只有 1.27mm，对于初学者来说手工焊接操作有一定难度，最好使用恒温焊台，选用尖细的烙铁头。实训所用 QFP、PLCC 的引脚数最好不超过 28 脚，以 QFP20、PLCC-24 等为宜。

3. 使用热风枪拆焊扁平封装 IC

操作步骤

（1）在要拆的 IC（集成芯片）引脚上加适当的松香，可以使拆下元件后的 PCB 焊盘光滑，否则会起毛刺，重新焊接时不容易对位。

（2）把调整好的热风枪在距元件周围 20mm^2 左右的面积进行均匀预热，风嘴距 PCB 1cm 左右，在预热位置较快速移动，PCB 上温度不超过 130～160℃。预热可以除去 PCB 上的潮气，避免返修时出现起泡现象，减小在 PCB 板上方加热时焊接区内零件的热冲击。

（3）线路板和元件加热。用镊子轻轻夹住 IC 对角线部位，热风枪风嘴距 IC 1cm 左右距离，沿 IC 边缘慢速均匀做圆周转动，直到观察到焊锡融化，如图 6-46 所示。

图 6-46 热风枪拆焊示意图

（4）如果焊点已经加热至熔点，拿镊子的手就会在第一时间感觉到，一定等到 IC 引脚上的焊锡全部都熔化后，再通过“零作用力”小心地将元件从板上垂直拎起，这样能避免将 PCB 或 IC 损坏，也可避免 PCB 板留下的焊锡短路。加热控制是拆焊的一个关键因素，焊料必须完全熔化，以免在取走元件时损伤焊盘。如图 6-47 所示为热风枪正确加热方法和利用 IC 起拔器取走拆下芯片的情况。

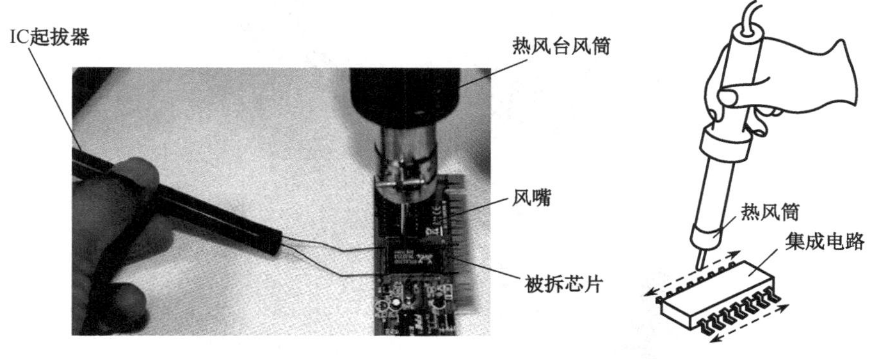

图 6-47　热风枪正确加热方法和利用 IC 起拔器取走拆下芯片

（5）取下 IC 后，观察 PCB 板上的焊点是否短路，如果有短路现象，可用热风枪重新对其进行加热，待短路处焊锡熔化后，用镊子顺着短路处轻轻划一下，焊锡自然分开。尽量不要用烙铁处理，因为烙铁会把 PCB 板上的焊锡带走，PCB 板上的焊锡少了，会增加重新焊接时虚焊的可能性。

4．使用热风枪焊接扁平封装 IC

操作步骤

将上节中拆下来的集成芯片（IC）重新装回去。

（1）观察要装的 IC 引脚是否平整，如果有引脚焊锡短路，用吸锡线处理；如果引脚共面性不好，将其放在一个平板上，用平整的镊子背压平；如果集成芯片引脚不正，可用手术刀将其修正。

（2）在焊盘上涂适量的助焊剂，助焊剂过多，加热时会把 IC 漂走，过少则起不到应有的作用，务必用心掌握。

（3）将扁平 IC 按原来的方向放在焊盘上，引脚与 PCB 焊盘脚位置对齐，对位时眼睛要垂直向下观察，四面引脚都要对齐，视觉上感觉四面引脚长度一致，引脚平直没歪斜现象（可利用松香遇热的黏着现象黏住 IC）。

（4）用热风枪对 IC 进行预热及加热，注意整个过程热风枪不能停止移动（如果停止移动，会造成局部温升过高而损坏），边加热边注意观察 IC，如果发现 IC 有移动现象，要在不停止加热的情况下用镊子轻轻地把它调正。如果没有位移现象，只要 IC 引脚下的焊锡都熔化了，要在第一时间发现（如果焊锡熔化了会发现集成芯片有轻微下沉、松香有轻烟、焊锡发亮等现象，也可用镊子轻轻碰旁边的小元件，如果旁边的小元件有活动，就说明 IC 引脚下的焊锡也临近熔化了），并立即停止加热。因为热风枪所设置的温度比较高，IC 及 PCB 上的温度是持续增长的。如果不能及早发现，温升过高会损坏 IC 或 PCB。

（5）等 PCB 冷却后，用洗板水清洗并吹干焊接点。检查是否有虚焊和短路。如果有虚焊情况，可用烙铁一根一根引脚地加焊，或用热风枪把 IC 拆掉重新焊接；如果有短路现象，可用潮湿的耐热海绵把烙铁头擦干净后，蘸点松香顺着短路处引脚轻轻划过，可带走短路处的焊锡，或用吸锡带处理，如图 6-48 所示。

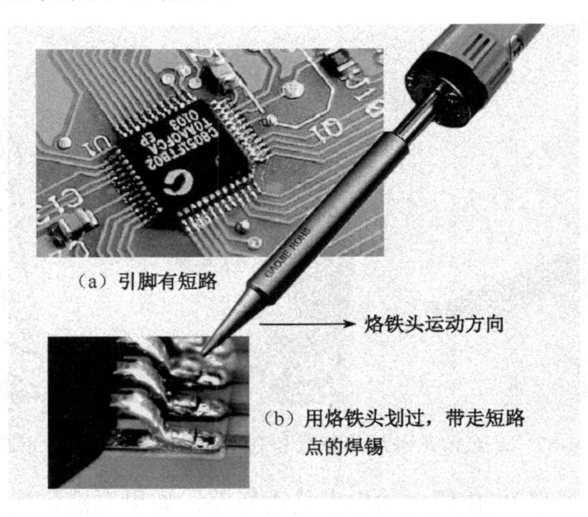

图 6-48　用烙铁头清理引脚之间的焊锡

（6）操作完成，填写考核评价表，见表 6-8。

表 6-8　手工焊接与拆焊考核评价表

序号	项　目	配分	评 价 要 点	自评	互评	教师评价	平均分
1	SMC 的焊接	25 分	SMC 安装焊接正确（25 分）				
2	SMC 的取下	25 分	SMC 的取下操作正确（25 分）				
3	表面安装集成块的焊接	25 分	会表面安装集成块的焊接（25 分）				
4	表面安装集成块的取下	25 分	会表面安装集成块的取下（25 分）				
材料、工具、仪表			每损坏或者丢失一件扣 10 分 材料、工具、仪表没有放整齐扣 10 分				
环保节能意识			视情况扣 10～20 分				
安全文明操作			违反安全文明操作视其情况进行扣分				
额定时间			每超过 5 min 扣 5 分				
开始时间		结束时间		实际时间		综合成绩	
综合评议意见（教师）							
评议教师				日期			
自评学生				互评学生			

6.6.4 SMT 维修工作站

对采用 SMT 工艺的电路板进行维修，或者对品种变化多而批量不大的产品进行生产的时候，SMT 维修工作站能够发挥很好的作用。维修工作站实际是一个小型化的贴片机和焊接设备的组合装置，但贴片、焊接元器件的速度比较慢。大多数维修工作站装备了高分辨率的光学检测系统和图像采集系统，操作者可以从监视器的屏幕上看到放大的电路焊盘和元器件电极的图像，使元器件能够高精度地定位贴片；高档的维修工作站甚至有两个以上摄像镜头，能够把从不同角度摄取的画面叠加在屏幕上，操作者可以看着屏幕仔细调整贴装头，让两幅画面完全重合，可实现多引脚的 SOJ、PLCC、QFP、BGA、CSP 等器件在电路板上的准确定位。

SMT 维修工作站都备有与各种元器件规格相配的红外线加热炉、电热工具或热风焊枪，不仅可以用来拆焊那些需要更换的元器件，还能熔融焊料，把新贴装的元器件焊接上去。如图 6-49 所示为一款维修工作站的照片。

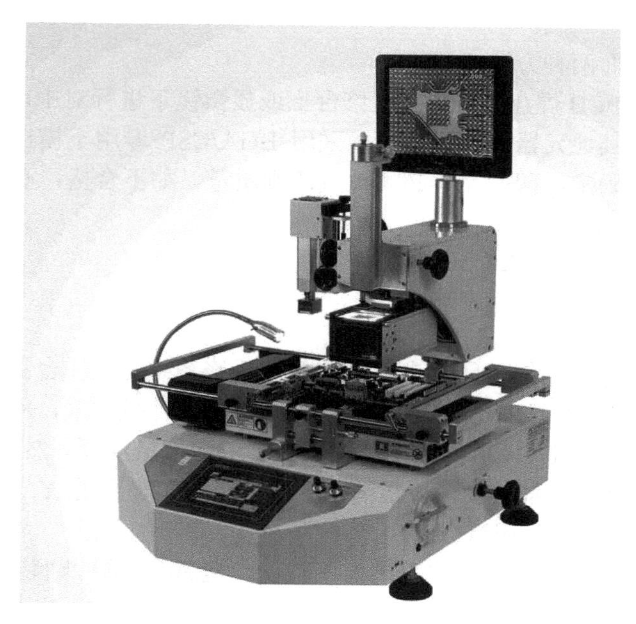

图 6-49 维修工作站

6.6.5 BGA/CSP 芯片的返修

BGA/CSP 等器件的返修设备主要是各种品牌的维修工作站。

采用普通热风返修系统对 BGA/CSP 芯片进行返修的工艺流程是：拆卸 BGA/CSP→清洁焊盘→去潮处理→印刷焊锡膏→贴装→回流焊接→检验。

1. 拆卸 BGA/CSP

（1）将需要拆卸 BGA/CSP 的表面组装板放在返修系统的工作台上。

（2）选择与器件尺寸相匹配的喷嘴，装在加热器的连接杆上。

（3）将热风喷嘴扣在器件上，注意与器件四周的距离要均匀。如果器件周围有影响操作的元件，应先将这些元件拆卸，待返修完毕后再复位。

（4）选择适合吸着待拆卸器件的吸嘴，调节吸取器件的真空负压吸管高度，将吸盘接触器件的顶面，打开真空泵开关。

（5）根据器件的尺寸、PCB 的厚度等具体情况设置拆卸温度曲线。

2. 清洁焊盘

拆卸掉 BGA/CSP 器件后，需要去除 PCB 焊盘上的残留焊锡并清洗这一区域。

（1）用烙铁将 PCB 焊盘残留的焊锡清理干净、平整，可采用拆焊编织带和扁铲形烙铁头进行清理。操作时注意不要损坏焊盘和阻焊膜。

（2）用异丙醇或乙醇等清洗剂将助焊剂残留物清洗干净。

3. 去潮处理

由于塑料封装的 BGA/CSP 对潮气敏感，因此在组装之前要检查器件是否受潮，如果已经吸湿，需要对器件进行去潮处理。

4. 印刷焊膏

焊膏的印刷有下面两种方法。

（1）将焊膏印在 PCB 焊盘上，可在返修台上或显微镜下进行对中印刷。因为表面组装印制电路板上已经装有其他元器件，因此必须采用 BGA/CSP 专用小模板，模板厚度与开口尺寸要根据球径和球距确定，印刷完毕必须检查印刷质量，如不合格，必须进行清洗后才能重新印刷。

（2）将焊膏直接印在 BGA/CSP 焊盘上。

5. 贴装 BGA/CSP

（1）将印好焊膏的表面组装印制电路板安放在返修系统的工作台上。

（2）选择合适的吸嘴，打开真空泵，将 BGA/CSP 器件吸起来，用摄像机顶部光源照射已经印好焊膏的 BGA 焊盘，调节焦距使监视器显示的图像最清晰。然后拉出 BGA 专用的反射光源，照射 BGA 器件底部并使图像最清晰。然后调整工作台的 *X*、*Y* 角度旋钮，使 BGA 底部焊球和 BGA 焊盘完全对应重合。

（3）焊球和焊盘完全重合后，将吸嘴向下移动，把 BGA 器件贴装到 PCB 上，然后关闭真空泵。

6. 回流焊接

（1）设置焊接温度曲线。为避免损坏 BGA/CSP 器件，预热温度应控制在 100℃～125℃，升温速率和温度保持时间很关键。

（2）选择与器件尺寸相匹配的四方形热风喷嘴，并将热风喷嘴安装在加热器的连接杆上，注意安装平稳。

（3）将热风喷嘴扣在 BGA 等器件上，要注意与器件四周的距离均匀。

（4）打开加热电源，调整热风量，开始焊接。

7. 检验

（1）BGA 等器件的焊接质量检验需要 *X* 光或超声波检查设备。

（2）在没有检查设备的情况下，可通过功能测试判断焊接质量。

（3）在没有检查设备的情况下，可以把焊好 BGA 的表面组装印制电路板举起来，对光平视 BGA 四周，观察焊膏是否完全熔化、焊球是否塌陷、BGA 四周与 PCB 之间的距离是否一致等，以经验来判断焊接效果。

任务 7　BGA 芯片的植球实训

1．任务描述

分析近年来维修电脑主板的统计数据，BGA 焊接缺损引发的故障占有较大的比例，更换 BGA 芯片是修复此类电子整机产品的重要环节。在被更换下来的 BGA 芯片中，集成电路本身电路逻辑上真正损坏的极少，绝大多数是芯片与电路板的连接被破坏，即由于 BGA 芯片虚焊或开焊引起的。由于现代电子产品更新换代极快，相应的大规模集成电路一般不能兼容互换，因此，为维修电路板而购买原品牌、原型号的 BGA 芯片，从进货渠道和价格方面考虑，实际上往往非常困难。假如能够修复那些逻辑上没有损坏的 BGA 芯片，则这些芯片将能够作为完好的器件再次使用在原来的电路板上。这对于提高电路板的修复率、降低维修成本，具有重要的意义。

修复那些逻辑上没有损坏的 BGA 芯片的主要手段是为芯片植球（也称植珠）；在修理电路板过程中，原来固定在 BGA 芯片上用于电气连接的锡球也被熔化，如果能为这些芯片重新焊接上新的锡球，即把新的锡球植到原来锡球已经损坏的 BGA 芯片上去，这些芯片就能够修复。

如今，业内流行两种植球法，一是“焊锡膏”+“锡球”；二是“助焊膏”+“锡球”。

“焊锡膏”+“锡球”是目前公认的最好最标准的植球法，用这种方法植出的球焊接性好，光泽好，熔锡过程不会出现跑球现象，较易控制并掌握。具体做法就是先用锡膏印刷到 BGA 的焊盘上，再在上面加上一定大小的锡球，这时锡膏起的作用就是黏住锡球，并在加温的时候让锡球的接触面更大，使锡球的受热更快更全面，这就使锡球熔锡后与 BGA 的焊盘焊接性更好，减少虚焊的可能。

“助焊膏”+“锡球”法，就是用助焊膏来代替焊锡膏，但助焊膏的特点和锡膏有很大的不同，助焊膏在温度升高的时候会变成液状，容易致使锡球乱跑；再者助焊膏的焊接性较差，所以说用第一种方法植球较理想。

不管采用什么方法，工艺过程是相同的，其工艺流程是：清洁焊盘→涂敷锡膏或助焊剂→选择焊球→植球→回流焊接→清洗。这两种方法都是要使用植球座这样的专用工具才能完成。

图 6-50　植球工具

2．操作步骤

“焊锡膏”+“锡球”法具体的操作步骤如下。

（1）先准备好植球工具，如图 6-50 所示。植球座要用酒精清洁并烘干，以免锡球滚动不顺。

（2）按本书上节内容清理 BGA 底部焊盘。

① 用烙铁将拆下的BGA底部焊盘残留的焊锡清洗干净、平整，可采用拆焊编织带和扁铲形烙铁头进行清理，操作时注意不要损坏焊盘和阻焊膜。

② 用清洗剂将助焊剂残留物清洗干净。

（3）选择焊球。

① 选择焊球时要考虑焊球的材料。

② 焊球尺寸的选择也很重要。如果使用高黏度的助焊剂，应选择与BGA器件焊球相同直径的焊球；如果使用焊锡膏，应选择比BGA器件焊球直径小一些的焊球。

（4）把预先整理好的芯片在植球座上做好定位，如图6-51所示。

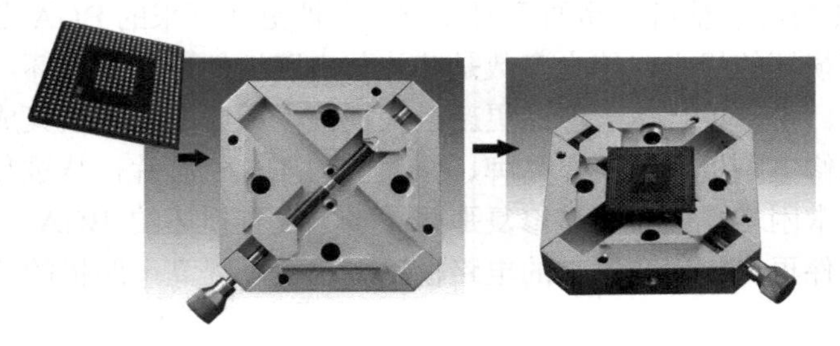

图6-51　芯片在植球座上做好定位

（5）把锡膏自然解冻并搅拌均匀，并均匀地涂到刮刀片上。

（6）往定位基座上套上锡膏印刷框，如图6-52所示；印刷锡膏时，要尽量控制好手刮锡膏时的角度、力度及拉动的速度，完成后轻轻脱开锡膏框。

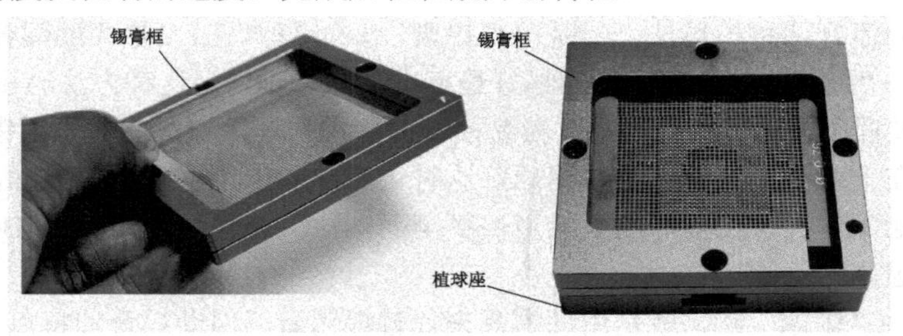

图6-52　在定位基座上套上锡膏印刷框

如果植球器模板与待修复的BGA焊盘不匹配，可以自行制作。如图6-53（a）所示为待修复的BGA，如图6-53（b）所示为用胶带纸和锡膏印刷框自行加工制作的，与之相匹配的模板。

（a）　　　　（b）

图6-53　BGA和加工后与之相匹配的模板

（7）确认 BGA 上的每个焊盘都均匀地印有锡膏后，再把锡球框套上定位，然后放入锡球，摇动植球座，让锡球滚入网孔，如图 6-54 所示。确认每个网孔都有一个锡球后，将多余的锡球从锡球框上的锡球出口处倒回包装瓶（多余的锡球也可用镊子从模板上取下来），收好锡球并脱板。

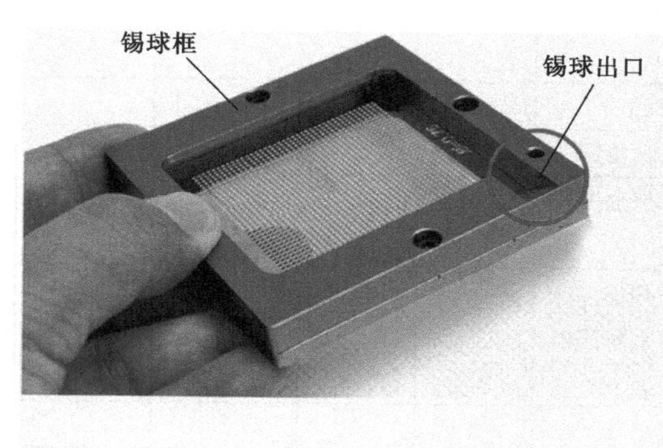

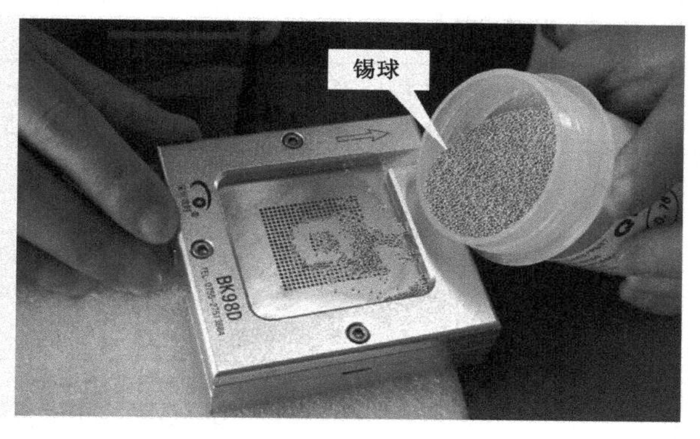

图 6-54　把锡球框套上基座，放入锡球，摇动植球座

（8）把植好球的 BGA 从基座上取出，用小型台式回流焊炉将锡球焊接到 BGA 基板上，焊接时 BGA 器件的焊球面朝上，要把热风量调到最小，以防把焊球吹移位。回流焊的温度要比焊接 BGA 稍低一些，经过回流焊处理，焊球就固定在 BGA 器件上了。

数量少时也可以用热风枪完成此步骤，把热风枪温度调至 380℃左右，让热风枪的风嘴垂直对准 BGA 上的焊球，注意不能斜吹，以免将焊球吹出 BGA 焊盘，如图 6-55 所示。来回移动热风枪的风嘴，观察 BGA 上的焊球，是否都扁了，若扁了则说明处理完成。完成后，可见原来暗淡的焊球变得有了光泽。

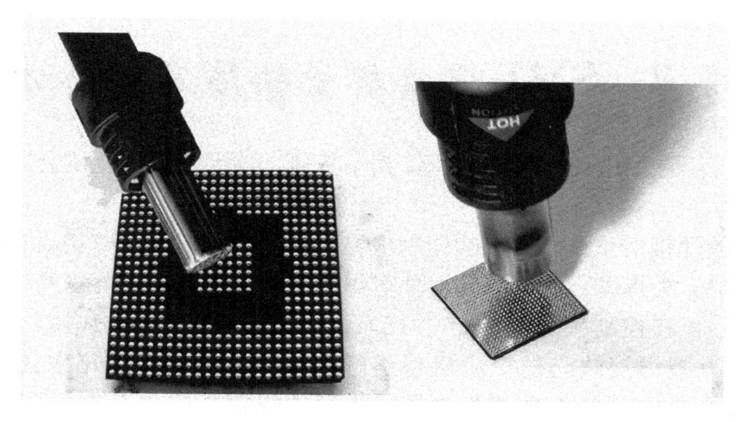

（a）不正确角度　　　　（b）正确角度

图 6-55　用热风枪焊接锡球

（9）清洗。完成植球工艺之后，应将 BGA 器件清洗干净，并尽快进行贴装和焊接，以防止焊球氧化和器件受潮。

"助焊膏"+"锡球"法的操作步骤如下：上述的（3）、（4）步骤要合并为一个步骤，用刷子沾上助焊膏，不用钢网印刷而是直接均匀地涂刷到 BGA 的焊盘上，其他步骤和第一种方法基本相同。

（10）操作任务完成后，填写考核评价表，见表 6-9。

表 6-9　BGA 植球考核评价表

<table>
<tr><th>序号</th><th>项　目</th><th>配分</th><th>评 价 要 点</th><th>自评</th><th>互评</th><th>教师评价</th><th>平均分</th></tr>
<tr><td>1</td><td>BGA 的取下</td><td>25 分</td><td>将损坏的 BGA 芯片从 PCB 上取下（25 分）</td><td></td><td></td><td></td><td></td></tr>
<tr><td>2</td><td>BGA 焊盘的清理</td><td>25 分</td><td>BGA 的清理操作正确（25 分）</td><td></td><td></td><td></td><td></td></tr>
<tr><td>3</td><td>印刷焊锡膏、植球</td><td>25 分</td><td>焊锡膏印刷、植球操作正确（25 分）</td><td></td><td></td><td></td><td></td></tr>
<tr><td>4</td><td>回流焊接或热风焊接、清洗</td><td>25 分</td><td>回流焊接或热风焊接、清洗操作正确（25 分）</td><td></td><td></td><td></td><td></td></tr>
<tr><td colspan="3">材料、工具、仪表</td><td>每损坏或者丢失一件扣 10 分
材料、工具、仪表没有放整齐扣 10 分</td><td></td><td></td><td></td><td></td></tr>
<tr><td colspan="3">环保节能意识</td><td>视情况扣 10～20 分</td><td></td><td></td><td></td><td></td></tr>
<tr><td colspan="3">安全文明操作</td><td>违反安全文明操作视其情况进行扣分</td><td></td><td></td><td></td><td></td></tr>
<tr><td colspan="3">额定时间</td><td>每超过 5 min 扣 5 分</td><td></td><td></td><td></td><td></td></tr>
<tr><td>开始时间</td><td></td><td>结束时间</td><td></td><td>实际时间</td><td></td><td>综合成绩</td><td></td></tr>
<tr><td colspan="2">综合评议意见（教师）</td><td colspan="6"></td></tr>
<tr><td colspan="2">评议教师</td><td colspan="3"></td><td>日期</td><td colspan="2"></td></tr>
<tr><td colspan="2">自评学生</td><td colspan="3"></td><td>互评学生</td><td colspan="2"></td></tr>
</table>

任务 8　SMT 焊接质量缺陷及解决方法

SMT 是涉及多项技术的复杂系统工程，其中任何一项因素的改变均会影响电子产品的焊接质量。

元器件焊点的焊接质量是直接影响印制电路组件（PWA）乃至整机质量的关键因素。它受许多参数的影响，如焊膏、基板、元器件可焊性、丝印、贴装精度以及焊接工艺等。合理的表面组装工艺技术在控制和提高 SMT 生产质量中起到至关重要的作用。

现针对几种典型焊接缺陷的产生机理进行分析，并简要介绍相应的工艺解决方法。不同的焊接方式会产生其特有的焊接缺陷，相同的焊接缺陷也会在不同的焊接方式中都有发生。

6.8.1　回流焊质量缺陷及解决办法

1. 立碑现象

回流焊中，片式元器件常出现立起的现象，称立碑，又称为吊桥、曼哈顿现象，如图 6-56 所示。这是在回流焊工艺中经常发生的一种缺陷。

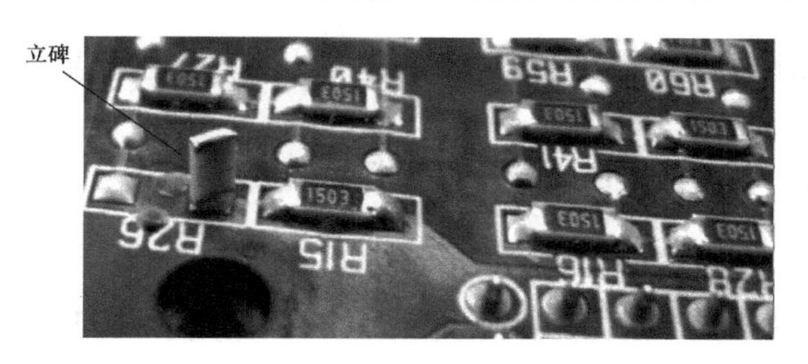

图 6-56　立碑现象

产生原因：立碑现象发生的根本原因是元件两边的润湿力不平衡，因而元件两端的力矩也不平衡，如图 6-57 所示。若 $M_1>M_2$，元件将向左侧立起；若 $M_1<M_2$，元件将向右侧立起。

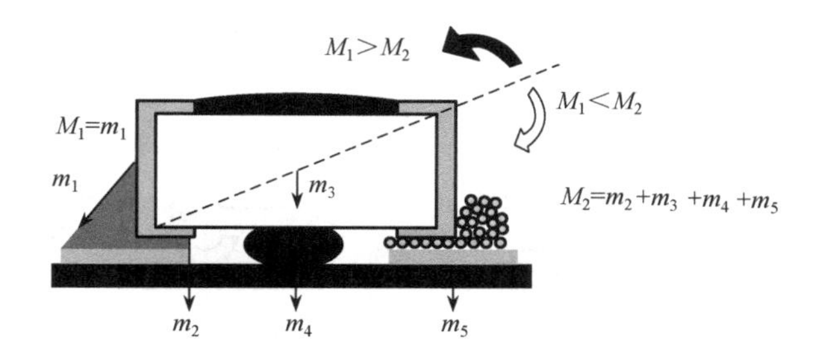

图 6-57　元件两端的力矩不平衡导致立碑现象

下列情形均会导致回流焊时元件两边的润湿力不平衡。

（1）焊盘设计与布局不合理。如果焊盘设计与布局有以下缺陷，将会引起元件两边的润湿力不平衡。

① 元件的两边焊盘之一与地线相连接或有一侧焊盘面积过大，焊盘两端热容量不均匀。

② PCB 表面各处的温差过大以致元件焊盘两边吸热不均匀。

③ 大型器件 QFP、BGA、散热器周围的小型片式元件焊盘两端会出现温度不均匀。

解决办法：改善焊盘设计与布局。

（2）焊锡膏与焊锡膏印刷。焊锡膏的活性不高或元件的可焊性差，焊锡膏熔化后，表面张力不一样，将引起焊盘润湿力不平衡。两焊盘的焊锡膏印刷量不均匀，多的一边会因焊锡膏吸热量增多，熔化时间滞后，以致润湿力不平衡。

解决办法：选用活性较高的焊锡膏，改善焊锡膏印刷参数，特别是模板的窗口尺寸。

（3）贴片。*Z* 轴方向受力不均匀，会导致元件浸入到焊锡膏中的深度不均匀，熔化时会因时间差而导致两边的润湿力不平衡。如果元件贴片移位会直接导致立碑，如图 6-58 所示。

解决办法：调节贴片机工艺参数。

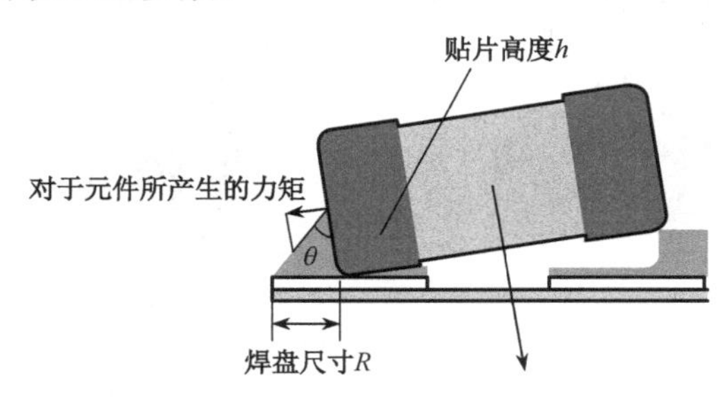

图 6-58　元件偏离焊盘而产生立碑

（4）炉温曲线。对 PCB 加热的工作曲线不正确，以致板面上温差过大，通常回流焊炉炉体过短和温区太少就会出现这些缺陷。

解决办法：根据每种不同产品调节好适当的温度曲线。

2. 芯吸现象

芯吸现象又称抽芯现象，是常见焊接缺陷之一，多见于气相回流焊中；芯吸现象是焊料脱离焊盘而沿引脚上行到引脚与芯片本体之间，通常会形成严重的虚焊现象，如图 6-59 所示。

产生的原因主要是由于元件引脚的导热率大，故升温迅速，以致焊料优先润湿引脚，焊料与引脚之间的润湿力远大于焊料与焊盘之间的润湿力，此外引脚的上翘更会加剧芯吸现象的发生。

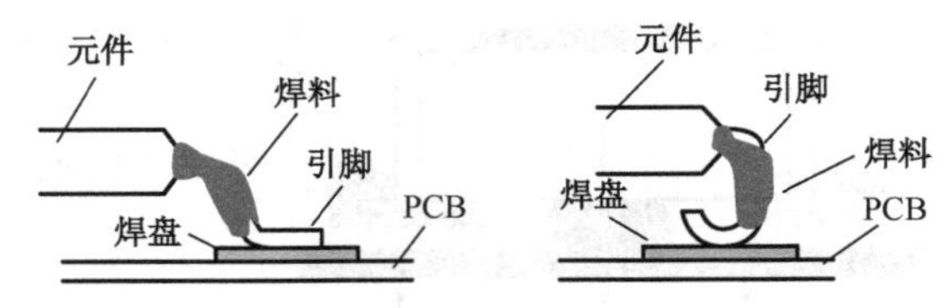

图 6-59　芯吸现象

解决办法

（1）对于气相回流焊，应将 SMA 首先充分预热后再放入气相炉中。

（2）应认真检查 PCB 焊盘的可焊性，可焊性不好的 PCB 不能用于生产。

（3）充分重视元件的共面性，对共面性不良的器件也不能用于生产。

在红外回流焊中，PCB 基材与焊料中的有机助焊剂是红外线良好的吸收介质，而引脚却能部分反射红外线，故相比而言焊料优先熔化，焊料与焊盘的润湿力就会大于焊料与引脚之间的润湿力，故焊料不会沿引脚上升，从而发生芯吸现象的概率就小得多。

3. 桥连

桥连是 SMT 生产中常见的缺陷之一，它会引起元件之间的短路，遇到桥连必须返修。桥连及桥连产生的过程如图 6-60 所示。

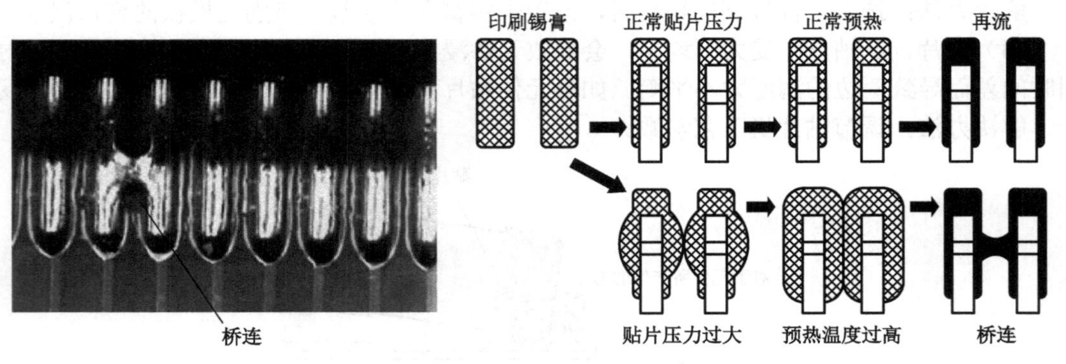

图 6-60　桥连及桥连产生的过程

引起桥连的原因很多，以下是主要的 4 种。

（1）焊锡膏质量问题。

① 焊锡膏中金属含量偏高，特别是印刷时间过久后，易出现金属含量增高，导致 IC 引脚桥连。

② 焊锡膏黏度低，预热后漫流到焊盘外。

③ 焊锡膏塌落度差，预热后漫流到焊盘外。

解决办法：调整焊锡膏配比或改用质量好的焊锡膏。

（2）印刷系统。

① 印刷机重复精度差，对位不齐（钢板对位不好、PCB 对位不好），致使焊锡膏印刷到焊盘外，尤其是细间距 QFP 焊盘。

② 模板窗口尺寸与厚度设计不对以及 PCB 焊盘设计 Sn/Pb 合金镀层不均匀，导致焊锡膏量偏多。

解决方法：调整印刷机，改善 PCB 焊盘涂敷层。

（3）贴放。贴放压力过大，焊锡膏受压后漫流是生产中多见的原因。另外贴片精度不够，元件出现移位、IC 引脚变形等。

（4）预热。回流焊炉升温速度过快，焊锡膏中溶剂来不及挥发。

解决办法：调整贴片机 Z 轴高度及回流焊炉升温速度。

桥连也是波峰焊工艺中的缺陷，但在回流焊中常见。

4．元件偏移

一般说来，元件偏移量大于可焊端宽度的 50%被认为是不可接受的，通常要求偏移量小于 25%。

产生原因：

（1）贴片机精度不够。

（2）元件的尺寸容差不符合。

（3）焊锡膏黏性不足或元件贴装时压力不足，传输过程中的振动引起 SMD 移动。

（4）助焊剂含量太高，回流焊时助焊剂沸腾，SMD 在液态焊料上移动。

（5）焊锡膏塌边引起偏移。

（6）焊锡膏超过使用期限，助焊剂变质。

（7）如元件旋转，可能是程序的旋转角度设置错误。

（8）热风炉风量过大。

解决办法：

（1）校准定位坐标，注意元件贴装的准确性。

（2）使用黏度大的焊膏，增加元件贴装压力，增大黏结力。

（3）选用合适的锡膏，防止焊膏塌陷的出现以及具有合适的助焊剂含量。

（4）如果同样程度的元件错位在每块板上都发现，则程序需要修改，如果在每块板上的错位不同，则可能是板的加工问题或位置错误。

（5）调整热风电动机转速。

6.8.2 波峰焊质量缺陷及解决办法

1. 拉尖

拉尖是指在焊点端部出现多余的针状焊锡，这是波峰焊工艺中特有的缺陷。

产生原因：PCB 传送速度不当，预热温度低，锡锅温度低，PCB 传送倾角小，波峰不良，焊剂失效，元件引线可焊性差。

解决办法：调整传送速度到合适为止，调整预热温度和锡锅温度，调整 PCB 传送角度，优选喷嘴，调整波峰形状，调换新的焊剂并解决引线可焊性问题。

2. 虚焊

产生原因：元器件引线可焊性差，预热温度低，焊料问题，助焊剂活性低，焊盘孔太大，印制板氧化，板面有污染，传送速度过快，锡锅温度低。

解决办法：解决引线可焊性，调整预热温度，化验焊锡的锡和杂质含量，调整焊剂密度，设计时减小焊盘孔，清除 PCB 氧化物，清洗板面，调整传送速度，调整锡锅温度。

3. 锡薄

产生原因：元器件引线可焊性差，焊盘太大（需要大焊盘除外），焊盘孔太大，焊接角度太大，传送速度过快，锡锅温度高，焊剂涂敷不匀，焊料含锡量不足。

解决办法：解决引线可焊性，设计时减小焊盘及焊盘孔，减小焊接角度，调整传送速度，调整锡锅温度，检查预涂焊剂装置，化验焊料含量。

4. 漏焊

产生原因：引线可焊性差，焊料波峰不稳，助焊剂失效，焊剂喷涂不匀，PCB 局部可焊性差，传送链抖动，预涂焊剂和助焊剂不相溶，工艺流程不合理。

解决办法：解决引线可焊性，检查波峰装置，更换焊剂，检查预涂焊剂装置，解决 PCB 可焊性（清洗或退货），检查调整传动装置，统一使用焊剂，调整工艺流程。

6.8.3 回流焊与波峰焊均会出现的焊接缺陷

1. 锡珠

锡珠是回流焊常见的缺陷之一，在波峰焊中也时有发生。不仅影响到外观而且会引起桥接。锡珠可分为两类，一类出现在片式元器件一侧，常为一个独立的大球状，如图 6-61 所示。另一类出现在 IC 引脚四周，呈分散的小珠状。产生锡珠的原因有以下几方面。

（1）温度曲线不正确。回流焊曲线中预热、保温 2 个区段的目的，是为了使 PCB 表面温度在 60～90s 内升到 150℃，并保温约 90s，这不仅可以降低 PCB 及元件的热冲击，更主要是确保焊锡膏的溶剂能部分挥发，避免回流焊时因溶剂太多引起飞溅，造成焊锡膏冲出焊盘而形成锡珠。若此曲线设置不正确，将出现锡珠。

解决办法：注意升温速率，并采取适中的预热，使之有一个很好的平台使溶剂大部分挥发。

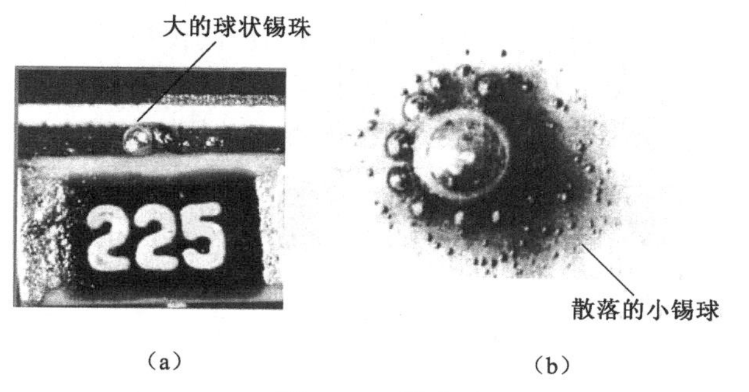

图 6-61　锡珠

（2）焊锡膏的质量。

① 焊锡膏中金属含量通常在 90%±0.5%，金属含量过低会导致助焊剂成分过多，因此过多的助焊剂会因预热阶段不易挥发而引起飞珠。

② 焊锡膏中水蒸气和氧含量增加也会引起飞珠。由于焊锡膏通常冷藏，当从冰箱中取出时，如果没有确保恢复时间，将会导致水蒸气进入；此外焊锡膏瓶的盖子每次使用后要盖紧，若没有及时盖严，也会导致水蒸气的进入。

放在模板上印制的焊锡膏在完工后，剩余的部分应另行处理，若再放回原来瓶中，会引起瓶中焊锡膏变质，也会产生锡珠。

解决办法：选择优质的焊锡膏，注意焊锡膏的保管与使用要求。

（3）印刷与贴片。

① 在焊锡膏的印刷工艺中，由于模板与焊盘对中会发生偏移，若偏移过大则会导致焊锡膏浸流到焊盘外，加热后容易出现锡珠。此外印刷工作环境不好也会导致锡珠的生成，理想的印刷环境温度为（25±3）℃，相对湿度为 50%～65%。

解决办法：仔细调整模板的装夹，防止松动现象。改善印刷工作环境。

② 贴片过程中，*Z* 轴的压力也是引起锡珠的一项重要原因，往往不引起人们的注意，部分贴片机 *Z* 轴头是依据元件的厚度来定位的，如 *Z* 轴高度调节不当，会引起元件贴到 PCB 上的一瞬间将焊锡膏挤压到焊盘外的现象，这部分焊锡膏会在焊接时形成锡珠。这种情况下产生的锡珠尺寸稍大，如图 6-62 所示。

解决办法：重新调节贴片机的 *Z* 轴高度。

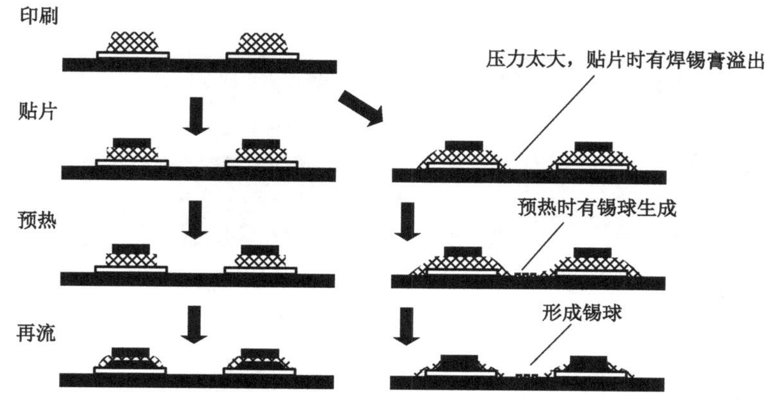

图 6-62　贴片压力过大容易产生锡珠

③ 模板的厚度与开口尺寸。模板厚度与开口尺寸过大，会导致焊锡膏用量增大，也会

引起焊锡膏漫流到焊盘外，特别是用化学腐蚀方法制造的模板。

解决办法：选用适当厚度的模板和开口尺寸、开口形状的设计，一般模板开口面积为焊盘尺寸的 90%，如图 6-63 所示为几种可以减少出现锡球概率的模板的开口形状。

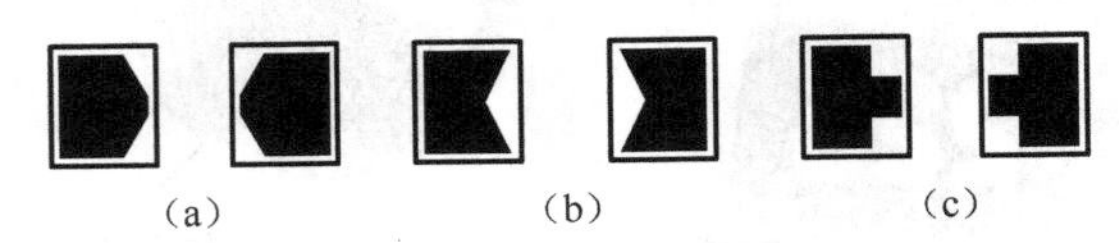

图 6-63　模板的开口形状

波峰焊中出现锡球的，主要原因有两个方面：第一，由于焊接时印制板上通孔附近的水分受热而变成蒸汽，如果孔壁金属镀层较薄或有空隙，水汽就会通过孔壁排除，若孔内有焊料，当焊料凝固时水汽就会在焊料内产生空隙（针眼），或挤出焊料在印制板正面产生锡球；第二，波峰焊接中一些工艺参数设置不当。如果助焊剂涂敷量增加或预热温度设置过低，就可能影响焊剂内组成成分的蒸发，在印制板进入波峰时，多余的焊剂受高温蒸发，将焊料从锡槽中溅出来，在印制板面上产生不规则的焊料球。

针对上述两方面原因，可以采取以下相应的解决措施：第一，通孔内孔壁上的铜镀层最小应为 25μm，而且插装后无空隙。第二，使用喷雾或发泡式涂敷助焊剂。第三，波峰焊机预热区温度的设置应使线路板顶面的温度达到至少 100℃。适当的预热温度不仅可消除焊料球，而且避免线路板受到热冲击而变形。

2．SMA 焊接后 PCB 基板上起泡

SMA 焊接后出现指甲大小的泡状物，主要原因也是 PCB 基材内部夹带了水汽，特别是多层板的加工，它是由多层环氧树脂半固化片预成型再热压后而成，若环氧树脂半固化片存放期过短，树脂含量不够，预烘干去除水汽除得不干净，则热压成型后很容易夹带水汽，或因半固片本身含胶量不够，层与层之间的结合力不够，而留下起泡的内在原因。此外，PCB 购进后，因存放期过长，存放环境潮湿，贴片生产前没有及时预烘，以致受潮的 PCB 贴片后出现起泡现象。

解决办法：PCB 购进后应验收后方能入库；PCB 贴片前应在（125±5）℃温度下预烘 4h。

3．片式元器件开裂

片式元件开裂常见于多层片式电容器（MLCC），有时也见于矩形片式电阻，如图 6-64 所示。其原因主要是由于热应力与机械应力的作用。

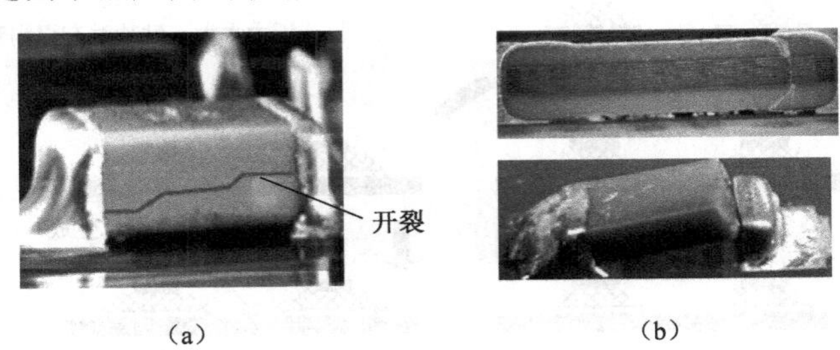

图 6-64　片式元件开裂

（1）产生原因。

① 对于 MLCC 类电容，其结构上存在着很大的脆弱性，通常 MLCC 是由多层陶瓷电容叠加而成，故强度低，极易因受热或机械力的冲击而损坏，特别是在波峰焊中尤为明显。

② 贴片过程中，贴片机 Z 轴吸放高度的影响，特别是一些不具备 Z 轴软着陆功能的贴片机，由于吸放高度是由片式元件的厚度来决定的，而不是由压力传感器来决定，因此会因为元件厚度公差而造成开裂。

③ PCB 的翘曲应力，特别是焊接后翘曲应力很容易造成元件的开裂。

④ 拼板的 PCB 在分割时，如果操作不当也会损坏元件。

（2）解决办法。

① 认真调节焊接工艺曲线，特别是预热区温度不能过低。

② 贴片中应认真调节贴片机 Z 轴的吸放高度。

③ 注意拼板分割时的割刀形状；检查 PCB 的翘曲度，尤其是焊接后的翘曲度应进行针对性校正。

④ 如是 PCB 板材质量问题，则需考虑更换。

4. 焊点不光亮/残留物多

通常焊锡膏中氧含量多时会出现焊点不光亮的现象；有时焊接温度不到位（峰值温度不到位）也会出现不光亮的现象。

SMA 出炉后，未能强制风冷也会出现不光亮和残留物多的现象。焊点不光亮还与焊锡膏中金属含量低有关，介质不容易挥发，颜色深，也会出现残留物过多的现象。

对焊点的光亮度有不同的理解，多数人欢迎焊点光亮，但现在有些人认为光亮反而不利于目测检查，故有的焊锡膏中会使用消光剂。

5. PCB 扭曲

PCB 扭曲是 SMT 生产中经常出现的问题，它会对装配以及测试带来相当大的影响，因此在生产中应尽量避免这个问题的出现。

（1）产生原因。

① PCB 本身原材料选用不当，如 PCB 的 T_g 低，特别是纸基 PCB，如果加工温度过高，PCB 就容易变得弯曲。

② PCB 的设计不合理或元件分布不均会造成 PCB 热应力过大，外形较大的连接器和插座也会影响 PCB 的膨胀和收缩，以致出现永久性的扭曲。

③ PCB 的设计问题，如双面 PCB，若一面的铜箔保留过大（如大面积地线），而另一面铜箔过少，也会造成两面收缩不均匀而出现变形。

④ 夹具使用不当或夹具距离太小。如波峰焊中，PCB 因焊接温度的影响而膨胀，由于指爪夹持太紧没有足够的膨胀空间而出现变形。其他，如 PCB 太宽、PCB 预加热不均、预热温度过高、波峰焊时锡锅温度过高、传送速度慢等也会引起 PCB 扭曲。

（2）解决办法。

① 在价格和利润空间允许的情况下，选用 T_g 高的 PCB 或增加 PCB 厚度。

② 合理设计 PCB，以取得最佳长宽比；双面的铜箔面积应均衡，在没有电路的地方布满铜层，并以网格形式出现，以增加 PCB 的刚度。

③ 在贴片前对 PCB 预烘，其条件是 125℃温度下预烘 4h。

④ 调整夹具或夹持距离，以保证 PCB 受热膨胀的空间；焊接工艺温度尽可能调低。已经出现轻度的扭曲，可以放在定位夹具中升温复位，以释放应力，一般会取得满意的效果。

6. IC 引脚焊接后开路或虚焊

IC 引脚焊接后出现部分引脚虚焊，是常见的焊接缺陷。

（1）产生原因。

① 共面性差，特别是 FQFP 器件，由于保管不当而造成引脚变形，如果贴片机没有检查共面性的功能，有时不易被发现。因共面性差而产生开路/虚焊的过程如图 6-65 所示。

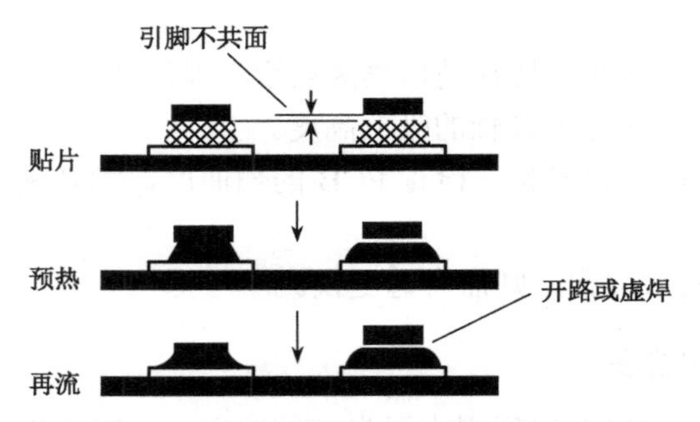

图 6-65　共面性差的器件焊接后出现虚焊

② 引脚可焊性不好、IC 存放时间长、引脚发黄、可焊性不好是引起虚焊的主要原因。

③ 焊锡膏质量差，金属含量低，可焊性差。通常用于 FQFP 器件焊接的焊锡膏，金属含量应不低于 90%。

④ 预热温度过高，易引起 IC 引脚氧化，使可焊性变差。

⑤ 印刷模板窗口尺寸小，以致焊锡膏量不够。

（2）解决办法。

① 注意器件的保管，不要随便拿取元件或打开包装。

② 生产中应检查元器件的可焊性，特别注意 IC 存放期不应过长（自制造日期起一年内），保管时应不受高温、高湿。

③ 仔细检查模板窗口尺寸，不应太大也不应太小，并且注意与 PCB 焊盘尺寸相配套。

7. 焊接后印制板阻焊膜起泡

SMT 在焊接后会在个别焊点周围出现浅绿色的小泡，严重时还会出现指甲盖大小的泡状物，不仅影响外观质量，严重时还会影响性能。

（1）产生原因。阻焊膜起泡的根本原因在于阻焊膜与 PCB 基材之间存在气体或水蒸气，这些微量的气体或水蒸气会在不同工艺过程中夹带到其中，当遇到焊接高温时，气体膨胀而导致阻焊膜与 PCB 基材的分层，焊接时，焊盘温度相对较高，故气泡首先出现在焊盘周围。

下列原因均会导致 PCB 夹带水蒸气。

① PCB 在加工过程中经常需要清洗、干燥后再做下道工序，一般蚀刻完成后，应先干燥，然后再贴阻焊膜，若此时干燥温度不够，就会夹带水蒸气进入下道工序，在焊接时遇高温而出现气泡。

② PCB 加工前存放环境不好，湿度过高，焊接时又没有及时干燥处理。

③ 在波峰焊工艺中，现在经常使用含水的助焊剂，若 PCB 预热温度不够，助焊剂中的水蒸气会沿通孔的孔壁进入到 PCB 基材的内部，其焊盘周围首先进入水蒸气，遇到焊接高温后就会产生气泡。

（2）解决办法。

① 严格控制各个生产环节，购进的 PCB 应检验后入库，通常 PCB 在 260℃温度下 10s 内不应出现起泡现象。

② PCB 应存放在通风干燥环境中，存放期不超过 6 个月。

③ PCB 在焊接前，应放在烘箱中在 120℃±5℃温度下预烘 4h。

④ 波峰焊中预热温度应严格控制，进入波峰焊前应达到 100℃～140℃，如果使用含水的助焊剂，其预热温度应达到 110℃～145℃，确保水蒸气能挥发完。

思考与练习题

1．试总结焊接的分类及应用场合。

2．什么是锡焊？其主要特征是什么？锡焊必须具备哪些条件？

3．与浸焊机相比，波峰焊设备具有哪些优点？

4．什么是回流焊？叙述回流焊的工艺流程和技术要点。

5．加热方式的不同，回流焊设备一般分为哪几种类型？

6．红外线热风回流焊具有哪些优点？

7．叙述手工焊接 SMT 元器件与焊接 THT 元器件的不同之处。

8．如何对 Chip 元件进行返修？

9．说明手工焊接贴片元器件的操作方法。

10．手工焊接 SMT 元器件时，怎样设定电烙铁的温度？

11．焊接片状元器件时，对焊接温度和焊接时间有什么要求？

12．拆卸片状元器件应注意哪些问题？卸下来的片状元器件为什么不能再用？

13．焊接缺陷名词解析：桥连、芯吸、立碑、偏移、锡珠、焊脚提升、虚焊、拉尖、开裂、PCB 翘曲、锡薄、漏焊。

14．如何对回流焊炉进行日常维护保养？分别叙述日保养、周保养、月保养内容与保养方法。

项目 7

SMT 检测工艺

随着电子技术的飞速发展，专业化的生产对生产线上的各类设备和工艺有了更高的要求，从而检测成为电子产品生产中不可缺少的一环，它最大限度地提高了电子产品的生产效率和产品的质量，对解决生产中元器件故障，插装、贴装故障，焊接故障，线路板故障及线路板整板的功能故障有着十分重要的作用。

表面组装检测工艺内容包括组装前来料检测、组装工艺过程检测（工序检测）和组装后的组件检测三大类，检测项目与过程如图 7-1 所示。

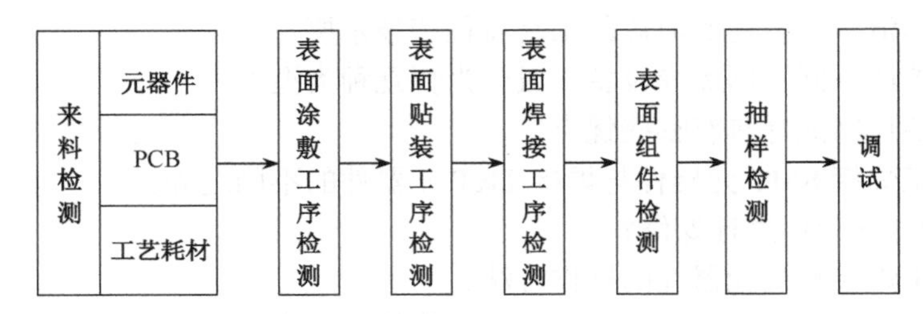

图 7-1　表面组装检测项目与过程

检测方法主要有目视检验、自动光学检测（AOI）、自动 X 射线检测（X-Ray 或 AXI）、超声波检测、在线检测（ICT）和功能检测（FCT）等。

具体采用哪一种方法，应根据 SMT 生产线的具体条件以及表面组装组件的组装密度而定。

任务 1　来料检测

来料检测是保障 SMT 可靠性的重要环节，它不仅是保证 SMT 组装工艺质量的基础，也是保证 SMT 产品可靠性的基础，因为有合格的原材料才可能有合格的产品。

来料检测的对象主要有 PCB、元器件和焊膏。

PCB 的来料检测是 SMT 组装工艺中不可缺少的组成部分，PCB 的质量检测包括 PCB 尺寸测量、外观缺陷检测和破坏性检测，应根据生产实际确定检测项目，其中应特别注意 PCB 的边缘尺寸是否符合漏印的边对精准度的要求；阻焊膜是否流到焊盘上；阻焊膜与焊盘的对准如何。还要注意焊盘图形尺寸是否符合要求。

元器件的检测是来料检测的关键部分。对组装工艺性、可靠性影响比较大的元器件问题是引线共面性、可焊性和片式元件的制造工艺。

焊锡膏的检测，首先要根据设计时所选定的焊锡膏进行采购，必须注意焊锡膏的金属百分比、黏度、粉末氧化均量，焊锡的金属污染量，助焊剂的活性、浓度，黏结剂的黏性等多项指标。来料检测项目见表 7-1。

表 7-1　来料检测项目

来料类别		检测项目	检测方法
元器件		可焊性	润湿平衡试验、浸渍测试仪
		引线共面性	光学平面检查、贴片机共面性测试装置
		使用性能	抽样专用仪器检测
PCB		尺寸与外观检查	目测，专业量具
		阻焊膜质量	
		翘曲与扭曲	热应力试验
		可焊性	旋转浸渍测试、波峰焊料浸渍测试、焊料珠测试
		阻焊膜完整性	热应力试验
工艺耗材	焊锡膏	金属百分比	加热分离称重法
		润湿性、焊料球	回流焊
		黏度与触变系数	旋转式黏度计
		粉末氧化均量	俄歇分析法
	焊锡	金属污染量	原子吸附测试
		活性	铜镜试验
	助焊剂	浓度	比重计
		活性	铜镜试验
		变质	目测颜色
	黏结剂	黏结强度	黏结强度试验
		黏度与触变系数	旋转式黏度计
		固化时间	固化试验
	清洗剂	组成成分	气体光谱分析仪

7.1.1　常用元器件来料检测标准

1. 目的

对本公司的进货原材料按规定进行检验和试验，确保产品的最终质量。

2. 范围

适用于本公司对原材料的入库检验。

3. 职责

检验员按检验手册对原材料进行检验与判定，并对检验结果的正确性负责。

4. 检验

（1）检验方式：抽样检验。

（2）抽样方案：元器件类按照 GB2828-87 正常检查，一次抽样方案，按一般检查水平 II 进行。非元器件类按照 GB2828-87 正常检查，一次抽样方案，按特殊检查水平III进行。盘带包装物料按每盘取 3 只进行测试。替代法检验的物料其替代数量依据本公司产品用量的 2～3

倍进行替代测试。

（3）合格质量水平：A 类不合格，AQL=0.4；B 类不合格，AQL=1.5，替代法测试的物料必须全部满足指标要求。

（4）定义：

A 类不合格：指对本公司产品性能、安全、利益有严重影响的不合格项目。

B 类不合格：指对本公司产品性能影响轻微，可限度接受的不合格项目。

5．检验仪器、仪表、量具的要求

所有的检验仪器、仪表、量具必须在校正计量期内。

6．检验结果记录

检验结果记录在“IQC 来料检验报告”中。

部分元器件来料检验标准见表 7-2。

表 7-2　元器件来料检验标准

<table>
<tr><th colspan="5">1．名称：电阻器</th></tr>
<tr><th>检验项目</th><th>检验方法</th><th colspan="2">检验内容</th><th>判定等级</th></tr>
<tr><td>型号规格</td><td>目检</td><td colspan="2">检查型号规格是否符合规定要求</td><td>A</td></tr>
<tr><td rowspan="2">包装、数量</td><td rowspan="2">目检</td><td colspan="2">检查包装是否符合要求</td><td>A</td></tr>
<tr><td colspan="2">清点数量是否符合</td><td>B</td></tr>
<tr><td rowspan="3">外形尺寸、色环、封装、标识</td><td rowspan="3">目检</td><td rowspan="2">测量外形尺寸，检查表面有无破损</td><td>十分微小的破裂，不会破坏密封</td><td>B</td></tr>
<tr><td>破裂处暴露出零件内部</td><td>A</td></tr>
<tr><td colspan="2">检查色环、标识是否正确，引脚有无氧化痕迹</td><td>A</td></tr>
<tr><td>电阻值、偏差</td><td>仪器测量</td><td colspan="2">用 LCR 数字电桥测量电阻值</td><td>A</td></tr>
<tr><td colspan="4">测试用仪器、仪表、工具：LCR 数字电桥（JK2811D）、游标卡尺</td><td></td></tr>
<tr><th colspan="5">2．名称：电容器</th></tr>
<tr><th>检验项目</th><th>检验方法</th><th colspan="2">检验内容</th><th>判定等级</th></tr>
<tr><td>型号规格</td><td>目检</td><td colspan="2">检查型号规格是否符合规定要求</td><td>A</td></tr>
<tr><td rowspan="2">包装、数量</td><td rowspan="2">目检</td><td colspan="2">检查包装是否符合要求</td><td>A</td></tr>
<tr><td colspan="2">清点数量是否符合</td><td>A</td></tr>
<tr><td rowspan="3">外形尺寸、封装、标识</td><td rowspan="3">目检</td><td rowspan="2">测量外形尺寸，检查表面有无破损</td><td>十分微小的破裂，但不会破坏密封</td><td>B</td></tr>
<tr><td>破裂处暴露出零件内部</td><td>A</td></tr>
<tr><td colspan="2">检查标识是否正确，引脚有无氧化痕迹</td><td>A</td></tr>
<tr><td>电容量、损耗</td><td>仪器测量</td><td colspan="2">用 LCR 数字电桥测量</td><td>A</td></tr>
<tr><td>漏电流（有极性）</td><td>仪器测量</td><td colspan="2">用仪表测量漏电流值</td><td>A</td></tr>
<tr><td colspan="5">测试用仪器、仪表、工具：LCR 数字电桥（JK2811D）、游标卡尺、万用表、稳压电源</td></tr>
</table>

续表

<table>
<tr><th colspan="5">3. 名称：电感器</th></tr>
<tr><th>检验项目</th><th>检验方法</th><th colspan="2">检验内容</th><th>判定等级</th></tr>
<tr><td>型号规格</td><td>目检</td><td colspan="2">型号规格是否符合规定要求</td><td>A</td></tr>
<tr><td rowspan="2">包装、数量</td><td rowspan="2">目检</td><td colspan="2">检查包装是否符合要求</td><td>A</td></tr>
<tr><td colspan="2">清点数量是否符合</td><td>A</td></tr>
<tr><td rowspan="3">外形尺寸、封装、标识</td><td rowspan="3">目检</td><td rowspan="2">测量外形尺寸，检查表面有无破损</td><td>十分微小的破裂，但不会破坏密封</td><td>B</td></tr>
<tr><td>破裂处暴露出零件内部</td><td>A</td></tr>
<tr><td colspan="2">检查标识是否正确，引脚有无氧化痕迹</td><td>A</td></tr>
<tr><td>电感量、偏差</td><td>仪器测量替代测试</td><td colspan="2">电感量用 LCR 数字电桥测量
用替代法测试叠层电感（31#N、33#N、34#N、35#N、36#N、38#N）
用测试好的半成品样品板上相同型号的电感元件进行替换测试，工作正常则判定为合格</td><td>A</td></tr>
<tr><td colspan="5">测试用仪器、仪表、工具：LCR 数字电桥（JK2811D）、半成品样品板</td></tr>
<tr><td colspan="5">注：功率电感必须测量电阻值（小于 0.48Ω）</td></tr>
</table>

<table>
<tr><th colspan="4">4. 名称：集成电路</th></tr>
<tr><th>检验项目</th><th>检验方法</th><th>检验内容</th><th>判定等级</th></tr>
<tr><td>型号规格</td><td>目检</td><td>检查型号规格是否符合规定要求</td><td>A</td></tr>
<tr><td rowspan="2">包装、数量</td><td rowspan="2">目检</td><td>检查包装是否为防静电密封包装</td><td>A</td></tr>
<tr><td>清点数量是否符合</td><td>A</td></tr>
<tr><td rowspan="2">封装、标识</td><td rowspan="2">目检</td><td>检查封装是否符合要求、表面有无破损、引脚是否平整且无氧化现象</td><td>A</td></tr>
<tr><td>检查标识是否正确、清晰</td><td>A</td></tr>
<tr><td>功能测试</td><td>替代法测试</td><td>将需测试的 IC 与已测试好的成品样品板（模拟板）上相同型号的 IC 替换，再进行功能测试，功能正常的为合格</td><td>A</td></tr>
<tr><td colspan="4">测试用仪器、仪表、工具：放大镜（5 倍）、模拟板</td></tr>
<tr><td colspan="4">注意事项：检验时需戴手套，不能直接用手接触集成电路，要有防静电措施</td></tr>
</table>

<table>
<tr><th colspan="4">5. 名称：二极管</th></tr>
<tr><th>检验项目</th><th>检验方法</th><th>检验内容</th><th>判定等级</th></tr>
<tr><td>型号规格</td><td>目检</td><td>型号规格是否符合规定要求</td><td>A</td></tr>
<tr><td rowspan="2">包装、数量</td><td rowspan="2">目检</td><td>检查包装是否符合要求</td><td>A</td></tr>
<tr><td>清点数量是否符合</td><td>A</td></tr>
<tr><td rowspan="2">外形尺寸、封装、标识</td><td rowspan="2">目检</td><td>测量外形尺寸，检查表面有无破损</td><td>B</td></tr>
<tr><td>检查标识是否正确、清晰，引脚有无氧化现象</td><td>A</td></tr>
<tr><td>极性</td><td>仪表测量</td><td>用数字万用表测量极性是否正确</td><td>A</td></tr>
<tr><td>电气参数</td><td>仪表测量</td><td>用三极管图示仪测试二极管的 U_F、I_{FM}、U_R 值</td><td></td></tr>
<tr><td colspan="4">测试用仪器、仪表、工具：晶体管图示仪（QT2）、万用表</td></tr>
</table>

续表

6. 名称：三极管			
检验项目	检验方法	检验内容	判定等级
型号规格	目检	型号规格是否符合规定要求	A
包装、数量	目检	检查包装是否符合要求	A
		清点数量是否符合	A
外形尺寸、封装、标识	目检	测量外形尺寸，检查表面有无破损	B
		检查标识是否正确、清晰，引脚有无氧化现象	A
电气参数	仪表测量	用晶体管图示仪测量三极管的放大倍数、U_{CEO}、U_{CBO}	A
测试用仪器、仪表、工具：晶体管图示仪（QT2）、万用表			

7. 名称：场效应管			
检验项目	检验方法	检验内容	判定等级
型号规格	目检	检查型号规格是否符合规定要求	A
包装、数量	目检	检查外包装是否破损	B
		清点数量是否符合	A
电气参数	场管快速分选仪	开启电压：V_{th}	A
		场效应管导通电阻 R_{DS}（ON）I_{GBT}、饱和压降 V_{CE}（Cat）	A
		低频跨导 Y_{fs} 耐压 V_{DSS}	A
测试用仪器、仪表、工具：场管快速分选仪			

8. 名称：插针、插座			
检验项目	检验方法	检验内容	判定等级
型号规格	目检	检查型号规格是否符合规定要求	A
包装、数量	目检	检查外包装是否破损	B
		清点数量是否符合	A
外形尺寸	目检	测量外形尺寸是否符合要求，检查表面有无破损、外伤、不光滑	A
可焊性	实际焊接试验	可焊性良好	A
测试用仪器、仪表、工具：数字万用表（DT-9201）、游标卡尺、烙铁台			

9. 名称：三端稳压器 78L05			
检验项目	检验方法	检验内容	判定等级
型号规格	目检	检查型号规格是否符合规定要求	A
数量	目检	检查包装数量是否符合	B
外形尺寸	目检	外形尺寸是否符合安装要求	A
外观质量	目检	检查表面有无破损、标识是否清晰、引脚有无氧化现象	A
性能测试	工装测试	1mA≤I_O≤40 mA 时，U_i=7～20V 时，4.75V≤U_O≤5.25V	A
试用仪器、仪表、工具：稳压电源、自制工装			

续表

10. 名称：蜂鸣片			
检验项目	检验方法	检验内容	判定等级
型号规格	目检	检查型号规格是否符合规定要求	A
包装、数量	目检	检查外包装是否破损	B
		清点数量是否符合	A
外形尺寸	目检	测量外形尺寸是否符合安装要求	A
外观	目检	检查表面有无破损、划痕、脏污等现象	
功能测试	用仪表进行测试	用低频信号发生器输出 1kHz 的信号，将信号加在蜂鸣片两极片上测试发声，发声正常则判定为合格，不发声或发声不正常则判定为不合格	A
可焊性	焊接实验	可焊性良好	A
测试用仪器、仪表、工具：游标卡尺、低频信号发生器、电烙铁			

11. 名称：晶体、陶振、滤波器			
检验项目	检验方法	检验内容	判定等级
型号规格	目检	检查型号规格是否符合规定要求	A
包装、数量	目检	检查外包装是否破损	B
		清点数量是否符合	A
外形尺寸	目检	是否符合规格要求	A
外观	目检	检查表面有无破损、划痕、脏污等现象，引脚有无氧化现象	A
频率偏差	用仪表测试或替代法测试	20.945M/4M/32.768M 测试频率偏差满足规格要求 发射晶体用替代法测试指标必须满足频差±1kHz，车台 RF 板功率≥16dBm，遥控器 RF 板功率≥9dBm 接收晶体/陶振/滤波器替代法测试指标必须满足灵敏度≤-118dBm 2M 陶振替代法测试指标要求 10kHz±5‰（测试电池负极倒数第三个孔）	A
测试用仪器、仪表、工具：示波器、频率计、测试用工装、稳压电源			

12. 名称：继电器			
检验项目	检验方法	检验内容	判定等级
型号规格	目检	型号规格是否符合规定要求	A
包装数量	目检	检查包装是否破损	B
		清点数量是否符合	A
外形尺寸、封装、标识	目检	外形尺寸是否符合安装要求，检查表面有无破损	B
		检查标识是否正确、清晰	A
功能测试	仪器测试	测试线圈电阻、吸合电压、工作电流 用汽车蓄电池供电，灯泡作负载，测试常开常闭两组触点吸合及释放的可靠性	A
可焊性	实际焊接	可焊性良好	A
测试用仪器、仪表、工具：万用表（DT-9201）、稳压电源、汽车蓄电池、灯泡			

7.1.2 PCB 来料检验标准

1. 检验条件

（1）光度：正常室内的照明、自然光或日光，光亮度 500lx 以上。检验距离：30cm。

（2）光线照射方向及检验位置：光线照射方向及位置以方便检验为原则。待测物与光源方向呈 30°～60° 角。目检方向与光源约垂直，与待测面约成 30°～60° 角。

（3）视力：须 0.8 以上，且不可有色盲。

（4）检验时必须以该产品的图纸资料为辅助依据。

2. 检验项目及标准

检验项目、技术标准、检验仪器设备、检验方法、检验水平见表 7-3。

表 7-3 PCB 检验标准

检验项目		技术标准	检验仪器、设备	检验方法	检查水平
包装		外包装箱应无受潮、挤压破损变形等缺陷 品名、型号、规格、数量等标识清晰无误	目测	目视检查包装	全检
一致性验证		样品确认书等	目测	必须明确货物规格与样品一致	全检
外观	表面	表面整洁，无污迹、锈蚀及损伤，无毛刺、飞边 丝印（规格型号等）正确、清晰 齿形、割槽平滑 基材板与线路间不可有脱落、断裂分离现象	目测 样件	目视检查外观质量	抽检
	文字符号	文字符号均为白色（若另有标示，则依工程图为主） Logo 字体符号须清晰可辨识，不可模糊断裂或双重印字及有不相关符号出现	目测	目视检查外观质量	抽检
	阻焊膜	颜色与要求一致 不得起泡、不平整、有水印、皱纹 阻焊膜底下不得有脏污、氧化 不得露铜或沾锡 刮伤面积≤3.0mm（长）×0.2 mm（宽）且每面允许两处但不可露铜 绿漆刮伤造成露底材（基材、铜、锡），长度不可超过 0.3 mm，宽度 0.25 mm 零件孔内或锡垫上不可粘有阻焊膜、文字油墨及其他异物	目测	目视检查外观质量	抽检
	焊盘（孔）	无氧化、多孔、漏孔、堵孔、孔偏，金属涂敷层符合元器件规格说明书	放大镜	目视检查外观质量	抽检

续表

检验项目		技术标准	检验仪器、设备	检验方法	检查水平
外形尺寸	板材尺寸	基板长度、宽度、厚度；割槽长度和宽度符合尺寸示意图	游标卡尺	用游标卡尺测量其尺寸	抽检
	定位尺寸	孔距、孔径、边距符合尺寸示意图	游标卡尺	用游标卡尺测量其尺寸	抽检
	工艺尺寸	工艺边、基准点尺寸符合尺寸示意图	游标卡尺	用游标卡尺测量其尺寸	抽检
焊接特性	可焊性	焊盘易沾锡且沾锡面均匀、饱满，95%焊盘表面被焊锡覆盖	目测、锡炉、秒表	将印制板铜箔面浸入温度为（235±5）℃锡炉，浸焊 2s 后，目视检查沾锡情况	抽检
	耐焊性	阻焊膜无起泡、脱落、黏手及印制板破损等现象	目测、锡炉、秒表	将印制板铜箔面浸入温度为（260±5）℃锡炉，浸焊 10s 后，目视有无明显损伤	抽检

若产品处理有争议时，由产品部门经理认定。

任务 2　工艺过程检测

表面组装工序检测主要包括焊锡膏印刷工序、元器件贴装工序、焊接工序等工艺过程的检测。

目前，生产厂家在批量生产过程中检测 SMT 电路板的焊接质量时，广泛使用人工目视检验、自动光学检测（AOI）、自动 X 射线检测（X-Ray）等方法。

7.2.1　目视检验

目视检验简便直观，是检验评定焊点外观质量的主要方法。目检是借助带照明或不带照明、放大倍数 2～5 倍的放大镜，用肉眼观察检验 SMT 焊点质量。目视检查可以对单个焊点缺陷乃至线路异常及元器件劣化等同时进行检查，是采用最广泛的一种非破坏性检查方法。但对某些焊接内部缺陷（如空隙、气泡等）无法发现，因此很难进行定量评价。目视检查的速度和精度同检查人员对焊接有关知识和识别能力有关。

该方法的优点是简单、成本低廉；缺点是效率低、漏检率高，还与操作人员的经验和认真程度有关。

但无论具备什么检测条件，目视检验是基本检测方法，是 SMT 工艺和检验人员必须掌握的内容之一。

1. 印刷工艺目视检验标准

焊锡膏印刷质量要执行标准 SJ/T10670-1995 中 6.1.1.2 的规定。一般要求焊膏印刷要与焊盘对齐且尺寸及形状相符，焊锡膏表面光滑、不带有受扰区域或空穴，并呈立方体；焊锡膏厚度等于钢模板厚度±0.03mm；焊盘上至少要有 75%的面积有焊锡膏，焊锡膏超出焊盘，不应大于焊盘尺寸的 10%，理想的焊锡膏印刷如图 7-2 所示。

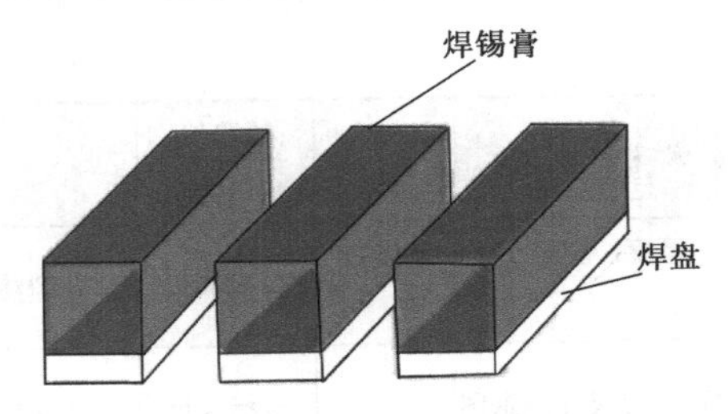

图 7-2　印刷工艺目视检验标准

2. 贴装工艺目视检验标准

元器件贴装位置精度要求执行标准 SJ/T10670-1995 中 6.3.1 的规定。元器件电极（焊端）应与相应焊盘对准，如图 7-3 所示为片式元件的理想贴装情况。

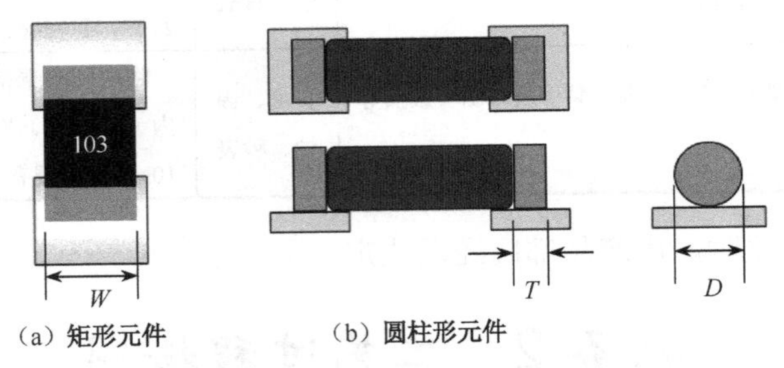

图 7-3　理想的片式元件贴装情况

下列几种有缺陷的元件贴装情况可判为合格，如图 7-4 所示。

（1）元件焊端宽度一半或以上位于焊盘上（仅在印制导线阻焊情况下适用）。

（2）元件焊端宽度一半或以上位于焊盘上，且与相邻焊盘或元件相距 0.5mm 以上。

（3）有旋转偏差，*D* 大于元件宽度的一半。

（4）元件焊端伸出焊盘，伸出部分 *A* 不大于焊端宽度的 1/2 。

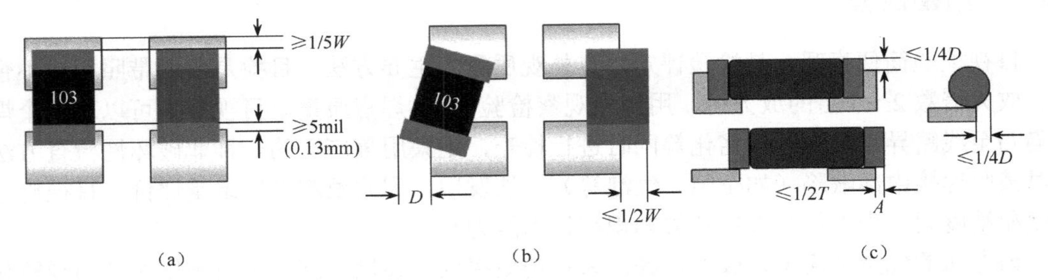

图 7-4　可判为合格的有缺陷元件贴装

如图 7-5 所示为不合格的元件贴装情况。

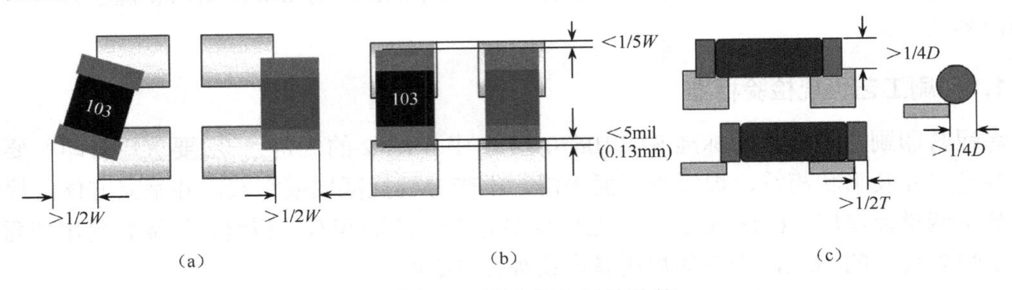

图 7-5　不合格的元件贴装

器件贴装：器件引脚应全部处于焊盘上，对称居中无偏移为最佳。有旋转偏移，但引脚全部位于焊盘上，或 *X*、*Y* 方向有偏移，但引脚（含趾部和跟部） 全部或 2/3 以上位于焊盘上，可判为合格，达不到以上标准为不合格，如图 7-6 所示。

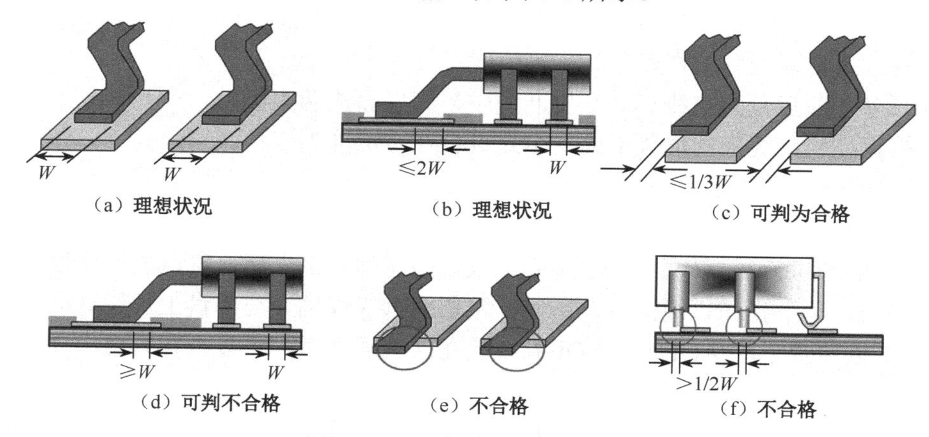

图 7-6 器件贴装目视检验标准

3. 回流焊工艺目视检验标准

由于诸多因素的影响，SMA 经回流焊后，有可能出现桥接、短路等缺陷，影响 SMA 的性能和可靠性，所以在焊接后，应对 SMA 进行全检，焊点质量的评定执行 SJ/T10666-1995 标准的规定。一般要求在焊盘上形成完整、均匀、连续的焊点，接触角不大于 90°，焊料量适中，焊点表面圆滑，元器件焊端或引脚在焊盘上的位置偏差应在规定范围内。焊接面应呈弯月状，且当元件高度＞1.2mm 时，焊接面高度 $H \geqslant 0.4$mm；当元件高度≤1.2mm 时，焊接面高度 $H \geqslant$元件高度的 1/3，达到以上标准为最佳。回流焊工艺目视检验标准如图 7-7 所示。

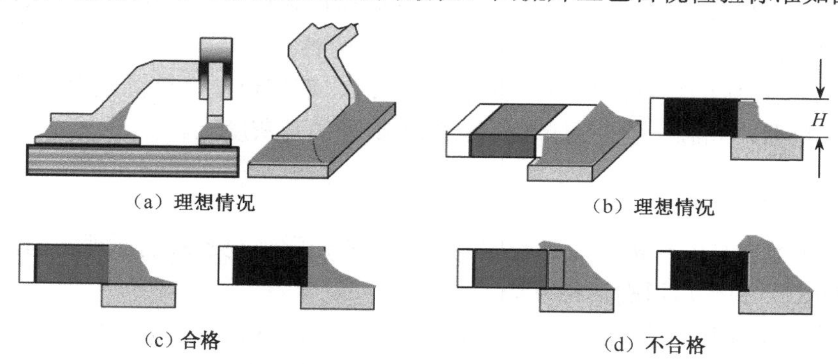

图 7-7 回流焊工艺目视检验标准

如果 PCB 上有残存焊球，则孤立焊球最大直径应小于相邻导体或元件焊盘最小间距的一半，或直径小于 0.15mm；残留在 PCB 上的焊球每平方厘米不超过一个；较小直径多个焊球，则不允许超过上述同等体积。

7.2.2 自动光学检测（AOI）

SMT 电路的小型化和高密度化，使检验的工作量越来越大，依靠人工目视检验的难度越来越高，判断标准也不能完全一致。目前，生产厂家在大批量生产过程中检测 SMT 电路板的焊接质量，广泛使用自动光学检测（AOI）或自动 X 射线检测（X-Ray）。自动光学检测

（AOI）主要用于工序检验；包括焊膏印刷质量、贴装质量以及回流焊炉后质量检验。

1．AOI 分类

AOI是Automated Optical Inspection的英文缩写，中文含义为自动光学检测，可泛指自动光学检测技术或自动光学检查设备。

AOI 设备一般可分为在线式（在生产线中）和桌面式两大类。

（1）根据在生产线上的位置不同，AOI 设备通常可分为三种。

① 放在焊锡膏印刷之后的 AOI。将 AOI 系统放在焊锡膏印刷机后面，可以用来检测焊锡膏印刷的形状、面积以及焊锡膏的厚度。

② 放在贴片机后的 AOI。把 AOI 系统放在高速贴片机之后，可以发现元器件的贴装缺漏、种类错误、外形损伤、极性方向错误，包括引脚（焊端）与焊盘上焊锡膏的相对位置。

③ 放在回流焊后的 AOI。将 AOI 系统放在回流焊之后，可以检查焊接品质，发现有缺陷的焊点。

如图 7-8 所示为 AOI 在生产线中不同位置的检测示意图。显然，在上述每一工位都设置 AOI 是不现实的，AOI 最常见的位置是在回流焊之后。

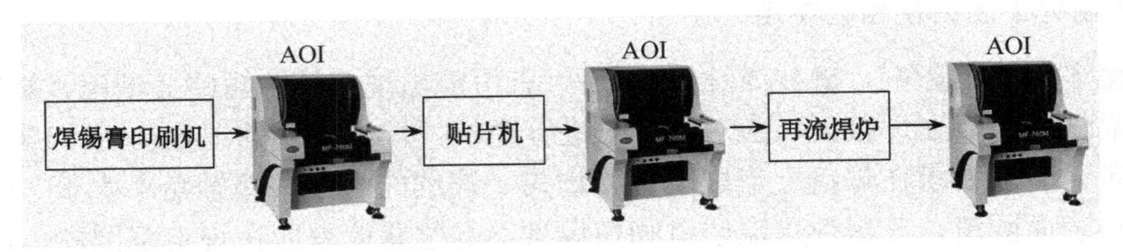

图 7-8　AOI 在生产线中不同位置的检测示意图

（2）根据摄像机位置的不同，AOI 设备可分为纯粹垂直式相机和倾斜式相机的 AOI。

（3）根据 AOI 使用光源情况的不同可分为如下两种。

① 使用彩色镜头的机器，光源一般使用红、绿、蓝三色，计算机处理的是色比；② 使用黑白镜头的机器，光源一般使用单色，计算机处理的是灰度比。

2．AOI 的工作原理

AOI的工作原理与贴片机、焊锡膏印刷机所用的光学视觉系统的原理相同，基本有设计规则检测（DRC）和图形识别两种方法。

AOI 通过光源对 PCB 板进行照射，用光学镜头将 PCB 的反射光采集进计算机，通过计算机软件对包含 PCB 信息的色彩差异或灰度比进行分析处理，从而判断 PCB 板上焊锡膏印刷、元件放置、焊点焊接质量等情况，可以完成的检查项目一般包括元器件缺漏检查、元器件识别、SMD 方向检查、焊点检查、引线检查、反接检查等。在记录缺陷类型和特征的同时通过显示器把缺陷显示/标示出来，向操作者发出信号，或者触发执行机构自动取下不良部件送回返修系统。AOI 系统还能对缺陷进行分析和统计，为调整制造过程的工艺参数提供依据。

如图 7-9 所示为 AOI 的工作原理模型。

现在的 AOI 系统采用了高级的视觉系统、新型的给光方式、高放大倍数和复杂的算法，从而能够以高测试速度获得高缺陷捕捉率。

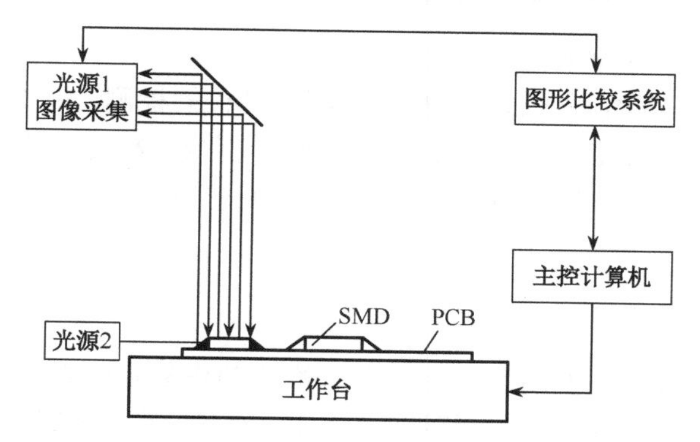

图 7-9　AOI 的工作原理模型

3. AOI 的基本组成

目前 AOI 设备常见的品牌有 OMRON（欧姆龙）、Agilent（安捷伦）、Teradyne（泰瑞达）、MVP（安维普）、TRI（德律）、JVC、SONY（索尼）、Panasonic（松下）等。

AOI 设备一般由照明单元、伺服驱动单元、图像获取单元、图像分析单元、设备接口单元等组成。如图 7-10 所示为国产 MF-760VT 型自动光学检测仪。

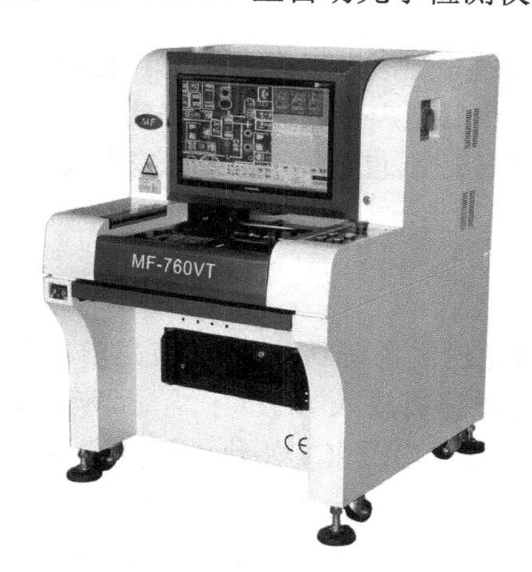

图 7-10　MF-760VT 型动光学检测仪

MF-760VT 技术特点如下。

① 照明系统：彩色环形四色 LED 光源。

② 自主研发的图像算法，检出率高。

③ CAD 数据导入自动寻找与元件库匹配的元件数据。

④ 智能高清晰数字 CCD 相机，图像质量稳定可靠。

⑤ 检测速度满足 1.5 条高速贴片线的需求。

⑥ 细小间距 0201 的检测能力，对应 01005 的升级方案。

⑦ 软件系统：操作系统 Windows 2000，中、英文可选界面。

⑧ 基板尺寸：20×20mm～300×400mm，基板上下净高：上方≤30mm；下方≤40mm。

⑨ *X*/*Y* 分辨率为 1μm，定位精度为 8μm，移动速度为 700mm/s（Max）。轨道调整：手动/自动。

⑩ 检测方法：彩色运算、颜色抽取、灰阶运算、图像比对等。检测结果输出：基板 ID、

基板名称、元件名称、缺陷名称、缺陷图片等。

MF-760VT 型自动光学检测仪适用 PCB 回流焊制程的检测，检查项目：再流炉后是否缺件、错件、坏件、锡球、偏移、侧立、立碑、反贴、极反、桥连、虚焊、无焊锡、少焊锡、多焊锡、元件浮起、IC 引脚浮起、IC 引脚弯曲；再流炉前是否缺件、多件、错件、坏件、偏移、侧立、反贴、极反、桥连、异物。

4. AOI 的操作模式

① 自动模式。提供自动检测，也就是所有检测动作都是由系统本身完成的，不需要任何人为干预。这个模式通常用在高产量的生产线上。它是一种无停止的检测模式，当出现 NG（缺陷）时也不能进行编辑。

② 排错模式。基本上与自动模式一样，只是它允许用户在检测到缺陷元器件时可以人工地判断及编辑。

③ 监视模式。它允许检测出缺陷时停止检测，提供用户更多的关于缺陷元器件的信息。

④ 人工模式。完全由用户进行每一步操作（如进板、扫描、检测、退板等）。

⑤ 通过模式。在这种模式下 PCB 板不进行检测，只进板、出板。它特别适用于某些不需要作光学检查的 PCB 板。

每一个操作都是由人工模式开始，人工模式结束。也就是说所有的操作都是在人工模式下从数据库中打开一个文件。然后用户可以根据检测要求（如重新扫描、重新检测、进板、出板或者编辑缺陷的元器件数据）设置自动模式或通过模式。所有的文件必须在系统中人工地存储。

5. AOI 操作指导

（1）启动系统。打开系统电源之前确认 AOI 安装完毕。启动系统分为三个步骤：打开电源（注意打开电源之前不可将电路板放入 AOI）；显示 Windows 界面；启动检测应用程序，关闭 AOI 的上盖及前门，然后按重启键来初始化硬件并读取最新的检测数据。注意：当硬件初始化时，AOI 的传送带会运转，LED 会闪亮几秒钟。

（2）检查 AOI 轨道是否与 PCB 板宽度一致，确认 AOI 检测程序（名称和版本）是否正确。

（3）接住从回流焊炉流出的 PCB 板，置于台面冷却后，将板的定位孔靠向 AOI 操作一侧，投入 AOI 进行检测。

（4）AOI 检查结果判定。

① 若屏幕右上角显示“OK”，表明 AOI 判定此板为合格。

② 若屏幕右上角显示“NG”，表明 AOI 判定此板不合格或 AOI 误测。AOI 测试员应将 AOI 判断为 NG 的板取出，对照屏幕显示红色的位置逐一目检确认，无法确认的交目检工位确认。若是误测，则将此板按合格处理；若为 NG，则标识不良位置并挂上不良品跟踪卡，传下一工位（AOI 后目检）。

③ 测试合格的板，在规定的位置用箭头笔打记号。

（5）注意事项。

① 每次上班前，IPQC 用 NG 样板确认检测程序有效性，将检测结果记录在“AOI 样板检测表”，如有异常，及时通知 AOI 技术员调试程序。

② AOI 测试员必须戴静电腕带作业，每次下班前须清洁机器的外表面，并保持机器周

围清洁。

③ AOI 测试员严禁在测试时按“ALL OK”窗口，必须对所有红色窗口认真确认，防止漏检。

④ 若发生异常情况或 AOI 漏测时，及时通知 AOI 技术员调试处理，必要时按下“Emergency Stop”（紧急停止）按钮。

⑤ AOI 误测较多时，AOI 测试员及时通知 AOI 技术员调试程序。

（6）退出系统。

选择程序中“退出”命令，保存当前数据后退出系统，回到 Windows 界面，然后关闭 Windows，当 Windows 显示关闭信息后，关闭 AOI 主电源和电源开关，PC 及显示器也会自动地关闭。

7.2.3 自动 X 射线检测（X-Ray）

AOI 系统的不足之处是只能进行图形的直观检验，检测的效果依赖光学系统的分辨率，它不能检测不可见的焊点和元器件，也不能从电性能上定量地进行测试。

X-Ray 检测是利用 X 射线可穿透物质并在物质中有衰减的特性来发现缺陷，主要检测焊点内部缺陷，如 BGA、CSP 和 FC 中 Chip 的焊点检测。尤其对 BGA 组件的焊点检查，作用无可替代，但对错件的情况不能判别。

1. X-Ray 检测工作原理

X 射线透视图可以显示焊点厚度、形状及质量的密度分布；能充分反映出焊点的焊接质量，包括开路、短路、孔、洞、内部气泡以及锡量不足，并能做到定量分析。X-Ray 检测最大特点是能对 BGA 等部件的内部进行检测。X-Ray 的基本工作原理如图 7-11 所示。

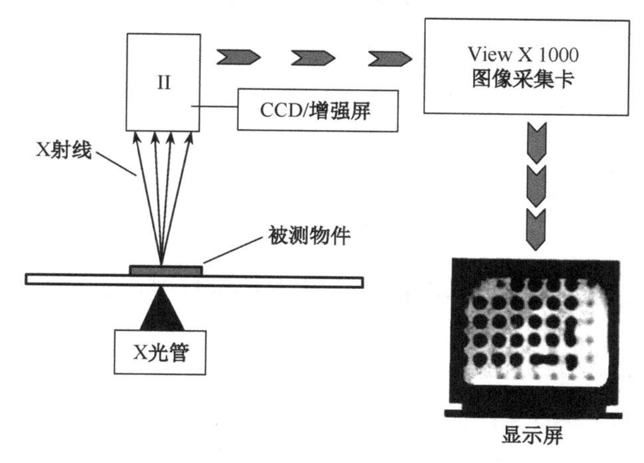

图 7-11 X-Ray 的基本工作原理

当组装好的线路板（SMA）沿导轨进入机器内部后，位于线路板下方有一个 X 射线发射管，其发射的 X 射线穿过线路板后被置于上方的探测器（一般为摄像机）接收，由于焊点中含有可以大量吸收 X 射线的铅，照射在焊点上的 X 射线被大量吸收，因此，与穿过其他材料的 X 射线相比，焊点呈现黑点产生良好图像，使对焊点的分析变得相当直观，故简单的图像分析算法便可自动且可靠地检验焊点缺陷。

近几年 X-Ray 检测设备有了较快的发展，已从过去的 2D 检测发展到 3D 检测，具有 SPC

统计控制功能，能够与装配设备相连，实现实时监控装配质量。

2D 检验法为透射 X 射线检验法，对于单面板上的元件焊点可产生清晰的视像，但对于目前广泛使用的双面贴装线路板，效果就会很差，会使两面焊点的视像重叠而极难分辨。而 3D 检验法采用分层技术，即将光束聚焦到任何一层并将相应图像投射到一高速旋转的接收面上，由于接收面高速旋转使位于焦点处的图像非常清晰，而其他层上的图像则被消除，故 3D 检验法可对线路板两面的焊点独立成像，其工作原理如图 7-12 所示。

3D X-Ray 技术除了可以检验双面贴装线路板外，还可对那些不可见焊点如 BGA 等进行多层图像“切片”检测，即对 BGA 焊接连接处的顶部、中部和底部进行彻底检验。同时利用此方法还可测通孔焊点，检查通孔中焊料是否充实，从而极大地提高焊点连接质量。

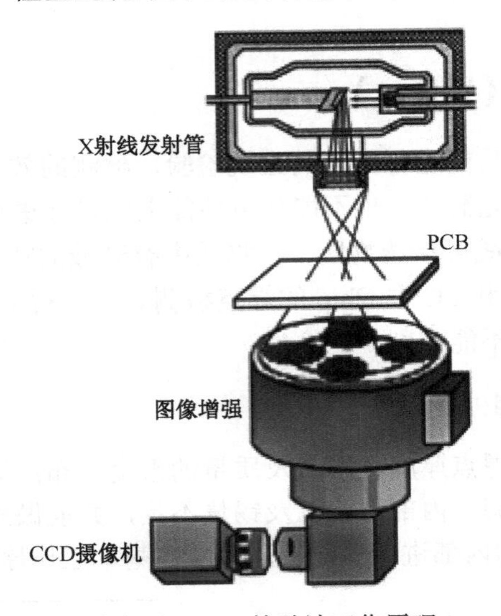

图 7-12　3D 检验法工作原理

2. X-Ray 检测作业指导

（1）操作步骤。

① 检查机器并确认其前后门都已完全关闭。

② 打开电源。

③ 等待机器真空度达到使用标准：真空状态指示灯变绿后，开始进行机器预热。

④ 装入样板。

⑤ 扫描并调节图像。

⑥ 将图像移到要检查的部位。

⑦ 保存或打印所需的图像文件。

⑧ 移动检查部位或者更换样板进行检测，只需重复上述③～⑥步即可。

⑨ 检测完毕后，关闭全部电源。

（2）注意事项。

① 每天的第一次开机必须先作一次预热（Warm Up）；两次使用间隔超过 1h 也必须作一次 Warm Up。

② 开启 X-Ray 后，等 X-Ray 功率上升到设定值并稳定后再开始做 Scan Board（键盘扫描）。

③ 机器完成初始化设置后，不要立即关闭 X-Ray 应用软件，不要将开关钥匙打到 Power On，也不要连续做两次 Initialization（初始化）。

④ 关闭应用程序时，单击“关闭”按钮后请等待程序完全关闭，不要再次单击“关闭”按钮。

⑤ 在紧急情况下应及时按下紧急开关。

⑥ 放入的样品高度不能超过 50mm。

⑦ 禁止非此设备操作人员操作。

⑧ 开后门时应注意不要将手放在门轴处，防止挤伤。

⑨ 开关门时请注意轻关轻放，避免碰撞以损伤内部机构。

任务 3　ICT 在线测试

ICT 是英文 In Circuit Tester 的简称，中文含义是“在线测试仪”。ICT 可分为针床 ICT 和飞针 ICT 两种。飞针 ICT 基本只进行静态的测试，优点是不需制作夹具，程序开发时间短。针床式 ICT 可进行模拟器件功能和数字器件逻辑功能测试，故障覆盖率高；但对每种单板需制作专用的针床夹具，夹具制作和程序开发周期长。

在 SMT 实际生产中，除了焊点质量不合格导致焊接缺陷以外，元器件极性贴错、元器件品种贴错、数值超过标称值允许的范围，也会导致产品缺陷，因此生产中不可避免地要通过 ICT 进行性能测试，检查出影响其性能的相关缺陷，并根据暴露出的问题及时调整生产工艺，这对于新产品生产的初期就显得更为必要。

7.3.1　针床式在线测试仪

1．针床式在线测试仪的功能与特点

针床式在线测试仪是通过对在线元器件的电性能及电气连接进行测试来检查生产制造缺陷及元器件不良的一种标准测试手段。ICT 使用专门的针床与已焊接好的线路板上的元器件焊点接触，并用数百 mV 电压和 10mA 以内电流进行分立隔离测试，从而精确地测量所装电阻、电感、电容、二极管、可控硅、场效应管、集成块等通用和特殊元器件的漏装、错装，参数值偏差，焊点连焊，线路板开、短路等故障，并将故障是哪个元件或开路位于哪个点准确地告诉用户。

由于 ICT 的测试速度快，并且相比 AOI 和 AXI 能够提供较为可靠的电性能测试，所以在一些大批量生产电子产品的企业中，成为了测试的主流设备。

但随着线路板组装密度的提高，特别是细间距 SMT 组装以及新产品开发生产周期越来越短，线路板品种越来越多，针床式在线测试仪存在一些难以克服的问题：测试用针床夹具的制作、调试周期长，价格贵；对于一些高密度 SMT 线路板，由于测试精度问题无法进行测试。如图 7-13 所示为针床式在线测试仪的内部结构图。

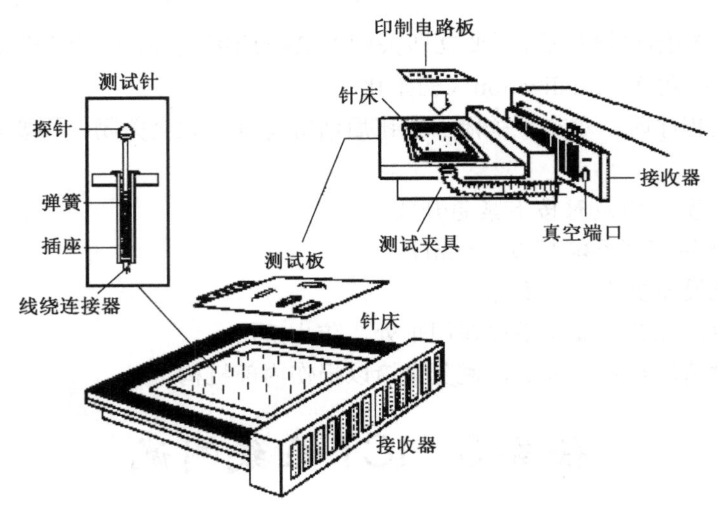

图 7-13 针床式在线测试仪

2. 针床式在线测试仪操作指导

（1）操作步骤。

① 打开 ICT 电源，ICT 自动进入测试画面，打开测试程序。ICT 技术员须用 ICT 标准样件检测 ICT 的测试功能和测试程序，用 ICT 不良品样件核对 ICT 检测不良的功能，确认无误后，才可通知 ICT 测试员开始测试。测试员开始测试时须再次确认测试程序名及程序版本是否吻合。

② 取目检 OK 的 SMA，双手拿住板边，放置于测试工装内，以定柱为基准，将 PCB 正确安装于治具上，定位针与定位孔定位要准确，定位针不可有松动现象。

③ 双手同时按下气动开关“DOWN”和“UP/DOWN”。

④ 气动头下降到底部后，开始自动测试。

⑤ 确认测试结果，若屏幕出现“PASSED”或“GO”为良品，则用记号笔在规定位置作标识，并转入下一道工序；若屏幕上出现“FAIL”字样或整个屏幕呈红色，为不良品，打印出不良内容贴于板面上，置于不良品放置架中，供电子工程部分析不良原因后，送修理工位统一修理。同种不良出现三次以上必须通知生产线 PIE、ICT 技术员或品质工程师确认，并要采取相应对策。

⑥ 测试不良板经两次再测之后 OK，则判为良品；若仍为 NG，则判为不良品。

⑦ 按一下“UP/DOWN”开关，气动头上升，双手拿住板边取下 SMA，放到工作台面上。

⑧ 重复步骤②～④，测试另一 SMA。

（2）注意事项。

① 操作时必须戴上手指套及静电环作业，拿取板边，不可碰到部品。

② 每天接班时必须先用标准测试 OK 及 NG 板，对测试架进行检测，OK 后方可开始测试，如发现问题则通知 ICT 技术员检修，并作好测试架的状况记录。

③ 未经 ICT 技术员允许，不可变更程序。

④ 注意 SMA 的放置方向及定位 Pin 的位置，防止放错方向，损坏 SMA。

⑤ 每测试完 30 Panel 后，应用钢刷刷一次测试针。

⑥ ICT 测试工装周围 10cm 内严禁摆放物品。

⑦ ICT 机上不可放状态纸、手套等杂物。

如图 7-14 所示为针床式在线测试仪的外观照片。

图 7-14 针床式在线测试仪的外观照片

7.3.2 飞针式在线测试仪

目前，电子产品的设计和生产承受着上市时间的巨大压力，产品更新的时间周期越来越短，因此在最短时间内开发新产品和实现批量生产对电子产品制作是至关重要的。飞针测试技术是目前电气测试中一些主要问题的最新解决办法，它用探针来取代针床，使用多个由电动机驱动、能够快速移动的电气探针同器件的引脚进行接触并进行电气测量。由于飞针测试不用制作和调试 ICT 针床夹具，以前需要几周时间开发的测试现在仅需几个小时，大大缩短了产品设计周期和投入市场的时间。

1. 飞针测试系统的结构与功能

飞针式测试仪是对传统针床在线测试仪的一种改进，它用探针来代替针床，在 $X-Y$ 机构上装有可分别高速移动的 4～8 根测试探针（飞针），最小测试间隙为 0.2mm。

工作时在测单元（UUT）通过皮带或者其他传送系统输送到测试机内，然后固定，测试仪的探针根据预先编排的坐标位置程序移动并接触测试焊盘（Test Pad）和通路孔（Via），从而测试在测单元的单个元件，测试探针通过多路传输系统连接到驱动器（信号发生器、电源等）和传感器（数字万用表、频率计数器等）来测试 UUT 上的元件。当一个元件正在测试的时候，UUT 上的其他元件通过探针器在电气上屏蔽以防止读数干扰，如图 7-15 所示。

图 7-15 工作中的飞针式在线测试仪

飞针测试仪可以检查电阻器的电阻值、电容器的电容值、电感器的电感值、器件的极性，以及短路（桥接）和开路（断路）等参数。

2. 飞针测试仪的特点

① 较短的测试开发周期，系统接收到 CAD 文件后几小时内就可以开始生产，因此，原型电路板在装配后数小时即可测试。

② 较低的测试成本，不需要制作专门的测试夹具。

③ 由于设定、编程和测试的简单与快速，一般技术装配人员就可以进行操作测试。

④ 较高的测试精度，飞针在线测试的定位精度（10μm）和重复性（±10μm）以及尺寸极小的触点和间距，使测试系统可探测到针床夹具无法达到的 PCB 节点。与针床式在线测试仪相比，飞针式 ICT 在测试精度、最小测试间隙等方面均有较大幅度的提高。以目前使用较多的四测头飞针测试机为例，测头由三台步进电机以同步轮与同步带协同组成三维运动。*X* 和 *Y* 轴运动精度达 2mil，足以测试目前国内最高密度的 PCB，Z 轴探针与板之间的距离从 160～600mil 可调，可适应 0.6～5.5mm 厚度的各类 PCB。每个测针一秒钟可检测 3～5 个测试点。

⑤ 和任何事情一样，飞针测试也有其缺点，因为测试探针与通路孔和测试焊盘上的焊锡发生物理接触，可能会在焊锡上留下小凹坑。对于某些客户来说，这些小凹坑可能被认为是外观缺陷，造成拒绝接收；因为有时在没有测试焊盘的地方探针会接触到元件引脚，所以可能会检测不到松脱或焊接不良的元件引脚。

⑥ 飞针测试时间过长是另一个不足，传统的针床测试探针数目有 500～3000 只，针床与 PCB 一次接触即可完成在线测试的全部要求，测试时间只要几十秒，针床一次接触所完成的测试，飞针需要多次运动才能完成，时间显然要长得多。

另外，针床测试仪可使用顶面夹具同时测试双面 PCB 的顶面与底面元件，而飞针测试仪要求操作员测试完一面，然后翻转再测试另一面，由此看出飞针测试并不能很好地适应大批量生产的要求。

3. 飞针式在线测试仪的维护保养

① 每天检查设备的清洁程度，特别是 *Y* 轴。应该使用真空吸尘器进行大型部件清洁，并使用酒精浸泡小型部件。不要使用压缩空气进行清洁，以避免将灰尘吹入设备内部而影响使用。

② 周期性地检查过滤器状态。检查频率应根据设备使用的空气类型而定，空气含有杂质越多，检查应越频繁，并偶尔更换过滤器。为评价过滤器工作状态，应先关闭开关并拧开外壳。过滤器应保持干燥并颜色一致，如有痕迹表示有油或水。如果污染痕迹比较明显，应更换过滤器并检查气源。

③ 通过运行自检程序能够检查系统状态。从 Via 主窗口，单击 Self Test 图标启动该程序，将显示出左边的对话窗口。在这个窗口中，操作者可以设置不同的选项来检查设备。

④ 定期检查探针及探针座的磨损情况，将其更换后，必须执行校准程序。

⑤ *Y* 轴上出现油或其他液体痕迹，表示空气过滤器出现问题。应停止设备操作并联系设备维护人员。

⑥ 重要的计算机软件及数据应当有备份；不得在计算机内安装其他应用软件；使用外盘应进行杀毒，防止计算机被病毒感染，确保计算机与主机连线正确可靠。

任务4 功能测试（FCT）

组装阶段的测试包括：生产缺陷分析（MDA）、在线测试（ICT）和功能测试（使产品在应用环境下工作时的测试）及其三者的组合。

ICT 能够有效地查找在组装过程中发生的各种缺陷和故障，但不能够评估整个 SMA 所组成的系统在时钟速度时的性能。功能测试就是测试整个系统是否能够实现设计目标。

功能检测用于表面组装组件的电功能测试和检验。功能检测就是将表面组装组件或表面组装组件上的被测单元作为一个功能体输入电信号，然后按照功能体的设计要求检测输出信号，大多数功能检测都有诊断程序，可以鉴别和确定故障。最简单的功能检测是将表面组装组件连接到该设备相应的电路上进行加电，看设备能否正常运行，这种方法简单、投资少，但不能自动诊断故障。

功能测试仪（Functional Tester）通常包括三个基本单元：加激励、收集响应并根据标准组件的响应评价被测试组件的响应。通常采用的功能测试技术有以下两种。

1. 特征分析（SA）测试技术

SA 测试技术是一种动态数字测试技术，SA 测试必须采用针床夹具，在进行功能测试时，测试仪通常通过边界连接器（Edge Connector）同被测组件实现电气连接，然后从输入端口输入信号，并监测输出端信号的幅值、频率、波形和时序。功能测试仪通常有一个探针，当某个输出连接口上信号不正常时，就可以通过这个探针同组件上特定区域的电路进行电气接触，来进一步找出缺陷。

2. 复合测试仪

复合测试仪是把在线测试和功能测试集成到一个系统的仪器，是近年来广泛采用的测试设备（ATE），它能包括或部分包括边界扫描功能软件和非矢量测试相关软件。特别能适应高密度封装以及含有各种复杂 IC 芯片组件板的测试。对于引脚级的故障检测可达到 100%的覆盖率，有的复合测试仪还具有实时的数据收集和分析软件以监视整个组件的生产过程，在出现问题时能及时反馈以改进装配工艺，使生产的质量和效率能在控制范围之内保证生产的正常进行。

思考与练习题

1. 简述电子产品的检测内容与检测方法。
2. 简述印刷、贴装、回流焊工序目视检验标准。
3. 简述 AOI 的类型与基本工作原理。
4. 简述 AOI 的基本操作过程。
5. 比较人工目检、AOI、AXI 三种检测方法的优缺点。
6. 在线测试和功能测试的测试内容有什么不同？

项目 8

SMT 生产线与产品质量管理

任务 1　SMT 组装方式与组装工艺流程

8.1.1　组装方式

SMT 的组装方式及其工艺流程主要取决于表面组装组件（SMA）的类型、使用的元器件种类和组装设备条件。大体上可将 SMA 分成单面混装、双面混装和全表面组装 3 种类型共 6 种组装方式，见表 8-1。不同类型的 SMA 其组装方式有所不同，同一种类型的 SMA 其组装方式也可以有所不同。

根据组装产品的具体要求和组装设备的条件选择合适的组装方式，是高效、低成本组装生产的基础，也是 SMT 工艺设计的主要内容。

表 8-1　表面组装组件的组装方式

序号	组装方式		组件结构	电路基板	元器件	特征
1	单面混装	先贴法	A B	单面 PCB	表面组装元器件及通孔插装元器件	先贴后插，工艺简单，组装密度低
2		后贴法		单面 PCB	同上	先插后贴，工艺较复杂，组装密度高
3	双面混装	SMD 和 THC 都在 A 面		双面 PCB	同上	先贴后插，工艺较复杂，组装密度高
4		THC 在 A 面，A、B 两面都有 SMD		双面 PCB	同上	THC 和 SMC / SMD 组装在 PCB 同一侧
5	全表面组装	单面表面组装	A	单面：PCB、陶瓷基板	表面组装元器件	工艺简单，适用于小型、薄型化的电路组装
6		双面表面组装	A B	双面：PCB、陶瓷基板	同上	高密度组装，薄型化

1. 单面混合组装

第一类是单面混合组装，即 SMC/SMD 与通孔插装元件（THC）分布在 PCB 不同的两个面上混装，但其焊接面仅为单面。这一类组装方式均采用单面 PCB 和波峰焊接（现一般采用双波峰焊）工艺，具体有两种组装方式。

① 先贴法。先贴法即在 PCB 的 B 面（焊接面）先贴装 SMC/SMD，而后在 A 面插装 THC。

② 后贴法。后贴法是先在 PCB 的 A 面插装 THC，后在 B 面贴装 SMC/SMD。

2. 双面混合组装

第二类是双面混合组装，SMC/SMD 和 THC 可混合分布在 PCB 的同一面，同时，SMC/SMD 也可分布在 PCB 的双面。双面混合组装采用双面 PCB、双波峰焊接或回流焊接。在这一类组装方式中也有先贴还是后贴 SMC/SMD 的区别，一般根据 SMC/SMD 的类型和 PCB 的大小合理选择，通常采用先贴法较多。该类组装常用两种组装方式。

① SMC/SMD 和 THC 同侧方式。见表 8-1 中所列的第三种，SMC/SMD 和 THC 同在 PCB 的一侧。

② SMC/SMD 和 THC 不同侧方式。见表 8-1 中所列的第四种，把表面组装集成芯片（SMIC）和 THC 放在 PCB 的 A 面，而把 SMC 和小外形晶体管（SOT）放在 B 面。

这类组装方式由于在 PCB 的单面或双面贴装 SMC/SMD，而又把难以表面组装化的有引线元件插入组装，因此组装密度相当高。

3. 全表面组装

第三类是全表面组装，在 PCB 上只有 SMC/SMD 而无 THC。由于目前元器件还未完全实现 SMT 化，实际应用中这种组装形式不多。这一类组装方式一般是在细线图形的 PCB 或陶瓷基板上，采用细间距器件和回流焊接工艺进行组装。它也有两种组装方式。

① 单面表面组装方式。见表 8-1 所列的第五种方式，采用单面 PCB 在单面组装 SMC/SMD。

② 双面表面组装方式。见表 8-1 所列的第六种方式，采用双面 PCB 在两面组装 SMC/SMD，组装密度更高。

8.1.2 组装工艺流程

合理的工艺流程是组装质量和效率的保障，表面组装方式确定之后，就可以根据需要和具体设备条件确定工艺流程。不同的组装方式有不同的工艺流程，同一组装方式也可以有不同的工艺流程，这主要取决于所用元器件的类型、SMA 的组装质量要求、组装设备和组装生产线的条件，以及组装生产的实际条件等。

1. 单面混合组装工艺流程

单面混合组装方式有两种类型的工艺流程，一种采用 SMC/SMD 先贴法［图 8-1（a）］，另一种采用 SMC/SMD 后贴法［图 8-1（b）］。这两种工艺流程中都采用了波峰焊接工艺。

SMC/SMD 先贴法是指在插装 THC 前先贴装 SMC/SMD，利用黏结剂将 SMC/SMD 暂时固定在 PCB 的贴装面上，待插装 THC 后，采用波峰焊进行焊接。而 SMC/SMD 后贴法则是先插装 THC，再贴装 SMC/SMD。

SMC/SMD 先贴法的工艺特点是黏结剂涂敷容易，操作简单，但需留下插装 THC 时弯曲引线的操作空间，因此组装密度较低。而且插装 THC 时容易碰到已贴装好的 SMD，而引起 SMD 损坏或受机械振动脱落。为了避免这种现象，黏结剂应具有较高的黏结强度，以耐机械冲击。

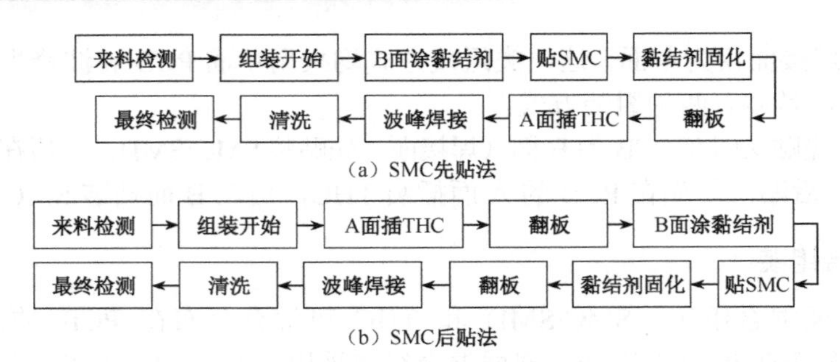

（a）SMC先贴法

（b）SMC后贴法

图 8-1 单面混合组装工艺流程

SMC/SMD 后贴法克服了 SMC/SMD 先贴法方式的缺点，提高了组装密度。但涂敷黏结剂较困难。

2．双面混合组装工艺流程

双面 PCB 混合组装有两种组装方式：一种是 SMC/SMD 和 THC 同在电路板的 A 面（表 8-1 中的第三种方式）；另一种是 PCB 的 A 面和 B 面都有 SMC/SMD，而 THC 只在 A 面（表 8-1 中的第四种方式）。双面 PCB 混合组装一般都采用 SMC/SMD 先贴法。

第三种组装方式有两种典型工艺流程，如图 8-2 所示为其中一种典型工艺流程。这种工艺流程在回流焊接 SMC/SMD 之后，在插装 THC 之前可分成两种流程。当在回流焊接之后需要较长时间放置，或完成插装 THC 的时间较长时采用流程 A。因为在回流焊接期间，留在组件上的焊剂剩余物若停置时间过长，在最后清洗时很难有效地清除，为此，流程 A 比流程 B 增加了一项溶剂清洗工序。另外，有些 THC 对溶剂敏感，所以回流焊接后需要马上进行清洗。但流程 B 是这两种工艺流程中路线短、费用少的一种，广泛用于高度自动化的表面组装工艺中。一般在清洗后还应进行洗净度检测，以确保电路组件能达到可接受的洗净度等级。

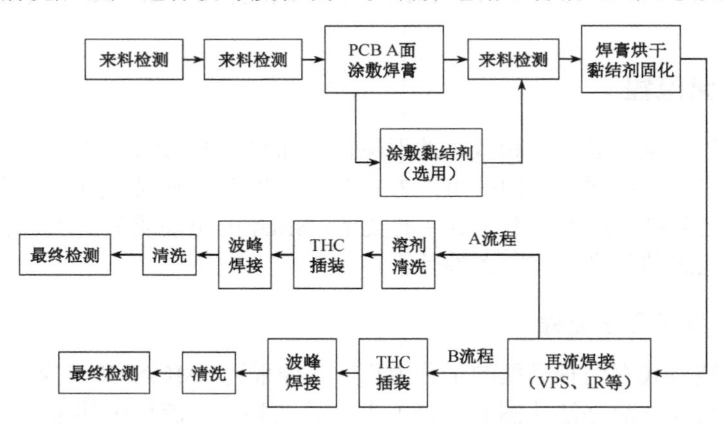

图 8-2 双面混合组装工艺流程（SMD 和 THC 在同一侧）

第四种组装方式的典型工艺流程如图 8-3 所示，SMIC 和 THC 组装在 A 面，SMC/SMD 组装在 B 面。在 A 面 SMIC 回流焊之后，紧接着在 A 面插装 THC，再在 B 面涂敷黏结剂和贴装 SMC/SMD。这就防止了由于 THC 引线打弯而损坏 B 面的 SMC/SMD，以及插装 THC 时的机械冲击引起 B 面黏结的 SMC/SMD 脱落。如果需要先在 B 面贴装 SMC/SMD 后，再在 A 面插装 THC，在引线打弯时应特别小心。而且贴装 SMC/SMD 的黏结剂应具有较高的黏结强度，以便经受得住插装 THC 时的机械冲击。

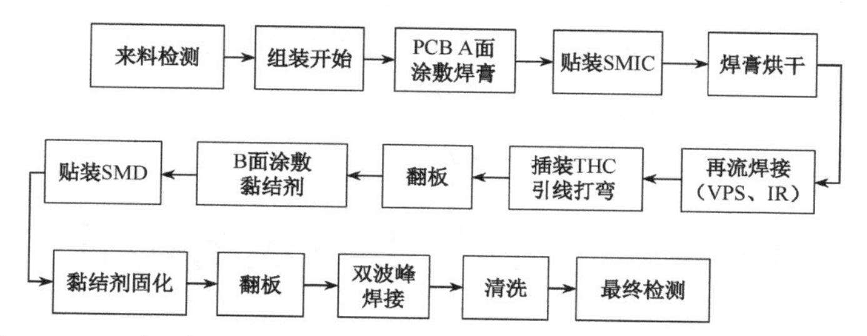

图 8-3　双面混合组装工艺流程（SMIC 和 SMD 分别在 A 面与 B 面）

3．全表面组装工艺流程

全表面组装工艺流程对应于表 8-1 所列的第五种和第六种组装方式。

单面表面组装方式的典型工艺流程如图 8-4 所示。这种组装方式是在单面 PCB 上只组装表面组装元器件，无通孔插装元器件，采用回流焊接工艺，这是最简单的全表面组装工艺流程。

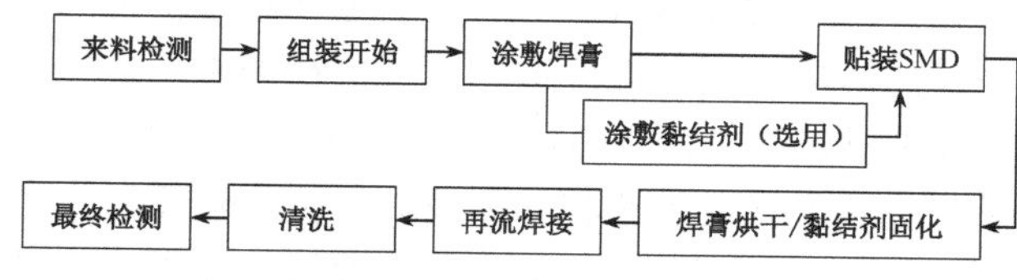

图 8-4　单面组装工艺流程

双面表面组装的典型工艺流程如图 8-5 所示。在电路板两面组装塑封有引线芯片载体（PLCC）时，采用流程 A。由于 J 形引线和鸥翼形引线的 SMIC 采用双波峰焊接容易出现桥接，所以组件两面都采用回流焊接工艺。但 A 面组装的 SMIC 要经过两次回流焊接周期，当在 B 面组装时，A 面向下，已经装焊在 A 面上的 SMIC 在 B 面回流焊接周期，其焊料会再熔融，且这些较大的 SMIC 在传送带轻微振动时容易发生移位，甚至脱落，所以涂敷焊膏后还需要采用黏结剂固定，防止器件移位和 SMIC 脱落。当在电路板 B 面组装的元器件只是小外形晶体管（SOT）或小外形集成电路（SOIC）时，可以采用流程 B。

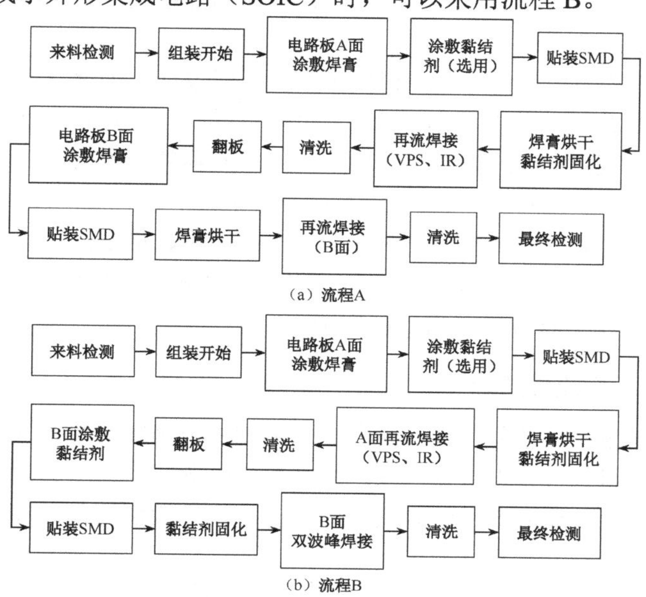

图 8-5　双面表面组装工艺流程

以上介绍了几种典型的表面组装工艺流程。在实际组装中必须根据 SMA 的设计，以及电子装备对 SMA 的要求和实际条件，综合多种因素确定合适的工艺流程，以获得低成本、高效益的组装生产效果和得到高可靠性的 SMA。

任务 2　SMT 生产线的设计

SMT 生产线主要由点胶机、焊膏印刷机、SMC/SMD 贴片机、回流焊接设备、检测设备等组装和检测设备组成，如本书项目一中如图 1-4 所示的一种适用于单面表面组装的 SMT 生产线。

SMT 生产线设计涉及技术、管理、市场各个方面，如市场需求及技术发展趋势、产品规模及更新换代周期、元器件类型及供应渠道、设备选型、投资强度等问题都需考虑。

同时，还要考虑到现代化生产模式及其生产系统的柔性化和集成化发展趋势，使设计的 SMT 生产线能与之相适应等。所以，SMT 生产线的设计和设备选型要结合主要产品生产实际需要、实际条件、一定的适应性和先进性等几方面进行考虑。

在已知组装产品对象的情况下，建立 SMT 生产线前应该先进行 SMT 总体设计，确定需组装元器件种类和数量、组装方式及工艺和总体设计目标，然后再进行生产线设计。而且最好在 PCB 电路设计初步完成后，才进行 SMT 生产线设计；这样可使设计的生产投入产出比达到最佳状态。

8.2.1　生产线的总体设计

1．元器件（含基板）选择

元器件（含基板）选择是决定组装方式及工艺复杂性和生产线及设备投资的第一因素。例如，当 SMA 上插装的元件 THC 只有几个时，可采用手工插焊，不必用波峰焊。如果插装元件多，则尽量采用单面混合组装工艺流程。元器件选择过程中必须建立元器件数据库和元器件工艺要求，并注意以下几点。

（1）要保证元器件品种齐全，否则将使生产线不能投产，为此，应有后备供应商。

（2）元器件的质量和尺寸精度应有保证，否则将导致产品合格率低，返修率增加。

（3）不可忽视 SMC/SMD 的组装工艺要求。注意元器件可承受的贴装压力和冲击力及其焊接要求等。如 J 形引脚 PLCC，一般只适宜采用回流焊。

（4）确定元器件的类型和数量、元器件最小引脚间距、最小尺寸等，并注意其与组装工艺的关系，如 0.3mm 引脚间距的 QFP 须选用高精度贴片机和丝网印刷机，而 1.27mm 引脚间距的 QFP 则只需选择中等精度贴片机便能完成。

2．组装方式及工艺流程的确定

组装方式是决定生产工艺复杂性、生产线规模和投资强度的决定性因素。同一产品的组装生产可以用不同的组装方式来实现。确定组装方式时既要考虑产品组装的实际需要，又应考虑发展适应性需要。在适应产品组装要求的前提下，一般优选单面混合组装或单面全表面组装方式。

元器件的种类品种繁多而且发展很快，原来较合理的组装方式，因元器件的发展变化，过了一段时间可能会变为不合理。若已建立的生产线适应性差，由此就可能造成较大的损失。

为此，在优选单面混合组装方式设计生产线的同时，还应考虑所选择的设备能适用于双面混合组装方式，便于需要时扩展。

另外，一般只有产品本身是单一的全表面组装型，在元器件供应有保障的情况下，才选择全表面组装方式及其工艺流程。

组装方式确定之后，即可初步设计出工艺流程，并制定出相应的关键工序及其工艺参数和要求，如贴片精度要求、焊接工艺要求等，便于设备选型之用。如果不是按实际需要而盲目设计、建立一条生产线，再根据该生产线及其设备来确定可能进行的工艺流程，就有可能产生大材小用、设备闲置、或是达不到产品质量要求等不良后果。为此，应充分重视“按需设计”这一设计原则。

8.2.2 生产线自动化程度设计

现代先进的 SMT 生产线属于柔性自动化（Flexible Automation）生产方式，其特征是采用机械手、计算机控制和视觉系统，能从一种产品的生产很快地转换为另一种产品的生产，能适合于多品种中/小批量生产等。其自动化程度主要取决于贴片机、运输系统和线控计算机系统。一般根据年产量、生产线效率系数和计划投资额，来确定 SMT 生产线的自动化程度。

1. 高速 SMT 生产线

高速 SMT 生产线一般由贴片速度大于 8000～11000 片/h 的高速贴片机组成，主要用于彩电调谐器等大批量单一产品的组装生产。目前也出现了数万片/h 的高速、高精度贴片机，主要应用于产量大的组装产品，如通信产品等。

2. 中速高精度 SMT 生产线

细间距器件的发展很快，在计算机、通信、数码摄像机、仪器仪表等产品中已被广泛应用。组装该类产品较适宜采用中速高精度 SMT 生产线，它不仅适用于多品种中小批量生产，而且多台联机也适用于大批量生产，能满足生产扩展需要。在投资力度足够的情况下，应优选中速高精度 SMT 生产线，而不选普通中速线。一般认为中速贴片机的贴片速度为（3000～8000）片/h。

3. 低速半自动 SMT 生产线

低速半自动 SMT 生产线一般只用于研究开发和试验。因其产量规模、精度和适应性难以满足发展所需，产品生产企业不宜选用。低速贴片机的贴片速度一般小于 3000 片/h。

4. 手动生产

手动生产成本较低、应用灵活，可用于帮助了解熟悉 SMT 技术，也可用于研究开发或小批量多品种生产，并可用作返修工具。为此，这种形式的生产也有一定的应用面。

值得一提的是，上述分类并不是绝对的，同一生产线中既有高速机又有中速机的也很常见，主要还是要根据组装产品、组装工艺和产量规模的实际需要来确定设备的选型和配套。

8.2.3 设备选型

SMT 生产线的建立主要工作是设备选型。建立生产线的目的是要以最快的速度生产出优质、富有竞争力的产品，要以效率最高、投资最小、回收年限最短为目标。为此，SMT 设备的选型应充分重视其性能价格比和设备投资回收年限。在尽量争取少投资高回报的同时，又要注意不单纯地为减少投资选择性能指标差的设备或减少配置，必须考虑所选设备对发展的可适应性。

应根据总体设计中的元器件种类及数量、组装方式及工艺流程、PCB板尺寸及拼板规格、线路设计及密度和自动化程度及投资强度等，来进行设备选型，一般应设计2个以上方案进行分析比较。

因贴片机是生产线的关键设备，其价格占全线投资的比重较大，为此，应以贴片机的选型为重点，但切不可忽视印刷、焊接、测试等设备。要以实际技术指标、产量、投资额及回收期等为依据进行综合经济技术判断，确定最终方案。设备选型应注意以下几个问题。

1. 性能、功能及可靠性

设备选型首先要看设备性能是否满足技术要求，如果要贴焊0.3mm间距QFP，则需采用高精度贴片机；其次是可靠性，有些设备新用时技术指标很高，但使用时间不长性能就降低了，这就是可靠性不良。应优选知名企业的成熟机型，或参考其他单位同类机型使用情况进行选型；第三才是功能，如果说性能主要由机械结构保证，那么功能则主要由计算机控制系统来保证。注意功能一定要适用，不应一味地追求功能齐全配置而实际用不上，造成投资增大和浪费。

2. 可扩展性和灵活性

设备组线扩展性和灵活性主要指功能的扩展、指标提高、生产能力的扩大，以及良好的组线接口等。如一台能贴0.65mm引脚间距 QFP的贴片机，能否通过增加视觉系统等配件后用于贴0.3mm QFP或贴球形栅格阵列（BGA）器件；能否与不同型号的设备共同组线等。

中速多功能贴片机组线是 SMT 设备组线的常用形式，具有良好的灵活性、可扩展性和可维护性，而且可减少设备的一次投入，便于少量多次地投资。为此，是一种优选组线方式。

3. 可操作性和可维护性

设备要便于操作，计算机控制软件最好采用中文界面；对中高精度贴片机，一定要有自动生成贴片程序功能。设备要便于维护、调试和维修，应把维修服务作为设备选型的重要标准之一。

任务3 SMT产品组装中的静电防护技术

随着科技进步，超大规模集成电路和微型器件大量生产和广泛应用，由于集成度迅速提高，器件尺寸的变小和芯片内部的栅氧化膜变薄，使器件承受静电放电的能力下降。摩擦起电、人体静电已成为电子工业中两大危害。在电子产品的生产中，从元器件的预处理、贴装、焊接、清洗、测试直到包装，都有可能因静电放电造成对器件的损害，因此静电防护显得越来越重要。

8.3.1 静电及其危害

人们都知道当用丝绸摩擦玻璃棒或用毛皮摩擦硬橡胶棒时，棒端上就可以吸引小纸屑，这是人类最初对静电的认识，并设定玻璃棒上所带的电荷为“正电荷”，硬橡胶棒所带的电荷为“负电荷”。由于摩擦使机械能转变为电能，因此说静电是一种电能，它留存于物体表面，包含正电荷或负电荷。通常情况下，原子核所带的正电荷与电子所带的负电荷相等，原子本身不显电性，整个物质对外不显电性。当两个物体互相摩擦时，一种物体中一部分电子会转移到另一个物体上，于是这个物体失去了电子，就带上了“正电荷”；另一个物体得到电子，就带上了“负电荷”。电荷不能创造，也不能消失，它只能从一个物体转移到另一个物体。

防静电的基本概念是防止产生静电荷或将已经存在的静电荷如何迅速而可靠地消除。

1. 静电的产生

除了摩擦会产生静电外，接触、高速运动、温度、雷电、电解也会产生静电。

① 接触摩擦起电是最常见的产生静电的原因之一。静电能量除了取决于物质本身外，还与材料表面的清洁程度、环境条件、接触压力、光洁程度、表面大小、摩擦分离速度等有关。

② 剥离起电。当相互密切结合的物体剥离时，会引起电荷的分离，出现分离物体双方带电的现象，称为剥离起电。剥离带电根据不同的接触面积、接触面积的黏着力和剥离速度而产生不同的静电量。

③ 断裂带电。材料因机械破裂使带电粒子分开，断裂成两半后的材料各带上等量的异性电荷。

④ 高速运动中的物体带电。物体的高速运动，其物体表面会因与空气的摩擦而带电。最典型的案例是高速贴片机贴片过程中因元器件的快速运动而产生静电，其静电压约在 600V 左右，对于 CMOS 器件来说，有时是一个不小的威胁。与运动有关的还有在清洗过程中，有些溶剂在高压喷淋过程中也会产生静电。

2. 静电放电（ESD）对电子工业的危害

电子工业中，摩擦起电和人体带电常有发生，电子产品在生产、包装运输及装联成整机的加工、调试、检测的过程中，难免受到外界或自身的接触摩擦而形成很高的表面电位。如果操作者不采取静电防护措施，人体静电电位可高达 1.5～3kV。静电损坏大体上分为两类，这就是由静电引起的浮尘埃的吸附以及由静电放电引起的敏感元器件的击穿。

① 静电吸附。在半导体和半导体器件制造过程广泛采用 SiO_2 及高分子物质的材料，由于它们的高绝缘性，在生产过程中易积聚很高的静电，并易吸附空气中的带电微粒导致半导体介质击穿、失效。为了防止危害，半导体和半导体器件的制造必须在洁净室内进行。

② 静电击穿。在生产中，人们常把对静电反应敏感的电子器件称为静电敏感器件（Static Sensitive Device，SSD）。这类电子器件主要是指超大规模集成电路，特别是金属氧化物半导体（MOS）器件。

超大规模集成电路集成度高、输入阻抗高，受静电的损害越来越明显。静电放电对静电敏感器件可能造成硬击穿或软击穿。硬击穿是一次性造成器件的永久性失效，如器件的输出与输入开路或短路。软击穿则可使器件的性能劣化，并使其指标参数降低而造成故障隐患。由于软击穿可使电路时好时坏（指标参数降低所致），且不易被发现，给整机运行和查找故障造成很大麻烦。软击穿时设备仍能带“病”工作，性能未发生根本变化，很可能通过出厂检验，但随时可能造成再次失效。

8.3.2 静电防护原理与方法

在现代化电子工业生产中，在一般情况下不产生静电是不可能的，但产生静电并非危害所在，真正的危险在于静电积聚以及由此而产生的静电放电。因此，静电积聚的控制和静电泄放是静电防护的核心。

1．静电防护原理

在电子产品生产过程中，对 SSD 进行静电防护的基本思想有两个：一是对可能产生静电的地方要防止静电的积聚，即采取一定的措施，减少高压静电放电带来的危害，使之边产生边“泄放”，以消除静电的积聚，并控制在一个安全范围之内；二是对已存在的静电荷积聚的静电源采取措施，使之迅速地消散掉，即时“泄放”。

因此，电子产品生产中的静电防护的核心是“静电消除”。当然这里的消除并非指“一点不存在”，而是控制在最小限度之内。

2．静电防护方法

（1）静电防护中所使用的材料。对于静电防护，原则上不使用金属导体，因导体漏放电流大，会造成器件的损坏，而是采用表面电阻 $1\times10^5\Omega$ 以下的所谓静电导体，以及表面电阻为 $1\times10^5\sim1\times10^8\Omega$ 的静电亚导体。例如，在橡胶中混入导电碳黑后，其表面电阻可控制在 $1\times10^6\Omega$ 以下，即为常用的静电防护材料。

（2）泄漏与接地。对可能产生或已经产生静电的部位，应提供通道，使静电即时泄放，即通常所说的接地。一般防静电工程中，均需独立建立“地线”工程，并保证“地线”与大地之间的电阻小于 10Ω，“地线”埋设与检测方法参见 GBJ99 工业企业通信接地设计规范或 SJ/T 10694-1996 电子产品制造防静电系统测试方法。

静电防护材料接地的方法是：将静电防护材料如防静电桌面台垫、地垫，通过 1MΩ 的电阻连接到通向地线的导体上，详情见 SJ/T10630-1995 电子元器件制造防静电技术要求。IPC-A-6100 标准中推荐的防静电工作台接地方法如图 8-6 所示。

通过串接1MΩ电阻的接法是确保对地泄放电流小于5mA，称为软接地，而对设备外壳和静电屏蔽罩通常是直接接地，则称为硬接地。

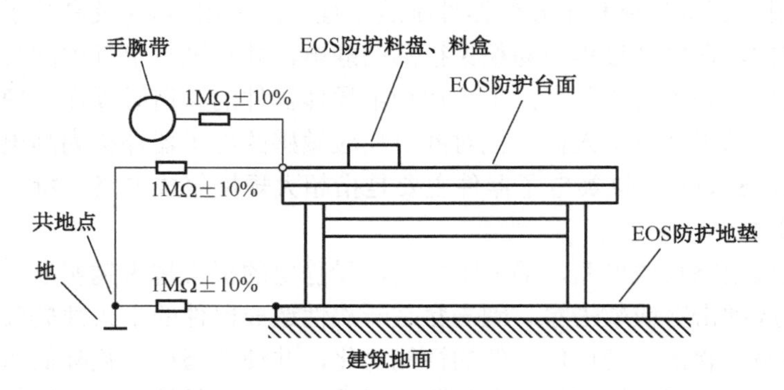

图 8-6 IPC-A-6100 标准中推荐的防静电工作台接地方法

3．导体带静电的消除

导体上的静电可以用接地的方法使其泄漏到大地，工程上一般要求在 1s 内将静电泄漏，使静电电压降至 100V 以下的安全区；这样可以防止因泄漏时间过短、泄漏电流过大对 SSD 造成损坏。在静电防护系统中通常使用 1MΩ 的限流电阻，将泄放电流控制在 5mA 以下，这也是同时考虑操作者的安全而设计的。

4. 非导体带静电的消除

对于绝缘体上的静电，由于电荷不能在绝缘体上流动，故不能用接地的方法排除其静电荷，而只能用下列方法来控制。

（1）使用离子风机。离子风机可以产生正、负离子以中和静电源的静电。用于那些无法通过接地来泄放静电的场所，如空间、贴片机头附近，使用离子风机排除静电具有良好的防静电效果，如图 8-7 所示。

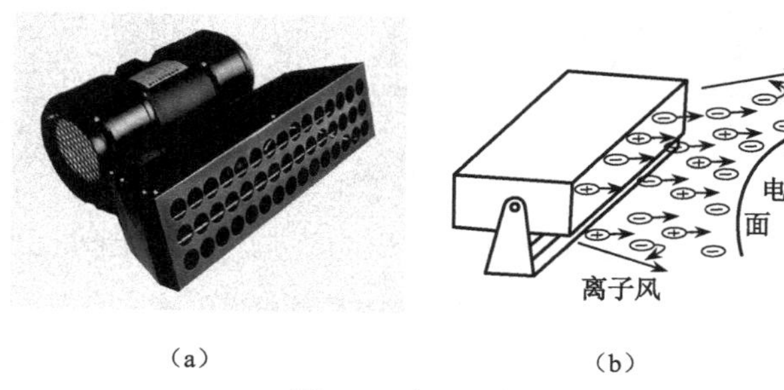

（a）　　　　　　　　（b）

图 8-7　离子风机

（2）使用静电消除剂。静电消除剂是各种表面活性剂，通过洗擦的方法，可以去掉一些物体表面的静电，如仪表表面。当采用静电消除剂的水溶液擦洗后，能快速地消除仪表表面的静电。

（3）控制环境湿度。湿度的增加可以使非导体材料的表面电导率增加，故物体不易积聚静电。在有静电的危险场所，在工艺条件许可时，可以安装增湿机来调节环境的湿度，如在北方的工厂，由于环境湿度低容易产生静电，采用增湿的方法可以降低静电产生的可能，这种方法效果明显而且价格低廉。

（4）采用静电屏蔽。采用接地的屏蔽罩把带电体（易散发静电的设备、部件、仪器）与其他物体隔离开，这样带电体的电场将不影响周围其他物体，这种屏蔽方法叫内场屏蔽。有时也用接地的屏蔽罩把被隔离物体包围起来，使被隔离物免受外界电场的影响，这种屏蔽方法叫外场屏蔽。

5. 工艺控制法

目的是在生产过程中尽量少产生静电荷，为此应从工艺流程、材料选用、设备安装和操作管理等方面采取措施，控制静电的产生和积聚。当然具体操作应针对性地采取措施。

在上述的各项措施中，工艺控制法是积极的措施，其他措施作为配合手段予以综合考虑，以便达到有效防静电的目的。

8.3.3　常用静电防护器材

电子产品生产过程使用的防静电器材可归纳为人体静电防护系统、防静电地坪、防静电操作系统和特殊用品。

1. 人体静电防护系统

人体静电防护系统，包括防静电的腕带、工作服、鞋袜、帽、手套等，这种整体的防护系统兼具静电泄漏与屏蔽功能，有关它们的技术标准与使用要求详见 SJ/T 10694-1996 电子产品制造防静电系统测试方法，所有的防静电用品通常应在专业工厂或商店购买。如图 8-8 所示为防静电腕带和防静电工作服。

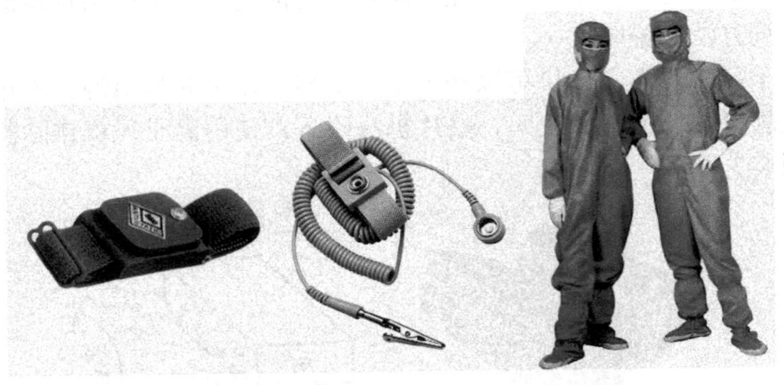

（a）防静电腕带　（b）防静电工作服

图 8-8　防静电腕带和防静电工作服

2. 防静电地坪

防静电地坪能够泄放设备、工装上的静电以及因移动操作而不宜使用腕带的人体静电。地面防静电性能参数的确定是既要保证在较短的时间内将静电电压降至 100V 以下，又要保证人员的安全，系统电阻要严格控制在 10^5～$10^8\Omega$ 之间。

常用于防静电地坪的材料有下列几种。

① 防静电橡胶地面：施工简单、抗静电性能优良，但易磨损。

② PVC 防静电塑料地板：防静电效果好，持久强度高，使用广泛。

③ 防静电地毯：防静电效果好，使用方便，但成本高。

④ 防静电活动地板：防静电效果好，美观，但成本更高。

⑤ 防静电水磨石地面：防静电性能稳定，寿命长，成本低，适用于新厂房。

有关防静电地坪的材料铺设方法及验收标准参见 SJ/T 10694-1996 电子产品制造防静电系统测试方法相关要求。

3. 防静电操作系统

防静电操作系统是指各工序经常会与元器件、组件成品发生接触、分离或摩擦作用的工作台面、生产线体、工具、包装袋、储运车以及清洗液等。由于构成上述操作系统所用的材料均是高绝缘的橡胶、塑料、织物、木材等，极易在生产过程中产生静电，因此都应进行防静电处理，即操作系统应具备防静电功能。

防静电操作系统包括如下几种。

（1）防静电台垫。操作台面均设有防静电台垫，表面电阻在 10^5～$10^9\Omega$ 之间，并通过 1MΩ 电阻与地相接，周转箱、盒等一切容器应为防静电材料制作，并贴有标识。

（2）防静电包装袋。一切包装 SMA 或器件的塑料袋均应为防静电袋，表面电阻为 10^5～$10^9\Omega$，在将 SMA 放入或拿出袋中时，人手应戴防静电手腕。

（3）防静电物流车。用于运送器件、组件的专用物流车，应具备防静电功能，特别是橡胶轮，应用防静电橡胶轮，表面电阻为 10^5～10^9Ω。

（4）防静电工具。防静电工具，特别是电烙铁、吸锡枪等应具有防静电功能，通常电烙铁应低电压操作（24V/36V），烙铁头应良好接地。

总之，一切与 SMA 器件相接触的物体，包括高速运动的空间都应有防静电措施。特别高速贴片过程中，器件的高速运行会导致静电的升高，对静电敏感器件会产生影响。防静电的操作系统应符合 SJ/T10694-1996 电子产品制造防静电系统测试方法。

8.3.4 电子产品作业过程中的静电防护

电子产品作业过程的静电防护是一个系统工程，首先应建立和检查防静电的基础工程，如地线与地垫及台垫、环境的抗静电工程等。因为一旦设备装备进入车间后，若发现环境不适合则会带来很大麻烦。基础环节建好后，若是长线产品的专用场地则应根据长线产品的防静电的要求配置防静电装备，若是多品种产品，则应根据最高等级的防静电要求配备。

1. 生产线内的防静电设施

生产线内的防静电设施应有独立地线，并与防雷线分开；地线可靠，并有完整的静电泄漏系统，车间内保持恒温、恒湿的环境，一般温度控制在（25±2）℃，湿度为 65%±5%（RH）；入门处配有离子风，并设有明显的防静电警示标识，如图 8-9 所示。

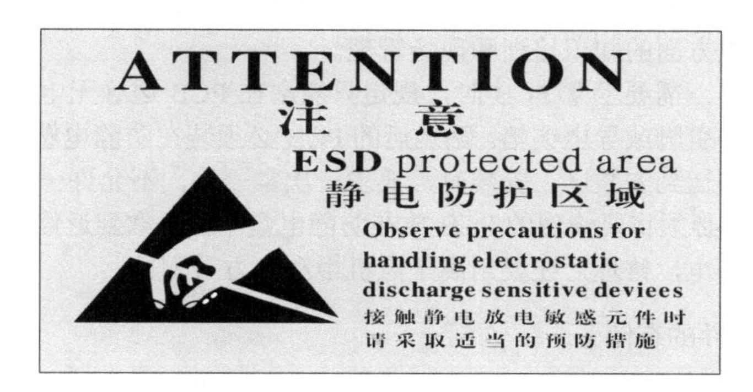

图 8-9 防静电警示标识

防静电标识可以贴在设备、器件、组件及包装上，以提示人们在对这些东西进行操作的时候，可能会遇到静电放电或静电过载的危险。IPC-A-610B 中推荐的防静电标识如图 8-10 所示。如图 8-10（a）所示为对 ESD 敏感的符号，呈三角形，里面画有一只被划一道痕的手，用来表示该物体对 ESD（静电放电）引起的伤害十分敏感。

虽然有的元器件经过专门的设计后，具有静电防护的能力，也要在包装上张贴 ESD 防护符号，如图 8-10（b）所示，这些都是为了加强工作人员的防静电意识。两标记的区别是在三角形外面围着一个弧圈，三角形内手上的一道痕没有了，用来表示该物体经过专门设计，具有静电防护能力。

通过这两个标记可以识别哪些是 ESD 敏感物，哪些具有 ESD 防护能力，在操作的时候一定要分别对待。这两个标记首先由 ESD 协会提出，美国电子工业协会（EIA）已将其列入 EIA 标准 RS-471。

需要提醒的是没有贴标记的器件，不一定说明它对 ESD 不敏感。在对组件的 ESD 敏感性存有怀疑时，必须将其当作 ESD 敏感器件处置，直到能够确定其属性为止。

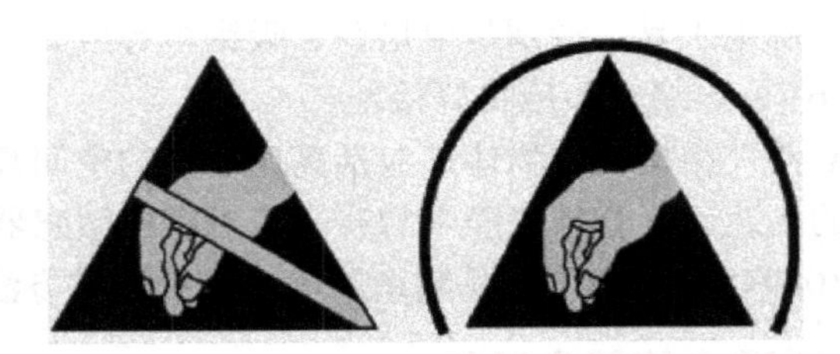

（a）ESD 敏感符号　（b）ESD 防护符号

图 8-10　ESD 敏感符号和 ESD 防护符号

2．生产过程的防静电

（1）车间外的接地系统每一年检测一次，电阻要求在 2Ω 以下，改线时需要重新测试。地毯/板、桌垫接地系统每 6 个月测试一次，要求接地电阻为零。若检测机器与地线之间的电阻时，要求电阻为 1MΩ，并做好检测记录。

（2）车间内的温度、湿度每天测两次，并做有效记录，以确保生产区恒温、恒湿。

（3）任何人员（操作人员、参观人员）进入生产车间之前必须穿好防静电工作服、防静电鞋。对于直接接触 PCB 的操作人员，要戴防静电腕带，并要求戴腕带的操作人员每天上、下午上班前各测试一次，以保证腕带与人体的良好接触。同时，每天安排工艺人员监督检查。对员工要进行防静电方面的知识培训和现场管理。

（4）贴装过程中，需要手拿 PCB 时，规定只能拿在 PCB 边缘无电子元器件处，而不能直接接触电子元器件引脚或导电铜箔。贴装后的 PCB 必须装在防静电塑料袋中，然后放在防静电周转箱中，方可运到安装区。安装时，要求一次拿一块，不允许一次拿多块 PCB。

（5）返工操作，必须将要修理的 PCB 放在防静电盒中，再拿到返修工位。修理过程中应严格注意工具的防静电，修理后还要用离子风机中和，方可测试。

3．静电敏感器件的存储

静电敏感器件（SSD）应设有防静电区，防静电区应醒目贴防静电标识，并保持环境通风，相对湿度不低于 40%。SSD 应原包装存放，需要拆开时应严格按防静电要求处理，工作人员应穿防静电工作服、鞋、袜，在防静电工作台面工作。

SSD 在转到生产部门的过程中应放在防静电周转箱中，方可移动到生产区。

4．其他部门的防静电要求

（1）设计部门。设计人员应熟悉 SSD 种类、型号、技术性能及其防护要求，应尽量选用带静电保护的 IC。在线路设计时应考虑静电抑制技术的应用，如静电屏蔽接地技术等。编制含有 SSD 的设计文件中，必须有警示符号。

涉及的主要设计文件有：使用说明书（用户手册），技术说明书，明细表，PCB 图（引出端头处理），装配图和调试、检验说明（包括 SSD 进厂检验）。

（2）工艺部门。对设计文件进行工艺性审查时，应审查上述文件的有关内容。编制防静电工程的专用工艺文件，指导性文件及有关制度，提出并检查所需要的防静电器材的齐配性。负责指导装配车间对防静电器材的应用及注意事项。

（3）物料。对外购件汇总表中有关 SSD 应会同设计、工艺、共同选定生产厂家。供货时应明确 SSD 的包装，以及运输过程中的防静电要求。

（4）检验。检查 SSD 器件的包装是否完整。SSD 的测试、老化筛选应在静电安全区进行，操作人员应穿防静电工作服和防静电鞋。

总之，静电防护工程在电子装配行业中是一项重要任务，它涉及面广，某一个环节的失误都会导致不可挽救的损失。

任务 4　SMT 产品质量控制与管理

表面贴装技术是一项系统工程，它技术密集、知识密集，在表面贴装大生产中，设备投资大、技术难度高。由于设备本身的高质量、高精度，保证了系统的高精度并实现了自动化成线运行。正常情况下，设备故障率很低，但系统调整不佳、操作不当、供电供气不正常、生产环境不好，以及工序衔接不好均会导致设备故障率提高。例如，在实际生产中，由于工艺不当，产品更换了而焊接炉温曲线没有及时调整，元器件、PCB、焊锡膏、贴装胶储存条件不规范，导致元器件可焊性变差……诸多原因均会产生焊接缺陷。一些 SMT 工厂初期产品不合格率高达 10%以上。因此 SMT 生产中的质量管理已愈来愈受到众多 SMT 生产厂家的重视，并把 SMT 质量管理视为 SMT 的一个组成部分，这既是前人经验教训的总结，也是对 SMT 技术的再认识。

8.4.1　生产管理

1．工序管理办法

（1）有一套正规的生产管理办法，如规定有首件检查、自检、互检及检验员巡检的制度，工序检验不合格不能转到下道工序，SMT 生产首件产品检验现场工艺运行流程如图 8-11 所示。

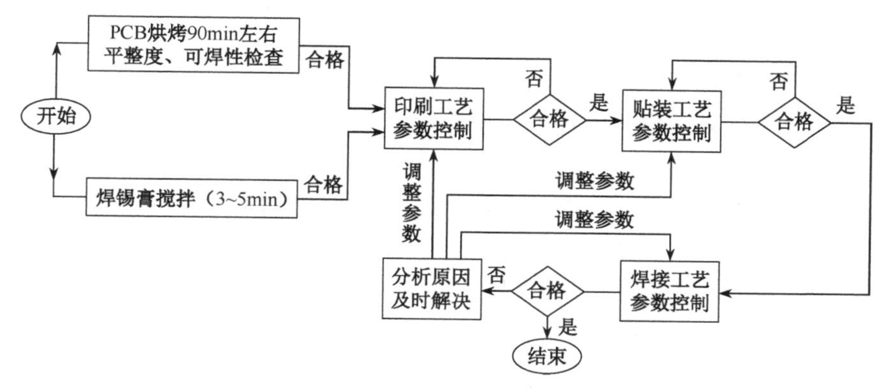

图 8-11　首件产品检验现场工艺运行流程

（2）有明确的质量控制点。

SMT 生产中的质控点有：锡膏印刷、贴片、炉温调控。

对质控点的要求如下：现场有质控点标识；有规范的质控点文件；控制数据记录正确、及时、清楚；对控制数据及时进行处理；定期评估 PDCA（Plan“计划”、Do“执行”、Check“检查”和 Action“处理”的缩写）循环和可追溯性。

2. 工艺文件

主要工序都有工艺规程或作业指导书，工人严格按工艺文件操作，工艺文件处于受控状态，现场可以取得现行有效版本的工艺文件。SMT 主要工艺文件应包括下列内容。

① 焊锡膏印刷典型工艺；
② 焊锡膏、贴片胶使用与储存注意事项；
③ 贴片胶涂布典型工艺；
④ 贴片机编程工艺要求；
⑤ SMA 焊接炉温测试工艺规范；
⑥ 回流焊、波峰焊炉温测试工艺规范；
⑦ 贴片胶固化工艺规范；
⑧ ICT 测试夹具制造流程；
⑨ SMB 设计工艺规范；
⑩ SMA 清洗工艺流程及工艺规范；
⑪ ICT 测试仪使用工艺规范；
⑫ 焊接质量评估规范要求；
⑬ SMT 生产过程中防静电工艺规范；
⑭ 维修站使用工艺规范；
⑮ 烙铁使用工艺规范；
⑯ 其他相关规范。

新产品投产时应具有下列文件：电子元器件及 PCB 可焊性论证报告；投产任务书；产品工艺卡或过程卡（有样件最好）。

上述工艺文件资料应做到：字体工整、填写和更改规范完整、正确、及时；工艺草卡必须盖有“草卡”印记；工艺流程所规定的方法科学合理、有可操作性；工艺资料保管有序，存档资料符合规范。

3. 关键工序和特殊工序的控制

分清关键工序和特殊工序，进行工艺参数的重点监控。在关键工序和特殊工序工作的工人要通过培训考核，对这些工序的设备、工具、量具等均应特别重视。

（1）关键工序。SMT 生产中，焊锡膏印刷、贴片机的运行、回流焊炉的炉温控制等均应列为关键工序，下列有关的参数应当每天检查与记录。

① 环境的温度和湿度、印刷机稳定性；
② 焊锡膏的黏度、锡球试验（结合第一件产品）；
③ 模板与 PCB 间隙、离板速度、刮刀速度和压力、图像识别精度（结合第一块焊膏印刷质量）；
④ 贴片机的工作状态包括压力、运行状况，应每天记录，有记录表；
⑤ 回流焊炉的温度应每天测试一次，并做好记录，有条件的炉温做到实时控制，有记录表。操作工人应严格培训考核，持证上岗，关键岗位应有明确的岗位责任制。

（2）特殊工序。SMT 生产中，焊锡膏、贴装胶等相对价格贵重，可作为特殊工序控制进行定额管理，在保证产品质量的前提下，使材料消耗不断下降，并有效地降低成本，提高效益。材料消耗工艺定额的编制依据如下。

① 产品设计文件、工艺文件、工艺规程；材料标准、材料价格；

② 操作人员的熟练程度、工作环境的优劣、设备的完好情况等。综合考虑各种影响因素，针对每种材料的具体情况权衡主要因素。

材料消耗工艺定额的编制方法有实际测定法和经验统计法。实际测定法是用实际称量的方法确定每个零件或每个焊点的材料消耗工艺定额。经验统计法是根据类似元件实际消耗统计资料经分析对比，确定其工艺定额。

在批次生产中，实测每块印制板的标准用量（印刷前后质量差）、本批的标准用量及本批的实际用量，由此计算出焊锡膏的利用率，综合考虑其他因素，确定焊锡膏的损耗系数，最后由损耗系数计算焊锡膏的工艺定额。

总之，对物料管理要做到原材料、元器件、外协件及在制品定置管理；账、物、卡相符；在用品均为使用限期内的合格品或同意代用品；领用、发放制度齐全，手续完备；大件物料实行多次限额发料。

4．产品批次管理

成批生产的产品有批号、批量等标识可以追溯（如通过计划文件、工序卡、随工单等）。

5．不合格品的控制

有一套不合格品控制办法，根据不同情况由不同的人和部门对不合格品进行隔离、标识、记录、评审和处置。

通常组件板返修过程中，其厚/薄膜 PCB 返工不应超过两次再循环，SMA 的返修不应超过三次循环。

6．生产设备的维护和保养

由于 SMT 设备大部分均为进口，价格昂贵，无论是操作还是用后维护均有较高的要求，因此，要有一套设备管理办法，关键设备应由专职维护人员点检，使设备始终处于完好的状态。以贴片机为例，在实际操作中，定人、定机，按日、月和班次采集原始数据，把贴片机每天、每班次的运行状态填入《贴片机运行状态一览表》，统计每天产量的完成情况和正确率，并将每班次、每台设备贴装率绘制成《贴片机运行状态监控图》，对每台设备的状态实施跟踪与监控，当某班次某台设备贴装正确率低于 99.95%时就视为异常，需要找出异常的原因，然后立即进行处理。同时在每月初，各维修工对自己所负责的设备在上月运行过程中的状态进行总结、分析，并填写《一月设备运行状态总结表》，针对其存在的问题提出改进和预防措施，并及时加以维护和修理。

为加强对维修工作人员的评价和考核，一切以数据为准、用数据“说话”，对每个维修人员当班时每台设备的运行状态实施监控，将其当班时每台设备的贴装正确率描入《维修工当班贴片机状态监控图》，并将同一台设备每个维修工当班时该设备全月运行状态绘制在同一张监控图上，同时对设备的运行状态进行如下规定：

① 设备月最低贴装率应禁止低于 99.90%；

② 当月设备贴装率大于或等于 99.95%的工作日占累计工作日的 70%以上为达标设备；

③ 未达标设备是指当月该设备贴装率低于 99.90%的工作日占累计工作日的 10%以上；

④ 符合以上前两个条件，设备运行状态为良好。

7. 生产环境

生产现场有定置区域线，楼层（班组）有定置图，定置图绘制符合规范要求；定置合理，定置率高，标识应用正确；库房材料与在制品分类储存，所有物品堆放整齐、合理并定区、定架、定位，与位号、台账相符；凡停滞区内摆放的物品必须要有定置标识，不得混放。

在清洁文明方面应做到：料架、运输车架、周转箱无积尘；管辖区的公共走道通畅无杂物，楼梯、地面光洁无垃圾，门窗清洁无尘；文明作业，无野蛮、无序操作行为；实行“日小扫”、“周大扫”制度。

对现场管理有制度、有检查、有考核、有记录；立体包干区（包括线体四部位、设备、地面）整洁无尘，无多余物品；能做到“一日一查”、“日查日清”。

生产线的辅助环境是保证设备正常运行的必要条件，主要有以下几个方面。

（1）动力因素。SMT 设备所需动力通常为电能与压缩空气，其质量好坏不仅影响设备的正常运行，而且直接影响设备的使用寿命。

① 压缩空气。SMT 生产线上，设备的动力是压缩空气， 一台设备上少则几个气缸、电磁阀，多则二十几个气缸与电磁阀。压缩空气应用统一配备的气源管网引入生产线相应设备，空压机离厂房要有一定距离；气压通常为 0.5～0.6MPa，由墙外引入时应考虑到管路损耗量；压缩空气应除油、除水、除尘，含油量低于 0.5×10^{-6}。

② 采用三相五线制交流工频供电。所谓三相五线制交流工频供电是指除由电网接入 U、V、W 三相相线之外，电源的工作零线与保护地线要严格分开接入；在机器的变压器前要加装线路滤波器或交流稳压器，电源电压不稳及电源净化不好，机器会发生数据丢失及其他损坏。

（2）SMT 车间正常环境。SMT 生产设备是高精度的机电一体化设备，对于环境的要求相对较高，应放置于洁净厂房中（不低于《GB73-84 洁净厂房设计规范》中的 100000 级）。

温度：20℃～26℃（具有焊锡膏、贴装胶专用存放冰箱时可放宽）；

相对湿度：40%～70%;

噪声：≤70dB；

洁净度：0.5≤粒径≤5.0（μm），2.5×10^{4}≤含尘浓度≤3.5×10^{5}（粒/m^{2}）。

对墙上窗户应加窗帘，避免日光直接射到机器上，因为 SMT 生产设备基本上都配置有光电传感器，强烈的光线会使机器误动作。

（3）SMT 现场应有防静电系统，系统及防静电地线应符合国家标准。

（4）SMT 机房要有严格的出入制度、严格的操作规程、严格的工艺纪律。如凡非本岗位人员不得擅自入内，在学习期间的人员，至少两人方可上机操作，未经培训的人员严禁上机；所有设备不得带故障运行，发现故障及时停机并向技术负责人汇报，排除故障后方可开机；所有设备与零部件，未经允许不得随意拆卸，室内器材不得带出车间等。

8. 生产人员素质

SMT 是一项高新技术，对人的素质要求高，不仅要技术熟练，还要重视产品质量，责任心强，专业应有明确分工（一技多能更好），SMT 生产中必须具有下列人员。

（1）SMT 主持工艺师与 SMT 工程技术责任人。其职责是全面主持 SMT 工程工作；组织全面工艺设计；提出 SMT 专用设备选购方案；提出资金投入预算，并负责“投入保证”程序的实施；负责 SMT 工程“产出保证”程序的实施；组织工程文件化工作；研究新工艺，不断提高产品质量及生产效率；了解国内外 SMT 的发展趋势、调研市场发展动态；负责试制人员的技术培训。

（2）SMT 工艺师。其职责是确定产品生产程序，编制工艺流程；参与新产品开发，协助设计师做好 PCB 设计；熟悉元器件、PCB 以及质量认定；熟悉焊锡膏、贴片胶工艺性能以及评价；能现场处理生产中出现的问题，及时做好记录；掌握产品质量动态，对引起质量波动的原因进行分析，及时报告并提出质量部门的处理意见，监督生产线工艺的执行；负责组织产品的常规试验及其他试验；参与产品的开发研制工作，提出质量保证方案。

（3）SMT 工艺装备工程师。熟悉 SMT 设备的机、电工作原理；负责设备的安装和调试工作、组织操作工的技术培训及其他有关技术工作；负责点胶、涂膏、贴片、焊接、清洗及检测系统设备的选型，编制购置计划；了解各类设备的功能、价格及发展的最新动态；选择辅助设备，提出自备工装设备的技术要求和计划；负责设备的修理、保养工作，编制设备保养计划。

（4）SMT 检测工程师。其职责是负责 SMA 的质量检验，根据技术标准编制检验作业指导书，对检验员进行技术培训，积极宣传贯彻质量法规；负责检测技术及质量控制，包括针床设计及测试软件的编制；研究并提出 SMT 质量管理新办法；掌握测试设备发展最新动态。

（5）印制板布线设计工程师。PCB 布线设计工程师，主要工作是能承接外协任务，对前来加工的产品，只要客户提供产品的线路原理图，就能设计出 SMB。设计工程师的职责是：精通电器原理，会进行 PCB 的 CAD 设计；熟悉 SMC/SMD；熟悉 SMT 工艺（可同工艺师共同商议产品工艺流程）。

（6）质量统计管理员。其职责是负责统计、处理质量数据并及时向有关技术人员报告；掌握元器件等外购件及外协件的配料情况，能根据产品的生产日期查出元器件的生产厂家，向有关人员反映元器件的质量情况。

（7）生产线线长。其职责是贯彻正确的 SMT 工艺，监视工艺参数，对生产中的工艺问题及时与工艺师沟通、及时处理。重点监控焊锡膏的印刷工艺以及印刷机的刮刀压力、速度等，确保获得高质量的印刷效果；发挥设备的最大生产能力，减少辅助生产时间，重点是元器件上料时间，小组要考核自己生产线的 SMT 生产设备的利用率。小组对产品质量负责，开展三检：首检、抽检、终检。一旦发生质量问题，全组商议解决，开展统计过程控制（SPC），力争生产线的工艺能力指数 C_P 值达到 1.33 以上，小组要考核产品的直通率。

（8）精密印刷机、贴片机、回流焊炉等各主设备责任操作员。其职责是熟练、正确操作设备（含编程）；掌握设备保养知识；熟记设备正常状态下的环境位置，例如灯光指示状态、开关存在状态、运行机械状态以及设备的其他典型状态；掌握辅助材料性能、应用及保管方法；熟悉 SMD 型号、规格、包装形式。

8.4.2 质量检验

1．机构

质量检验部门应独立于生产部门之外，职责明确，有能力强、技术水平高、责任心强的专职检验员。SMT 中心应设有以下部门。

（1）辅助材料检测部门。凡购进的各种材料都应该按标准（在国外标准/国标/厂标中最少选择一个）进行认真检测，不经过检测的材料不准使用，检测不合格的不准使用。

检测的原材料常有：焊锡膏、贴片胶、助焊剂、防氧化油、高温胶带、清洗剂、焊锡丝、PCB。以焊锡膏为例，其质量的好坏将影响到表面组装生产线各个环节。因此，应十分重视焊锡膏品质的检测。至少应做焊球试验、焊锡膏黏度测试、焊锡膏粒度及金属含量试验、绝缘电阻试验。

（2）元器件检测部门。了解表面安装元器件的品种和规格以及国内外的发展情况，选择SMC/SMD，并掌握其技术参数、外形尺寸和封装标准情况；向印制电路板布线设计师提供SMC/SMD的外形尺寸、特性参数；负责拟定元器件的检验标准；向有关人员（如计划员、库管员等）提供SMC/SMD分类标准及管理方法，保SMC/SMD的正确性；了解和选择THC/THD及插件、连接器。

元器件测试的内容有：验证元器件的技术条件和数据；测试元器件可焊性、耐焊接热性能；验证元器件质量指标；提出元器件最终认可意见。

（3）成品检验部门。成品检验必须严格，在进货检验、工序检验合格的基础上进行成品检验，合格才准放行。SMA成品应进行下列测试：焊点质量测试、SMA在线测试（需要时）、SMA的功能测试（需要时），合格后方能入库或交付使用。

主要检验过程要严格控制，每批测试前应先检查仪器设备，检验员严格按检验文件操作，检验结果由专人校核。

要做到检验环境良好，无灰尘、电磁、振动等影响，场地设备仪表整洁，检验设备、仪表、量具等均按规定校准，能保持要求的精度，检验记录齐全、完整、清晰，可以追溯。

2．检验依据文件

检验应依据各种产品（包括为中心提供的全部产品）的检验规程、检验标准或技术规范，且严格按此进行检验。SMT生产关键技术检验标准如下。

① SMC/SMD可焊性测试标准（SJ/T10669-1995）；
② PCB系列认定标准；
③ SMC/SMD技术文件和数据（厂家提供）；
④ 表面组装件的焊点质量评定（IPC A 610D或SJ/T10669-1995）；
⑤ 表面组装用胶黏剂通用规范（SJ/报批稿）；
⑥ 锡铅膏状焊料（SJ/报批稿）；
⑦ 波峰焊接技术要求；
⑧ 电子设备制造防静电技术要求（SJ/T10533-1994）；
⑨ 电子元器件制造防静电技术要求（SJ/T10630-1996）。

3．检验设备

主要检验设备、仪表、量具齐全，且处于完好状态，按期校准，少数特殊项目委托专门检验机构进行。SMT生产中常规的设备如下。

① 元器件可焊性测试仪；
② PCB绝缘电阻测试系统（湿度箱、高阻测试仪等）；
③ Brookfield黏度测试仪；
④ 读数显微镜；
⑤ 精密天平；
⑥ 静电测试仪；
⑦ 地阻测量仪；
⑧ 防静电腕带测试仪。

其余的可以委托其他测试单位代做。

思考与练习题

1．SMT 生产系统有哪些组装方式？确定的原则是什么？
2．说明双面混合组装工艺流程。画出工艺流程图。
3．说明全表面组装工艺流程。画出工艺流程图。
4．SMT 生产线设备选型遵循的原则是什么？
5．简述 SMT 生产系统对生产人员素质的要求。
6．对 SMT 生产现场环境有哪些要求？
7．叙述静电产生的原因及危害。
8．电子组装行业各部门及生产环节应如何做好静电防护。

参 考 文 献

[1] 张文典. 实用表面组装技术［M］. 北京：电子工业出版社，2006.

[2] 林安全，官伦. SMT 工艺［M］. 北京：高等教育出版社，2012.

[3] 李朝林. SMT 制程［M］. 北京：天津大学出版社，2009.

[4] 韩满林. 表面组装技术［M］. 北京：人民邮电出版社，2010.

[5] 周德俭，吴兆华. 表面组装工艺技术［M］. 北京：国防工业出版社，2002.

[6] 龙绪明. 实用电子 SMT 设计技术［M］. 成都：四川省电子学会 SMT 专委会，1997.

[7] 周瑞山. SMT 工艺材料［M］. 成都：四川省电子学会 SMT 专委会，1999.

[8] 张文典. SMT 生产技术［M］. 南京：南京无线电厂工艺所，1993.

[9] 宣大荣. SMT 生产现场使用手册［M］. 北京：北京电子学会 SMT 专委会，1998.

[10] 吴兆华，周德俭. 表面组装技术基础［M］. 北京：国防工业出版社，2002.

[11] 杜中一. SMT 表面组装技术［M］. 北京：电子工业出版社，2010.